U0342473

重庆文理学院学术专著出版资助

钢框架结构
抗连续倒塌性能研究

宋 链　朱国庆　刘 剑　蒋强福　著

本书数字资源

北 京
冶 金 工 业 出 版 社
2024

内容提要

本书针对钢结构抗连续倒塌性能展开研究，包含结构倒塌试验方法和数值模型建立方法，涵盖不同的钢结构类型、倒塌工况、效应分析、性能评估和参数研究等内容。本书从三个方面展开：探讨了冲击荷载作用下钢管混凝土柱-钢梁平面框架的动力效应分析；基于钢框架-组合楼板三维整体结构在中柱失效下倒塌，介绍了一种适用于工程实际的简化评估方法；阐述了钢框架组合楼板结构在中柱失效下抗连续倒塌的三维整体效应。

本书可供高等院校相关专业本科生、研究生，以及从事建筑结构工程专业和结构抗连续倒塌性能研究的读者参考使用。

图书在版编目(CIP)数据

钢框架结构抗连续倒塌性能研究/宋链等著. —北京：冶金工业出版社，2022.7（2024.1 重印）

ISBN 978-7-5024-9173-4

Ⅰ.①钢… Ⅱ.①宋… Ⅲ.①钢结构—框架结构—坍塌—防治—结构设计—研究 Ⅳ.①TU391 ②TU352.1

中国版本图书馆 CIP 数据核字(2022)第 092540 号

钢框架结构抗连续倒塌性能研究

出版发行	冶金工业出版社	**电　　话**	(010)64027926
地　　址	北京市东城区嵩祝院北巷 39 号	**邮　　编**	100009
网　　址	www.mip1953.com	**电子信箱**	service@mip1953.com

责任编辑 于昕蕾 美术编辑 彭子赫 版式设计 郑小利

责任校对 李 娜 责任印制 禹 蕊

北京建宏印刷有限公司印刷

2022 年 7 月第 1 版，2024 年 1 月第 2 次印刷

710mm×1000mm 1/16；12.75 印张；246 千字；194 页

定价 79.00 元

投稿电话 (010)64027932 投稿信箱 tougao@cnmip.com.cn

营销中心电话 (010)64044283

冶金工业出版社天猫旗舰店 yjgycbs.tmall.com

（本书如有印装质量问题，本社营销中心负责退换）

前　　言

随着近几十年经济的快速发展，建筑结构不断向大型化和复杂化发展。现行规范主要研究结构在正常荷载作用下的安全性设计，对非常规荷载作用（冲击、爆炸、火灾等）下的设计提及较少。而美国1995年俄克拉荷马州的Murrah联邦大厦恐怖袭击事件与2001年纽约世贸大厦“9·11事件”的发生酿成了惨祸，工程界开始真正重视建筑结构的抗连续倒塌问题。在此背景下本书综合了近年来对工程抗连续倒塌性能研究的部分成果，主要有以下方面：

首先，以工程中常见的钢管混凝土结构为例，通过正交试验法对冲击荷载进行组合，并采用直接模拟法（DS法）对结构进行了抗冲击连续性倒塌全过程仿真模拟，得到代表全面试验的各组合工况下更真实的结构动力响应结果，对今后结构抗连续性倒塌研究与工程设计有一定的参考意义。

其次，提出了一种结构抗连续倒塌性能简化评估的方法，在满足工程需要精确度的前提下，力图降低计算分析时间与成本，以供设计人员在实际工程中使用。该简化计算方法结果与试验结果和有限元分析结果进行了对比，具有较高的可靠性。

最后，建立了三维整体结构有限元模型，在通过与试验结果对比验证有效性后，开展大量的参数化分析和非线性动力分析，总结出各个参数对三维整体结构抗连续倒塌性能的影响规律，并通过非线性动力反应分析与非线性静力反应分析的结果对比，得出了本书所分析结构类型的动力效应增大系数。

全书重点围绕以上三个方面撰述，对于对建筑结构抗连续倒塌性能研究感兴趣的读者而言，是一本非常实用而有帮助的书籍。本书由重庆文理学院宋链、贵州省建材产品质量检验检测院朱国庆、中国电建集团西北勘测设计研究院有限公司刘剑、中铁二院昆明勘察设计研究院有限责任公司蒋强福编写。在本书的编写过程中，引用和参考了大量的文献资料，在此对原作者表示衷心的感谢。本书由重庆文理学院学术专著出版资助和重庆文理学院塔基计划项目（Y2021TM06）资助。

由于作者水平有限，本书难免存在不足之处，敬请读者批评指正。

作　者

2022年3月

目　　录

1 绪　论

1.1 概述

结构连续性倒塌的定义，各个国家各规范指南不尽相同，但其描述的意思基本一致，均包括两个方面：一是意外荷载导致建筑结构发生初始破坏；二是建筑结构发生了与初始破坏不成比例的大范围破坏。美国土木工程协会在 ASCE7-05 中把连续性倒塌的定义描述为："The spread of an initial local failure from element to element, eventually resulting in the collapse of an entire structure or a disproportionately large part of it"，即在正常使用条件下由于突发事件结构发生局部破坏，这种破坏从结构初始破坏位置沿构件进行传递，最终导致整个结构或造成其中与初始破坏不成比例的大部分倒塌。英国设计规范提供另一种定义："Buildings of five or more stories (including basement stories) are required to be constructed so that, in the event of an accident, the building will not suffer collapse to an extent disproportionate to the cause of that collapse"，即在突发事件中，结构局部破坏导致相邻构件的失效，这种失效因发生连锁反应而持续下去，最后导致整个结构的倒塌或者造成与初始破坏原因不成比例的局部倒塌[1]。

判断结构是否发生连续性倒塌有两个准则：一是结构发生了连续倒塌；二是破坏的"不成比例性"。显然两定义"不成比例性"在解释上存在歧义。但多数学者更倾向于采用 ASCE 定义。文献［2］把连续性倒塌的定义描述为：结构在非常规荷载（如强震、撞击、爆炸和火灾等）作用下发生局部破坏而形成初始损伤，然后结构发生内力重新分布引起其他部分破坏，进而形成连锁反应，最终导致结构部分或全部倒塌。

无论是什么原因引起结构发生连续性倒塌，都可归结为结构承载模式或边界条件发生变化造成结构内的部分单元超出承载能力而失效，原来的荷载重新分布，剩余构件不得不寻找可替代的合作传递路径，导致剩余构件承载条件发生变化，进而引发部分构件发生失效，并引起新一轮的荷载重新分布，这个过程一直持续到结构找到新的平衡状态，即卸掉因单元失效而产生的荷载或找到新的稳定传递荷载路径为止[3-4]。文献［4］把结构因突发事件或局部严重超载而导致部分构件突然失效时，结构自行调整内力、阻止破坏过程延续、不发生整体连续性倒塌的能力定义为结构的"二次防御能力"。

触发建筑物发生连续性倒塌存在多方面的原因，大体可以分为三类：一是设计上或者施工上的失误；二是地震、火灾和飓风等偶然荷载作用；三是爆炸、飞行器撞击等偶然事件作用，即恐怖活动。对于前两类，我国和其他国家都有完善的设计和施工规范，对于建筑物抗连续性倒塌起到了很好的预防作用；对于第三类情况，我国还没有相应的规范[5]。从结构构件失效来看，主要有四种构件的破坏模式可能会引起结构的连锁倒塌：受压构件的整体弯曲、受拉构件的屈服、受拉或连接处断裂、节点转动失稳。

结构连续性倒塌研究的目的是确定结构抵抗偶然事件（尤其是爆炸荷载）的能力，检验建筑物关键部件的承载能力，或者检验当某一个关键部件移除后荷载的重新分布能力。通过研究也应该使结构工程师意识到：要求结构在偶然荷载作用下不发生任何破坏是不可能的，相关研究人员的工作是在规范中提出设计时应采用的指导方针，使结构发生连续性倒塌的危险程度降低到一个可接受的水平[6]。

1.2 结构连续倒塌背景

随着近几十年经济的快速发展，建筑结构不断涌向大型化和复杂化，与此同时人们对建筑结构的安全性要求也不断提高。普通建筑物的使用年限为 50 年，纪念性建筑和特别重要建筑的设计使用年限则为 100 年[7]。因此，建筑物在正常使用过程中很有可能会经历各种偶然荷载作用，比如火灾、地震、爆炸冲击等，这些荷载作用常常会导致建筑结构发生局部破坏，在结构整体性不足的情况下则会引起结构发生大范围的连续性倒塌。

一般而言，冗余度高连续性好的框架结构能承担较大局部破坏，而预制板结构、砌体结构等则容易产生局部破坏并发生连续倒塌。自从 1968 年英国的 Ronan Point 公寓发生连续倒塌事故[8]以来，研究人员便开始着手于建筑结构抗连续性倒塌的研究。随后发生在美国的 Alfred P. Murrah 联邦政府办公大楼的连续倒塌事件[9]和世贸大厦被飞机撞击后的整体倒塌事件[10]，将建筑结构的抗连续倒塌研究推向了一个前所未有的高潮。

1.2.1 Ronan Point 公寓倒塌事件

Ronan Point 公寓倒塌事件于 1968 年 5 月 16 日发生在英国伦敦，导致了 4 人死亡、17 人受伤[8]。该公寓共 22 层，其东南角部发生倒塌的起因是 18 层住户中泄漏的燃气接触到明火而发生爆炸，爆炸的冲击作用使得角部的外墙被整体推出，而这些墙体正是上部楼板及承重墙唯一的支撑，因而 19~22 层楼板相继发生倒塌，而这 4 层的楼板及外部承重墙砸落在 18 层上形成猛烈的冲击作用，这个冲击荷载远远大于 18 层楼板的承载力而导致 18 层发生倒塌，进而 18 层以下楼层也相继发生倒塌，直到该角部结构完全倒塌，如图 1-1 所示。最初东南角

18 层外墙的局部破坏进而导致东南角部所有楼层的整体倒塌，这次倒塌事件的“连续性”和“不成比例性”引起了工程师和研究学者对于结构连续性倒塌课题的关注。

图 1-1 Ronan Point 公寓东南角部倒塌后的照片

Ronan Point 公寓倒塌事件的调查结果表明，该结构在设计和施工上均有较大缺陷。该公寓是 22 层的装配式钢筋混凝土板墙结构体系，但当时采用的设计规范并不适用于高层装配式混凝土板墙结构，特别是风荷载取值太低并且未考虑建筑高度对风压的影响，这种结构体系过去只应用于 6 层及以下的建筑。由于该公寓并未采用结构框架，仅由预制板拼装组成，板上的重力荷载由板下部的承重墙承担，板和墙则是通过插槽处螺栓固定并灌注砂浆来连接，因而该公寓结构缺少替代传力路径来传递局部结构倒塌引起的重新分布内力。Ronan Point 公寓倒塌事件在很大程度上推动了建筑规范的更新，此后的建筑规范要求结构既要考虑连续倒塌和内部爆炸作用的可能性，又对结构提出了最低延性要求和最小冗余度要求[11]。

1.2.2 Alfred P. Murrah 办公大楼倒塌事件

美国 Alfred P. Murrah 联邦政府办公大楼倒塌事件于 1995 年 4 月 19 日发生在俄克拉荷马城中心，共造成了 168 人死亡、680 人受伤，属于恐怖主义炸弹袭击事件[12]。炸弹爆炸给该办公大楼造成了严重的结构破坏，爆炸产生的冲击波直接破坏了结构底层一根支撑转换大梁的结构柱，与该柱相邻的两根结构柱也遭受到严重的剪切破坏，且该区域 2~5 层的楼板也遭受到了严重的破坏。楼盖拉结作用和底层柱支撑作用的严重削弱使得承担上部结构荷载的转换大梁发生破坏，进而该区域转换大梁上部的结构也发生破坏并进一步引起周围结构的连锁倒塌破坏，直到北部立面全部发生倒塌。该办公大楼倒塌前后照片如图 1-2 所示。

Alfred P. Murrah 联邦政府办公大楼倒塌事件的发生让工程师意识到了结构设计还应该考虑偶然荷载和恐怖袭击等的重要性，同时也促使越来越多的学者投身于建筑结构抗连续性倒塌这一重要课题的研究。此后，美国先后颁布了专门用于建筑结构抗连续性倒塌的设计规范，如 GSA 标准及 DoD 标准。

1.2.3 世贸大厦双塔倒塌事件

2001 年 9 月 11 日，美国纽约世界贸易中心双塔大厦先后遭受飞机撞击，飞

(a)　　(b)

图 1-2　Alfred P. Murrah 大楼倒塌前后的照片
(a) 倒塌前；(b) 倒塌后

机撞击后引起楼层内部发生大火，结构构件相继发生破坏，最后两塔楼相继发生连续性倒塌，被撞击后的世贸大厦如图 1-3 所示。此次事件的遇难者总数高达 2996 人。事后美国标准和技术研究院（NIST）[13] 对世贸大厦倒塌事件进行了全面调查，采用数值模拟与资料录像对比的方法，研究了大楼结构遭受飞机撞击、飞机燃油扩散及燃烧、火场分布、外围结构构件破坏的整个倒塌过程。调查结果认为：飞机撞击使得结构遭受到了巨大的冲击作用而产生严重破坏、大火燃烧形成的高温场使得外围钢桁架结构的承载力严重降低最后导致失稳破坏、部分楼层的塌落对下部结构产生了较大的冲击作用，最终导致整栋建筑完全倒塌。

图 1-3　被撞击后的世贸大厦

世贸大厦倒塌事件后，NIST 在提高建筑结构安全性方面提出了多项建议，包括增强结构的整体性、提高结构的耐火性能、提出新的结构抗火设计方法、加强紧急事故反应能力等。增强结构的整体性则可以从三大方面着手：连接节点的连续性、薄弱层的局部加强及替代路径的合理布置。

1.2.4 其他建筑结构倒塌事件

除了上述三起典型的建筑结构连续性倒塌事件外，国内外还发生了多起建筑结构连续性倒塌事故，比如湖南衡阳衡州大厦火灾倒塌事件、山西大同居民楼燃气爆炸事件、美国纽约曼哈顿居民楼爆炸事件和包头市居民楼整体坍塌事件。

1973 年 3 月 2 日，美国弗吉尼亚州地平线广场公寓楼群的一座公寓发生坍塌，形成巨大的尘土和碎片云，如图 1-4 所示。这起事故共造成 14 名建筑工人死亡，34 人受伤。令人感到吃惊的是，这座公寓尚未竣工。虽然在设计上并不存在缺陷，但施工时存在重大失误。当时，施工方过早拆除 22 层混凝土支柱的模板，水泥尚未完全硬化，无法支撑上面楼层的质量，最后土崩瓦解。上面的楼层随之倒塌并引发连锁反应，导致整座大楼完全坍塌。

图 1-4 美国地平线广场公寓楼坍塌后的照片

1986 年 3 月 15 日，新加坡的 6 层新世界酒店在不到 60s 时间内轰然倒塌，50 人被埋在碎石下，最后只有 17 人生还，如图 1-5 所示。这起事故是新加坡在第二次世界大战后发生的最严重灾难，震动了整个新加坡。经过彻查，调查人员发现新世界酒店在最初的设计上存在严重失误。建筑工程师在设计时完全忽视了整座大楼的静负荷，即大楼本身的质量，造成结构倒塌事故。

1993 年 8 月 13 日，泰国呵叻府的 6 层皇家广场酒店在不到 10s 内轰然倒地，共造成 137 人死亡、227 人受伤，如图 1-6 所示。事故发生时，该酒店正在举行几场会议和研讨会，包括一场大型教师讨论会以及泰国一家石油公司的会议。皇家广场酒店 1990 年加盖的 3 层楼层并未进行适当评估，此外，酒店屋顶为应对供水短缺储存的大量水也是导致坍塌的一个原因。

1993 年 12 月 11 日，马来西亚吉隆坡郊外发生一起山崩事故，山崩形成的巨大冲击力相当于 200 架喷气式客机，摧毁了当地高峰塔公寓楼群一号楼的地基，导致整座大楼发生坍塌，如图 1-7 所示。这个住宅群共有 3 座 12 层公寓，建在陡峭的小山脚下。其护墙和排水系统在设计上存在缺陷，维护也很差，一些排水

图 1-5　新加坡新世界酒店坍塌后的照片

图 1-6　泰国皇家广场酒店坍塌后的照片

管道被树枝阻塞。连续 10 天的降雨对管道造成巨大压力，最后发生爆裂，土壤中的水分迅速增加，形成山崩。

图 1-7　马来西亚高峰塔坍塌后的照片

1995 年 6 月 29 日，韩国首尔的三丰百货大楼发生倒塌，共造成 502 人死亡、937 人受伤，成为韩国历史上发生在和平时期的最严重灾难，如图 1-8 所示。建造中途，这座建筑的用途由写字楼变成百货公司，也就在此埋下悲剧的种子。为了安装电梯，施工方不得不拆除一些关键的支撑柱。这座大楼原定建四层，最后加盖一层，支撑结构承受的重量远远超出最初设计。此外，施工方使用不达标的混凝土，将原定的钢筋数量由 16 根减至 8 根，混凝土支撑柱的直径也不符合标准，造成了结构的倒塌和惨剧的发生。

图 1-8　韩国三丰百货大楼倒塌后的照片

2009 年 6 月 27 日凌晨 5 时 30 分左右，上海闵行区莲花南路，罗阳路口西侧“莲花河畔景苑” 7 号楼整体倒塌，造成作业人员肖德坤逃生不及，被压窒息死亡，如图 1-9 所示。房屋倾倒的主要原因是：紧贴 7 号楼北侧，在短期内堆土过高，最高处达 10m 左右；与此同时，紧邻大楼南侧的地下车库基坑正在开挖，开挖深度 4.6m，大楼两侧的压力差使土体产生水平位移，过大的水平力超过了桩基的抗侧能力，导致房屋倾倒。

图 1-9　上海楼盘倒塌后的照片

2013 年 4 月 24 日，孟加拉国达卡市萨瓦区的一栋 8 层大楼倒塌，经过 19 天连续搜索，确定死亡人数达 1127 人、约 2500 人受伤，如图 1-10 所示。整栋大楼第五层至第八层是未经允许而私自建造。建筑由原来的商业用途被用作了工业用途，重型机械的重量和振动加剧了建筑结构的过载，从而发生了连续性倒塌。

图 1-10 孟加拉国萨瓦区大楼倒塌后的照片

2020 年 3 月 7 日，位于福建省泉州市鲤城区的欣佳酒店所在建筑物发生坍塌事故，如图 1-11 所示，造成 29 人死亡、42 人受伤，直接经济损失 5794 万元。事发时，该酒店为泉州市鲤城区新冠肺炎疫情防控外来人员集中隔离健康观察点。经调查，查明事故的直接原因是：事故责任单位泉州市新星机电工贸有限公司将欣佳酒店建筑物由原四层违法增加夹层改建成七层，达到极限承载能力并处于坍塌临界状态，加之事发前对底层支承钢柱违规加固焊接作业引发钢柱失稳破坏，导致建筑物整体坍塌。

图 1-11 泉州欣佳酒店坍塌后的照片

由上述例子可知，建筑结构一旦发生连续性倒塌将会导致严重的生命财产损失并造成巨大的社会影响，因此对建筑结构进行抗连续性倒塌设计的意义十分重大。建筑结构的连续性倒塌一般是由于结构缺乏整体性和连续性，在关键构件发生破坏后，无法形成可靠的可替代传力路径而导致相邻的其他结构构件相继发生破坏，最终导致不成比例的大范围结构甚至整体结构发生连续性倒塌。因此在建筑结构进行抗连续性倒塌设计时，既要较准确地评估偶然事件对结构产生的作用，又要通过合理设计来增强建筑结构的整体性能，使结构内部能较好地形成可替代传力路径，从而获得较好的抗连续倒塌性能。

1.3 结构抗连续性倒塌研究

1.3.1 抗连续倒塌研究现状

自从 Ronan Point 公寓发生局部连续性倒塌事件以来，工程研究界便开始密切关注建筑结构的抗连续倒塌研究，各国规范中也开始逐步增加防止结构发生连续倒塌的设计条文。Alfred P. Murrah 倒塌事件和“9·11”世贸大厦倒塌事件更是将建筑结构的抗连续倒塌研究推向了高潮，众多学者先后仔细全面地研究各类结构体系的抗连续倒塌性能，到目前为止也取得了丰硕的研究成果。

1.3.1.1 国外研究现状

1974 年，W. Mc Guire [14] 便开始研究建筑结构的连续性倒塌问题。他认为美国在抗连续倒塌问题上应该注意结构类型与抗连续倒塌能力的关系以及结构遭受偶然突发事件后倒塌可能性大小这两个方面，并建议建筑结构除了进行正常荷载作用下的结构设计外，还应该进行偶然荷载作用下的结构设计和局部加强设计等。

1975 年，E. F. P. Burnett[15] 对欧洲规范中关于抗连续倒塌的规定提出应根据结构类型及安全性要求采取不同设计方法的建议，他还指出结构的抗连续倒塌设计应该从整体结构布置开始。

1978 年，E. V. Leyendecker 和 B. Ellingwood 等[16-17] 提出，结构抗连续倒塌设计方法包括控制和降低偶然事件的概率、直接设计方法和间接设计方法。

1983 年，J. L. Gross 等[18] 采用计算机分析程序对钢框架结构进行了抗连续倒塌分析，指出钢框架结构因其材料及节点的延性性能较好而不容易发生连续性倒塌，而由混凝土、砌块等脆性材料组成的结构类型则会因为缺乏延性、连续性而容易发生连续性倒塌。

1984 年，D. Mitchell 和 W. D. Cook[19] 对一系列钢筋混凝土板进行了试验研究来探索板柱结构的抗连续倒塌性能。他们还介绍了已存在的计算单块板受拉膜效应的计算方法，并将其计算结果与试验数据进行了比较，同时还采用考虑几何非线性和材料非线性的计算机程序研究了楼板在大变形下的受力机理。他们的研究表明，当楼板下部钢筋在支承处连续时，楼板产生的受拉膜效应能较好地防止结构发生连续性倒塌。

2004 年，B. M. Luccioni 等[20]采用数值模拟方法分析了一钢筋混凝土结构在爆炸荷载下的倒塌过程，并将数值模拟结果与结构被炸毁后的照片进行了比较。比较结果表明，这种简化分析方法是可靠的，这为以后整体结构在爆炸荷载作用下的脆弱性评估提供了基础。

2006 年，J. Abruzzo 和 A. Matta 等[21]研究了减缓钢筋混凝土商业建筑发生连续倒塌的策略，指出该类建筑虽然满足 ACI 的整体性要求和 UFC 的拉结力要求，但在内部柱失效后仍旧容易发生连续性倒塌。U. Starossek[22]考虑到已有各种分析方法的不足，提出了一种实用的抗连续倒塌设计方法和一系列的设计准则。

2007 年，O. A. Mohamed[23]分析了钢筋混凝土结构的角部区域比中间区域及边缘区域更容易发生连续倒塌的原因，提出了三种提高结构角部区域抗连续倒塌性能的方法：（1）设置钢支撑来承担角柱失效后的附加荷载；（2）将楼板和支撑梁设计成悬挑构件；（3）根据规范将角柱局部加强，并通过一个算例证明了前两种方法的可靠性。

M. Sasani 和 S. Sagiroglu[24-25]对一栋 6 层的采用钢筋混凝土框架结构的旅馆建筑进行了抗连续倒塌试验研究。虽然该建筑不满足结构整体性要求（连续性和横向钢筋要求），但是在拆除相邻的两根底层柱后因结构的三维整体效应及冗余度较好而并未发生倒塌。这是到目前为止仅有的原型结构倒塌试验，该试验为世界各国的科研人员提供了宝贵的试验数据。他们还采用有限元分析方法对该试验进行了详细的模拟，模拟结果表明砌有填充墙的纵横向框架是承担柱失效后重新分布荷载的主要机制，并进一步分析了无填充墙和增加附加荷载的情况。此外，他们还讨论了来自梁截面没有受拉钢筋和钢筋被拔出这两种潜在脆性破坏类型的影响。

2010 年，Y. Alashker 和 S. El-Tawil 等[26]采用有限元程序 LS-DYNA 对钢-混凝土组合结构在中柱失效情况下进行了静力分析，分析结果表明结构的抗连续倒塌能力有很大一部分由组合楼板中的压型钢板提供。他们还对压型钢板厚度、楼板配筋率和节点螺栓个数等进行了参数化分析，最后对控制试件进行了动力分析来获得该结构的动力放大系数。

2011 年，Y. Alashker 和 S. El-Tawil[27]提出了一个简化的面向设计的理论计算模型，评估钢-混凝土组合结构在中柱失效情况下的静力荷载承载能力。该模型假定在大变形条件下结构的抗连续倒塌承载力由楼板的受拉膜效应和梁的悬链线效应来提供，并将其计算结果与数值模拟结果[26]进行了比较，发现该模型能较好地预测结构在大变形时的承载力。但不足的是，该模型只能预测结构的静力荷载承载力，且只对剪切板连接节点（fin plate connection）进行了计算和验证。

2014 年，F. Dinu 和 D. Dubina 等[28]采用有限元软件对多层组合楼板结构进行抗连续倒塌分析，分析模型包括三维纯钢框架结构、仅次梁上布置抗剪栓钉和主次梁上均布置抗剪栓钉的组合框架结构，该模拟结果为其后期的试验研究提供了参考依据。

2015 年，P. X. Dat 和 T. K. Hai 等[29]基于梁板塑性铰理论，提出了一种计算内部中柱和外部边柱失效情况下钢筋混凝土结构抗连续倒塌承载能力的方法。该计算方法步骤简单，但预测的结果十分保守。

2016 年，F. Dinu 和 I. Marginean 等[30]通过试验手段研究了三维钢框架子结构在中间柱失效情况下的力学性能，并采用有限元软件对试验进行了模拟。该框架结构采用外伸端板节点（extended end-plate bolted connection）进行梁柱连接，试验结果表明在大变形情况下因节点并未发生破坏梁内能形成较好的悬链线作用，梁的变形能力大于规范规定的变形值。

2016 年，Q. N. Fu 和 B. Yang 等[31]对 4 个 2×2 跨的单层钢框架-组合楼板三维整体结构进行了中柱失效情况下的连续倒塌试验研究。试验中采用 12 个点加载来模拟楼板上的均布荷载，荷载从零开始逐级增加直到结构发生完全破坏。试验研究了楼板长宽比、梁板组合作用、板厚和边界条件等影响参数，并对结构的承载能力、变形能力和破坏模式进行了深入研究。

2017 年，S. Amiri 和 H. Saffari 等[32]研究了钢筋混凝土结构中有效结构承载力对 *DIF* 值的影响，并在此基础上提出了一个新的经验 *DIF* 公式。为此，设计了几种具有不同跨度长度和层数的三维钢筋混凝土建筑结构，它们具有不同的抗震水平，并用于推导新的 *DIF* 经验公式。所提出公式的优点之一是可以预测钢筋混凝土结构构件在拆柱后的应力和变形。

2019 年，I. Azim 和 J. Yang 等[33]全面回顾了影响钢筋混凝土框架结构抗连续倒塌能力的因素，如相邻结构元件、梁尺寸、顶部和底部配筋率、抗震设计和细节、柱拆除位置以及板和横梁的存在。此外，研究了跨高比（L/d）和纵向配筋率（ρ）对梁柱子结构抗力增大系数（f_c/f_b）的影响，还提出了一个能量吸收指数（δ_E）来评价钢筋混凝土梁柱和梁板子结构的抗连续倒塌能力。

2019 年，Y. Zhou 和 T. Chen 等[34]采用三个半比例弯矩子结构包括一个常规钢筋混凝土试件、两个使用传力杆和牛腿的预应力混凝土试件被测试以研究连续倒塌性能。试验结果表明，在拱压作用下，预应力混凝土试件的峰值强度仅为钢筋混凝土试件的 76%～81%，中柱的极限位移为钢筋混凝土试件的 72%～77%。与钢筋混凝土试件不同，悬链线作用在延性较低的预应力混凝土试件中没有完全发展。同时，通过有限元模型针对各种连接细节进行了参数研究，以改善预应力混凝土抗弯子结构的连续倒塌性能。

2020 年，J. Wang 和 B. Uy 等[35]进行了连续倒塌性能试验研究，对不锈钢组合梁柱节点子模型和抗弯框架进行了拆柱情况下的连续倒塌分析。通过有限元方法初步探讨了含损伤柱的组合节点子模型的静态弯曲响应，并从弯矩-转角关系、塑性铰行为和悬链线作用方面进行了讨论。此外，提出了简化的有限元方法用于框架分析，旨在阐述框架水平上的连续倒塌响应。采用非线性静态和动态分析来评估不锈钢复合材料框架的动态增长系数（*DIF*）。

2021 年，A. Kl 和 A. Zc 等[36]根据中国规范设计了一个典型的 3 层 4×3 跨钢筋混凝土框架结构，采用连续倒塌易损性曲线簇进行评估。考虑到结构设计参数的不确定性，包括结构荷载、几何形状、材料特性等，在构件和结构层面进行了连续倒塌易损性分析和敏感性分析。在构件层面，提出了一种基于能量的简化分析方法，用于快速评估钢筋混凝土梁柱子结构的连续倒塌易损性。在结构层面，采用脆性曲线簇来评价钢筋混凝土框架结构的抗连续倒塌能力。

2021 年，B. Dcfa 和 B. Hrs 等[37]提出了预应力混凝土梁柱子组合连续倒塌分析的数值模型，研究了预应力混凝土子装配体连续倒塌性能。该模型是在 OpenSees 有限元软件中开发的，通过纤维梁柱单元模拟框架构件、旋转桁架单元模拟预应力筋（PTs）、零长度单元模拟梁柱节点处的黏结滑移行为，以及运动协调条件模拟钢筋混凝土梁和 PTs 之间的耦合；并且基于验证后的数值模型进行了参数研究，以分析有效预应力、钢筋束-混凝土黏结性能和钢筋束剖面对预应力混凝土子装配体连续倒塌性能的影响。

2021 年，G. Mucedero 和 E. Brunesi 等[38]开发了一个基于纤维的数值模型，并通过两个全尺寸组合梁试件的实验数据进行了验证。然后，根据欧洲规范生成了一组宽范围的框架建筑结构，通过交替荷载路径法评估其抗连续倒塌能力；进行了下推分析，以研究在拆除柱位置向下位移增加的情况下的重力荷载能力。分析结果表明，抗连续倒塌能力对梁的类型、梁的深度和跨度长度非常敏感，而纵向钢筋对聚乙烯梁的影响很小。

国外学者对建筑结构抗连续倒塌研究进行较早，他们最开始主要集中在设计方法的探讨和结构构件的研究，随后逐渐过渡到三维整体结构的试验研究、数值模拟等，从而获得了较多的关于整体结构抗连续倒塌性能的数据。这期间也有极少的学者探索并提出便于工程应用抗连续倒塌评估方法，但这些方法因自身局限性而导致使用范围有限或者准确性有待进一步验证。因此，有必要进一步探索适用于工程界的建筑结构抗连续倒塌评估方法。

1.3.1.2　国内研究现状

1988 年，朱幼麟[39]指出国外大板结构由于横墙布置过少，整个结构缺乏整体性，在意外事故作用下容易产生破坏，并探讨了小开间大板房屋的连续倒塌问题。他还分析了当整块横向墙板及其相邻外墙板失去作用时上部结构悬臂机制中的内力平衡问题，指出楼板有良好的支承和纵向及周边有足够钢筋来提供拉结力的重要性，这些设计理念对增强结构整体性、提高结构抗倒塌能力是有较大作用的。

1994 年，朱明程和刘西拉[40]对一座 5 层的砖混办公楼在燃气爆炸下发生连续倒塌的实例进行了分析，解释了该结构纵横向联合倒塌的机理，并建议采取在砖混结构中适当增加钢筋混凝土框架、合理布置圈梁及增加楼板内部钢筋等措施来提高该结构的抗连续倒塌性能。

2005 年，陈俊岭等[41]建议从三个阶段来防止结构发生连续性倒塌：（1）控制起因，即降低偶然事件发生的概率；（2）消除引发结构局部破坏的诱因，通过合理的规划使建筑远离偶然事件可能的发生地点，减小偶然事件对建筑的破坏作用；（3）通过合理的防止结构发生连续性倒塌的方法来增强结构的整体性，提高结构的二次防御能力。

2006 年，胡晓斌和钱稼茹[42]对国内外结构连续倒塌分析与设计方法进行了归纳总结，并对连续倒塌问题的复杂性进行了阐述，提出开展结构连续倒塌仿真研究及如何考虑地震作用引起结构连续倒塌的必要性。之后，梁益等[43]对英国、美国和欧洲规范中关于结构抗连续倒塌的规定进行了总结，并在其基础上提出了几种主要设计方法，供我国编制相应规范参考。

2007 年，易伟建等[44]对一榀 3 层 4 跨的钢筋混凝土平面框架进行了拟静力下的倒塌试验研究，如图 1-12 所示。通过采用分级加载的方式来模拟底层混凝土中柱的失效过程，揭示了框架结构的倒塌破坏模式和受力特征。试验过程包括弹性阶段、弹塑性阶段、塑性阶段和悬索阶段，其中塑性机构破坏荷载大约为悬索机构破坏荷载的 70%，悬索机构的破坏是由框架梁内钢筋拉断导致的。因此，采用延性较好的钢筋合理布置在框架梁内能较好地提高框架结构在悬索阶段的承载力。

(a)

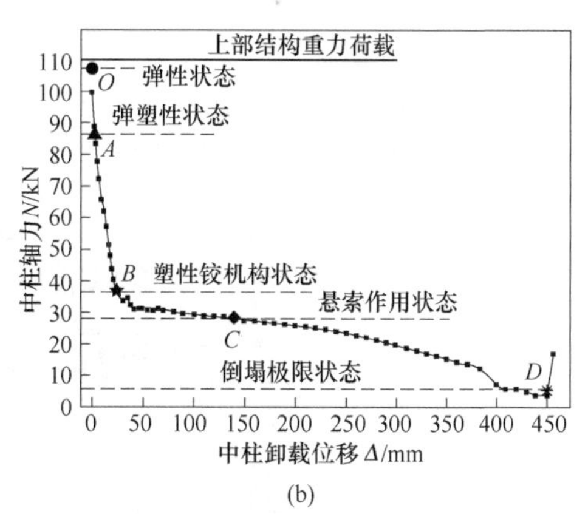

(b)

图 1-12 钢筋混凝土平面框架倒塌试验研究[44]

（a）试验现场照片；（b）试验实测数据曲线图

梁益等[45]参考美国规范（DoD2005）的设计流程，对仅按照我国规范设计的钢筋混凝土框架结构和分别采用拉结力法及拆除构件法加固后的钢筋混凝土框架结构进行了仿真分析，在分析过程中他们将楼板荷载和钢筋折算到梁内。分析结果表明按我国规范设计的混凝土结构抗连续倒塌性能不足，而拉结强度设计法在我国规范基础上的适用性有待进一步研究。师燕超等[46]则采用 LS-DYNA 对一个 2 层 3 跨的钢筋混凝土结构进行了爆炸荷载下的连续倒塌分析，指出了 GSA 方法的局限性，并提出了一种改进的钢筋混凝土结构抗连续倒塌分析的方法。

2008 年，胡晓斌和钱稼茹[47]以一个多层平面钢框架为基础，对荷载改变路径法所采用的四种抗连续倒塌分析结果进行了比较，并建立了采用荷载改变路径法进行结构抗连续倒塌分析的流程。之后，他们还分别对单层和多层平面钢框架进行了连续倒塌动力效应分析，研究了结构动力效应系数与需求能力比之间的关系[48-49]。

2009 年，傅学怡和黄俊海[50]总结并归纳了国外规范关于结构抗倒塌的设计方法，指出了其中存在的一些问题，并对多重荷载路径法和动力弹塑性分析法进行了研究与探讨。赵新源和林峰等[51]采用替代路径法对按照我国规范设计的钢筋混凝土框架结构进行了局部爆炸荷载作用下的抗连续倒塌验算和再设计，并进行了参数化研究，结果表明提高构件的承载力和结构的冗余度有较好的经济性。阎石和王积慧等[52]则对外部地面爆炸荷载作用下钢筋混凝土结构的连续倒塌机理进行了初步分析。

2010 年，梁益和陆新征等[53]指出楼板对结构的整体性和抗连续倒塌能力有重要影响，抗连续倒塌中应该考虑楼板的贡献。吕大刚和崔双双等[54]采用备用荷载路径法对框架柱突然失效的建筑物进行了 Pushover 分析来考察结构的整体性。

2012 年，陈俊岭和彭文兵等[55]对一个 2 层钢框架-组合楼板结构体系进行了抗倒塌动力试验研究，如图 1-13 所示。试验中采用卷扬机将底层边跨中柱突然拉出来模拟偶然荷载下框架柱的失效。由于该结构的整体性好、冗余度高，在底

图 1-13　组合楼板结构的倒塌试验研究[55]

层柱失效后，上部结构形成了新的传力机制来抵抗重新分布后的荷载，因而该结构并未发生倒塌，此次试验为组合结构的动力响应分析提供了宝贵的数据参考。

随后，张建兴和施刚[56]以某2层钢框架-组合楼板体系抗倒塌试验为例，采用有限元软件ANSYS对该试验进行了模拟，详细介绍相关的有限元建模技术、参数取值、材料失效准则等，经验证后的模型为后期不同荷载工况下结构的抗连续倒塌分析提供了依据。

2013年，张大山和董毓利等[57]对6块混凝土单向板在大变形条件下的受拉膜效应进行了研究，揭示了受拉膜效应产生的机理，并提出了相应的计算方法，为后期火灾下单向板的膜效应研究及抗连续倒塌中板在大变形条件下的受力性能提供了依据。高山和郭兰慧等[58]则对一榀单层四跨的钢-混凝土组合刚性连接框架在中柱失效情况下进行了抗倒塌试验研究，为后期的三维组合结构抗连续倒塌研究提供了依据。

2014年，李凤武[59]对一个1/2比例的3层3跨三维钢筋混凝土框架进行了抗倒塌试验研究。试验结果表明在中柱和边柱突然失效时，结构不仅未发生倒塌且变形较小，这表明按规范设计的框架结构在单根竖向构件失效时有较好的抗倒塌性能。

2015年，王少杰和刘福胜等[60]采用抽柱法对一个2层2×1跨的钢筋混凝土空间框架结构进行了拟静力倒塌试验研究，分析了框架结构底层边柱失效后剩余结构的竖向倒塌过程、倒塌机理和倒塌细节。试验结果表明竖向倒塌过程可分为拱作用阶段、悬链线作用阶段和倒塌阶段，而现浇楼板对梁柱节点的塑性铰有较大影响。

2016年，初明进和周育泷等[61]对8个钢筋混凝土单向梁板子结构进行了抗连续倒塌试验研究，考察了楼板及钢筋在整个破坏过程中的作用。马亚东[62]对一个采用焊接节点的双层空间钢框架结构进行了抗连续倒塌拟静力试验研究，分析了空间钢框架在中柱失效后的传力机理和破坏模式，同时结合有限元方法进行了参数化分析。

2017年，钟炜辉和孟宝等[63]对采用栓焊节点的两跨三柱型的梁柱子框架进行了抗倒塌静力分析，试验结果表明该结构体现出了多次、间断性的破坏特征，其后期强度储备较好。

2018年，钱凯和罗达等[64]采用12点等效均布荷载加载系统，对移除角柱和相邻边柱后的钢筋混凝土梁-板-柱子结构进行PUSHDOWN加载，并对钢筋混凝土子结构的破坏模式、承载能力、变形能力、钢筋局部应变、支座水平位移及边梁扭转变形进行分析，以获得钢筋混凝土结构在角柱和相邻边柱同时失效情况下的抗连续倒塌性能。

2018年，韩庆华和邓丹丹等[65]采用基于位移响应的连续倒塌判别准则，确定了网架结构的两类连续倒塌模式，分析了支承形式、厚跨比、跨度以及节点刚度对结构连续倒塌极限位移的影响。基于网架结构的敏感性分析结果，模拟了结构的连续倒塌破坏过程。

2019 年，肖宇哲和李易等[66]为了研究钢筋混凝土梁柱子结构动力连续倒塌机理和动力效应，对 4 个尺寸和材料完全相同的试件分别开展了 1 次静力和 4 次动力试验。试验结果表明：动力连续倒塌的应力集中和非对称受力现象更加明显，且受材料应变率效应的影响，梁端受拉裂缝集中开展，受压区混凝土压碎剥落区域较小；考虑到动力损伤和材料应变率对结构自身抗力特征的影响，广义动力抗力能够更加准确地描述实际动力连续倒塌过程中的抗力需求；动力损伤和材料应变率效应使得结构的动力放大效应增强，实际动力放大系数均大于传统理论预测值。

2020 年，安毅和李易等[67]对 3 个梁柱子结构试件进行了静力连续倒塌试验，包括 1 个螺栓连接试件、1 个后张拉无黏结预应力连接试件和 1 个现浇对比试件。大变形下梁柱节点的力学行为是影响干式连接装配式混凝土框架结构抗连续倒塌性能的关键因素。根据试验结果分析了节点和子结构在不同变形下的破坏模式和结构静力倒塌抗力，并采用能量原理分析了子结构的动力倒塌抗力。

2020 年，玄伟和王来等[68]基于对方钢管混凝土柱-组合梁的抗力机制及抗倒塌性能影响因素的分析，建立了方钢管混凝土柱-组合梁抗倒塌分析模型，该模型考虑了梁端柱的约束作用，正负弯矩作用下组合梁弯曲刚度的差异以及楼板与钢梁之间黏结滑移效应等影响因素，并对模型的抗力-变形计算公式进行了推导；设计了一榀 2 跨 1/3 缩尺的方钢管混凝土柱-组合梁框架试件并进行静力加载试验，分析了中柱失效后剩余结构的破坏模式、荷载传递机理以及主要的抗力机制。

2021 年，张望喜和吴昊等[69]设计并制作 3 个 2/3 缩尺的梁柱节点构造形式为开槽水平搭接的装配整体式混凝土（PC）结构试件，对中柱进行了力-位移控制静力加载的试验。第一个为空间框架子结构，第二个为平面框架子结构，第三个为悬挑结构。根据试验的抗力、位移和应变、裂缝发展、破坏形态等结果对试件的受力变化及抗力机制进行了分析。

2021 年，张永兵和刘泰奎等[70]采用有限元软件建立的精细化模型对两榀中柱移除的 RC 框架梁柱子结构静力试验进行了数值模拟，研究钢筋混凝土（RC）框架梁柱子结构的动力抗连续倒塌性能。通过采用瞬间去柱的加载方式，在验证完成的 RC 框架梁柱子结构精细化模型基础上进行动力响应分析，并基于能量法进一步研究了结构的动力性能。

国内关于抗连续倒塌的起步要晚于国外。最初的研究基本上集中在抗倒塌设计理念的提出及对案例的定性分析，随后国内研究学者先后对国外规范的抗连续倒塌设计方法进行了归纳总结，并用于指导计算机倒塌仿真分析，与此同时也开始进行了一些节点、平面框架及三维整体结构倒塌的试验研究。截至目前，国内更多的是对钢筋混凝土结构的倒塌研究，且以模拟分析居多，关于钢结构、组合结构的倒塌研究成果则较少，便于工程应用的抗倒塌性能评估方法仍属空白。

1.3.2 连续倒塌设计规范

英国的 British Standard[71]、欧洲的 Eurocode1[72]、加拿大的 NRCC[73]对防止结构连续倒塌的设计与施工规程做出了相关的规定。美国总务管理局编制的 GSA2003[74]和国防部编制的 DoD2009[75]则对结构抗连续倒塌较为详细地阐述了设计方法及流程。日本发布的指南[76-77]也提出了结构倒塌评估和设计的规程。我国对连续倒塌方面的研究相对较滞后，相关规范只在结构抗连续倒塌的设计目标和概念性设计上提出要求，但没有具体的设计方法和准则。我国《混凝土结构设计规范》（GB 50010—2010）[78]第 3.6 节和《高层建筑混凝土结构技术规程》（JGJ 3—2010）[79]第 4.1.2 条第 2 款和第 3.1.2 条针对抗连续倒塌基于概念层次提出了基本原则，但规定过于简单，并未给出具体的设计分析手段，无法应用于实际工程中。《建筑结构可靠性设计统一标准》（GB 50068—2018）[7]第 4.2.1 条规定了结构的偶然设计状况，适用于结构出现的异常情况，包括结构遭受火灾、爆炸、撞击时的情况等，应采用相应的结构体系、可靠度水平、基本变量和作用组合等进行建筑结构可靠性设计；第 4.3.1 条规定了对偶然设计状况可不进行正常使用极限状态和耐久性极限状态设计；第 4.3.2 条规定了进行承载能力极限状态设计时，应根据不同的设计状况采用下列作用组合，对于偶然设计状况，应采用作用的偶然组合；第 5.2.8 条规定对偶然作用，应采用偶然作用的设计值，偶然作用的设计值应根据具体工程情况和偶然作用可能出现的最大值确定，也可根据有关标准的专门规定确定；第 8.2.5 条规定了对偶然设计状况，应采用作用的偶然组合，并给出了偶然组合的效应设计值计算式。在现行《建筑抗震设计规范》（GB 50011—2010）[80]第 3.5.2 条第 2 款中规定：“应避免部分结构或构件破坏而导致整个结构丧失抗震承载力或对重力荷载的承载能力”，而规范中并未给出具体满足此项要求的设计准则。

1.3.3 抗连续倒塌设计方法

目前，现有国外规范中针对结构抗连续倒塌的设计方法主要可划分为 4 种：概念设计法、拉结力法、拆除构件法和局部加强法[81]。

（1）概念设计法。概念设计法主要是强调着眼于结构整体，通过结构方案设计和建筑构造手段，有效提高结构的整体性、延性、坚固性以及冗余度等。将概念性的设计措施施加在薄弱部位，达到进一步改善结构的目的，取得很好的抗连续倒塌性能。

（2）拉结力法。拉结力法的主要工作是对部分构件进行设计和验算其连接能满足所需的最小强度要求，从而确保结构的整体性和转变传力路径的有效作用，避免发生连续倒塌。根据悬链线机制模型来验算拉结强度，避免了进行整体结构的分析，缺点是过于简化，荷载和参数等欠缺考虑。

（3）拆除构件法。拆除构件法又称为备用荷载路径法（the alternate path method，简称“AP”法），是设计人员对选择的拆除构件去除以后的剩余结构进行倒塌分析。此种分析法在设计过程中不需考虑偶然荷载的类型，但需确定拆除构件可能的失效部位和规模。分析方法根据是否考虑非线性和动力效应分为四种：线性静力分析、非线性静力分析、线性动力分析、非线性动力分析[82]。在这四种方法中，实现操作难度逐次加深，但实际结构的连续倒塌是一个非线性的动力过程，因此采用非线性动力分析方法计算结果最可靠、准确。

（4）局部加强法。局部加强法对结构的关键构件进行专门加强设计，使其具有足够强度以抵御外部突发荷载作用，从而防止发生初始的局部破坏。

1.4 本书研究内容

本书分为 4 章，第 1 章概述了结构抗连续倒塌的定义和背景，总结了近年来关于结构抗连续性倒塌的研究发展及第 2~4 章涉及相关理论的文献综述。

第 2 章详细阐述了钢管混凝土柱-钢梁平面框架在冲击荷载下的连续倒塌分析。钢管混凝土结构具有众多的优势而被广泛地应用于各种高层及超高层建筑中。但是在服役期间，钢管混凝土结构不仅承受正常的设计荷载，而且还可能承受意外的冲击偶然荷载。本章开展钢管混凝土结构在冲击荷载下的连续倒塌分析方法的研究，主要包括两方面的研究：（1）通过已有学者开展的冲击柱试验进行有限元模拟验证冲击模型的有效性。（2）通过 ABAQUS 采用多尺度建模方式建立了五层三跨的钢管混凝土组合平面框架。通过单一变量控制法和正交试验方法分析，主要以失效柱顶部节点竖向位移、失效柱相邻柱的轴力为分析指标，对此进行了采用直接模拟法（DS 法）的抗连续倒塌分析，同时与拆除构件法（AP 法）进行了比较。AP 法简化考虑结构关键构件破坏的过程；DS 法针对具体的冲击荷载工况进行分析。该章的创新点体现在：（1）首次通过直接模拟法进行了组合平面框架多尺度模型在冲击荷载作用下的连续倒塌分析。（2）首次通过正交试验法对冲击荷载进行组合，从而有效地代表全面的组合。

第 3 章详细阐述了钢框架-组合楼板结构抗连续倒塌性能简化评估。本章基于钢框架-组合楼板三维整体结构在中柱失效下的抗连续倒塌试验研究，提出了一种适用于工程实际的简化评估方法，供工程设计师参考与使用。本章的主要研究工作概括为：（1）通过对连续倒塌工况下结构破坏过程的探讨，明确结构在各个阶段的传力机理，为评估方法的建立提供理论依据；（2）将板的屈服线承载力与组合框架的抗弯承载力之和作为中柱失效后剩余结构在小变形阶段的承载力，并提出了一种简化方法来计算大变形下板的受拉膜效应和梁的悬链线效应承载力；（3）提出了计算组合框架结构在小变形阶段和大变形阶段挠度值的简化公式；（4）基于评估方法求得的结构静力荷载-位移响应，采用 Izzuddin 提出的能量法来计算结构的非线性动力响应承载力；（5）采用既有的三维整体结构抗连续倒塌试验研究及有限元分析结果对简化评估方法进行验证，以确定该评估方法的准确性，并给出两个算例供工程设计师或研究人员参考。本章的创新点体现在：（1）针对半刚性连接的组合框架，首次提出了计算弹塑性变形值的实用公式，该公式简单且有较好的精度；（2）基于试验结果，首次提出了一种简化计算大变形下板受拉膜效应和梁悬链线效应承载力的算法；（3）首次推导了一种能考虑动力效应的评估钢框架-组合楼板三维整体结构抗连续倒塌承载力的简化方法，供工程设计师参考与使用。

第 4 章详细阐述了钢框架组合楼板结构在中柱失效下抗连续倒塌三维整体效应研究。该章具体研究内容概括为：（1）介绍了采用位移控制的三维钢框架组合楼板结构抗连续性倒塌试验研究的概况，并采用组件法建立了节点的组件模型，用试验的方法获得了组件模型中弹簧单元的力学模型，将该结果运用在三维整体结构有限元模型中；（2）采用有限元分析软件 ABAQUS 建立了三维钢框架组合楼板结构有限元模型，并就结构的荷载位移响应、破坏顺序和破坏模式等方面对有限元分析结果与试验结果进行全面对比，验证模型的可靠性；（3）使用验证有效后的有限元模型，分析了楼板长宽比、楼板厚度、压型钢板厚度、抗剪键数量、边界条件以及节点力学模型等参数对整体结构抗连续倒塌性能的影响；（4）建立了非线性动力计算有限元模型，并与 Izzuddin 基于能量原理方法得出的结果进行对比，建议本章所分析结构类型基于力的动力增大系数 *DIF* 值取 1.5，基于位移的动力增大系数取 3。本章创新点为：（1）首次将欧洲规范 3 中的组件法与试验的方法结合起来得到平齐式端板节点和双腹板角钢节点的受拉受压力学模型，并将结果运用在三维整体结构有限元模型中；（2）首次建立了三维钢框架组合楼板结构有限元模型，采用隐式的计算方法和位移控制的加载方法，克服收敛性问题，获得了钢框架组合楼板结构在中柱失效后包含下降段的全过程的荷载位移响应路径；（3）首次通过非线性动力反应分析与非线性静力反应分析的结果对比，得出了本章所分析结构类型的动力效应增大系数。

2　钢管混凝土柱-钢梁平面框架在冲击荷载下的连续倒塌分析

2.1　冲击荷载下 ABAQUS 有限元模型验证

2.1.1　概述

本节研究的冲击过程为低速动力学过程，通常在几十微秒内完成。为研究平面框架结构受侧向冲击荷载作用下的倒塌全过程，最简化和最基础的冲击模型即为受侧向冲击作用的有约束的轴力柱。

本节基于 ABAQUS 软件平台建立了对应于一系列钢管柱在侧向冲击荷载下的相关试验数值分析模型。验证试验选取了空钢管和钢管混凝土柱，考虑要素尽可能地涵盖所有一般情况，主要为截面形式、边界条件、构件长度、材料特性、冲击速度和能量、冲击质量、冲击物接触面形式等。数值模型中考虑了钢材和混凝土材料的应变率效应，钢管和混凝土以及落锤和钢管之间的接触关系，钢管预压轴力的影响，尽可能真实地模拟试验情况。

2.1.2　冲击试验介绍

本节采用多组研究者已进行的不同尺寸的试验构件进行有限元模型验证，包括 14 个实心钢管混凝土构件和 8 个空心钢管混凝土构件，相关试验基本信息汇总于表 2-1，更多细节内容可参见相关文献。

表 2-1　侧向冲击试验汇总

序列	试件编号	混凝土	边界条件	$D(B)\times t_s\times L$ /mm×mm×mm	v_0/m·s^{-1}	M_0/kg	预压压力/kN	数据来源
Ⅰ	MSH	中空	两端简支	□100×2×2500	3.57	592	288	M. Yousuf 等[83]
Ⅱ	Pd1	中空	固定-夹支	○100×2×1000	7.006	25.45	0	M. Zeinoddini 等[84]
	Pd2	中空	固定-夹支	○100×2×1000	6.998	25.45	88	
	Pd3	中空	固定-夹支	○100×2×1000	6.995	25.45	163	
	Pd4	中空	固定-夹支	○100×2×1000	7.012	25.45	196	
	Pd6	中空	固定-夹支	○100×2×1000	7.006	25.45	228	

续表 2-1

序列	试件编号	混凝土	边界条件	$D(B)\times t_s\times L$ /mm×mm×mm	v_0/m·s^{-1}	M_0/kg	预压压力/kN	数据来源
Ⅲ	HCC	中空	两端固定	○180×3.65×1940	7.73	465	0	L. H. Han 等[85]
	CC1	填充	两端固定	○180×3.65×1940	9.21	465	0	
	CC2	填充	两端固定	○180×3.65×1940	6.4	920	0	
	CC3	填充	两端固定	○180×3.65×1940	9.67	465	0	
	HSS	中空	两端简支	○180×3.65×2800	4.25	465	0	
	SS1	填充	两端简支	○180×3.65×2800	8.05	465	0	
	SS2	填充	两端简支	○180×3.65×2800	5.69	920	0	
	SS3	填充	两端简支	○180×3.65×2800	8.93	465	0	
Ⅳ	DBF19	填充	两端固定	○114×1.7×1200	4.8	229.8	150	刘斌[86]
	DBF21	填充	两端固定	○114×1.7×1200	4.4	229.8	300	
	DHF42	填充	两端固定	○114×4.5×1200	7	229.8	215	
	DHF44	填充	两端固定	○114×4.5×1200	7	229.8	450	
	DZF26	填充	两端固定	○114×3.5×1200	11.7	229.8	0	
	DZF31	填充	两端固定	○114×3.5×1200	11.7	229.8	200	
	DZF33	填充	两端固定	○114×3.5×1200	11.7	229.8	400	
	DZF34	填充	两端固定	○114×3.5×1200	4.4	229.8	200	

注：B 为方钢管截面外边长；D 为圆钢管截面外直径；t_s 为钢管厚度；L 为试件长度；v_0 为侧向冲击速度；M_0 为落锤质量。

图 2-1 为部分引用试验的试验过程照片。各试验设备中关键部分是落锤，落锤由高空自由下落进行加速，将势能转化为动能。根据调整落锤的质量、高度，可以得到不同组合情况下的冲击初速度和冲击能量。试验过程中落锤产生指定初速度作用于试件上，通过撞击作用过程，将能量传递给试件，接触一段时间后与试件分离产生回弹。另外，试验中的预压轴力加载除了序列Ⅰ的构件 MSH[83] 采用预应力形式加载外，其余试验主要是通过设计的碟形弹簧组，在冲击过程中试件沿轴向变形缩短的瞬间，弹簧将预先储存的弹性势能释放出来而使轴向力持续加载在试件上，保证轴向力不卸荷[86]。

2.1.3 有限元模型建立

2.1.3.1 材料特性

由于钢管混凝土该种结构中钢管和混凝土两者在受力过程中的相互作用，使得核心混凝土处于三维应力状态而导致其强度提高，因此需要对两种材料的相互约束及补充关系进行适当的考虑。

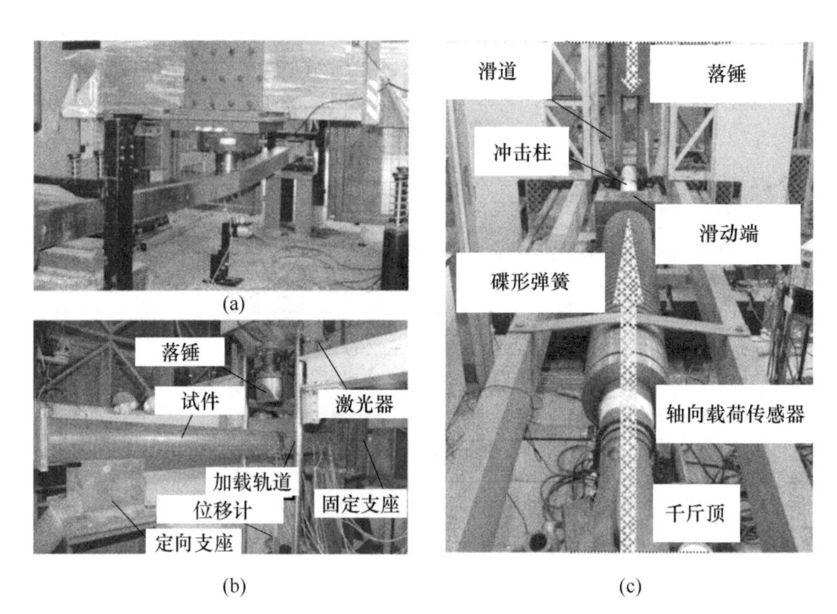

(a)

(b)

(c)

图 2-1 冲击试验照片

(a) M. Yousuf 等[83]；(b) L. H. Han 等[85]；(c) 刘斌[86]

另外，材料的力学性能在撞击等动力荷载作用下将不同于静力下的特点，表现为强度明显受应变率效应的影响，且破坏趋于脆性。对于试验构件中组成的钢材和混凝土材料而言，应变率效应的影响同样不可忽略。

综合考虑以上两点影响因素后，下面介绍钢材和混凝土的材料模型。

A 钢材本构关系

钢材的应力-应变关系曲线，对于低碳软钢可采用韩林海[87]中的二次塑流模型，由五个阶段即弹性段、弹塑性段、塑性段、强化段和二次塑流组成，公式(2-1)为具体数学表达式。图 2-2 (a) 为简化后的曲线，其中 f_p、f_y 和 f_u 分别表示钢材的比例极限、屈服极限和抗拉强度极限；对于高强钢材可采用由弹性段和强度段组成的双线性模型，其中强化段的模量取为 $0.01E_s$，曲线如图 2-2 (b) 所示。

$$\sigma_s = \begin{cases} E_s\varepsilon_s & \text{当 } \varepsilon_s \leqslant \varepsilon_e \\ -A\varepsilon_s^2 + B\varepsilon_s + C & \text{当 } \varepsilon_e < \varepsilon_s \leqslant \varepsilon_{e1} \\ f_y & \text{当 } \varepsilon_{e1} < \varepsilon_s \leqslant \varepsilon_{e2} \\ f_y\left(1 + 0.6\dfrac{\varepsilon_s - \varepsilon_{e2}}{\varepsilon_{e3} - \varepsilon_{e2}}\right) & \text{当 } \varepsilon_{e2} < \varepsilon_s \leqslant \varepsilon_{e3} \\ 1.6f_y & \text{当 } \varepsilon_s > \varepsilon_{e3} \end{cases} \tag{2-1}$$

式中，$\varepsilon_e = \dfrac{0.8f_y}{E_s}$，$\varepsilon_{e1} = 1.5\varepsilon_e$，$\varepsilon_{e2} = 10\varepsilon_{e1}$，$\varepsilon_{e3} = 100\varepsilon_{e1}$，$A = 0.2f_y/(\varepsilon_{e1} - \varepsilon_e)^2$，$B = 2A\varepsilon_{e1}$，$C = 0.8f_y + A\varepsilon_e^2 - B\varepsilon_e$。

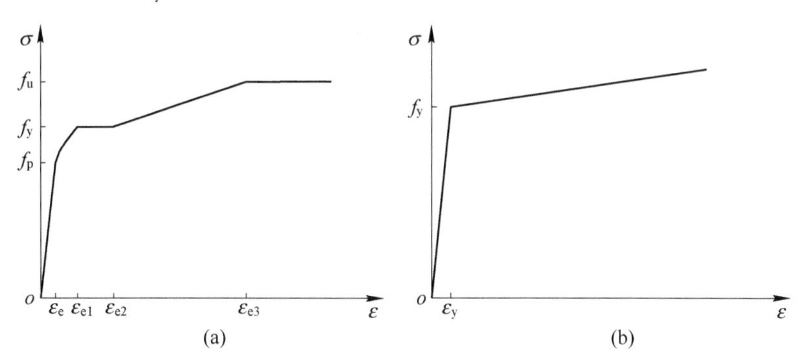

图 2-2 钢材的 σ-ε 关系曲线
（a）低碳软钢；（b）高强钢材

B 钢材应变率效应

考虑应变率对钢材强度的影响时，需符合适用于应变率较低的动力学问题，因此采用了经典的 Cowper-Symonds 模型[88]。

$$\frac{\sigma_d}{\sigma_s} = 1 + (\dot{\varepsilon}/D)^{\frac{1}{p}} \tag{2-2}$$

式中 $\dot{\varepsilon}$ ——材料的塑性应变率；

σ_d ——材料在塑性应变率为 $\dot{\varepsilon}$ 时的应力值；

σ_s ——静力荷载下的应力值；

D，p ——与材料类型和应变强化有关的参数。

参数 D，p 的取值是大量学者结合材料性能试验数据及数值模拟而不断拟合得到的。根据本节引用试验的最终试验现象和有限元结果进行对比，选用模型参数 $D = 6844\text{s}^{-1}$、$p = 3.91$ 时结果更准确。

C 混凝土本构关系

韩林海[87]提出了在进行钢管混凝土结构分析时，适用于 ABAQUS 考虑两者相互约束关系的核心混凝土的轴压本构关系模型，并且经过了大多学者针对钢管混凝土结构时使用该模型模拟的有效性验证。采用了 ABAQUS 里适用于分析动力载荷下混凝土损伤性质的塑性损伤模型（Concrete Damage Plasticity Model），模型中 4 个重要参数通常取值为：膨胀角 $\psi = 30°$，势函数偏心率 $c = 0.1$，拉压子午线上第二应力不变量的比值 $K_c = 2/3$，单轴抗压强度与双轴抗压强度的比值 $\alpha = 1.16$。另外，核心混凝土的泊松比取 0.2，弹性模量根据 ACI（Ommittee318—05（2005））[89]中提供的混凝土弹性模量的算法，即 $E_c = 4700\sqrt{f_c}$ MPa。

（1）核心混凝土单轴受压应力-应变关系的函数表达式为

$$y = \begin{cases} 2x - x^2 & \text{当 } x \leqslant 1 \\ \dfrac{x}{\beta_0(x-1)^\eta + x} & \text{当 } x > 1 \end{cases} \tag{2-3}$$

其中：

$$x = \frac{\varepsilon}{\varepsilon_0};\ y = \frac{\sigma}{\sigma_0}$$

$$\xi = A_s f_y / A_c f_{ck}$$

$$\sigma_0 = f_c(\text{MPa});\ \varepsilon_0 = \varepsilon_c + 800 \times \xi^{0.2} \times 10^{-6}$$

$$\varepsilon_c = (1300 + 12.5 f_c) \times 10^{-6}(f_c \text{ 以 MPa 为单位})$$

$$\eta = \begin{cases} 2 & \text{当为圆钢管混凝土时} \\ 1.6 + 1.5/x & \text{当为方钢管混凝土时} \end{cases}$$

$$\beta_0 = \begin{cases} (2.36 \times 10^{-5})^{0.25+(\xi-0.5)^7} \times f_c^{0.5} \times 0.5 \geqslant 0.12 & \text{当为圆钢管混凝土时} \\ \dfrac{f_c^{0.1}}{1.2\sqrt{1+\xi}} & \text{当为方钢管混凝土时} \end{cases}$$

式中 ξ ——约束效应系数；

A_s，A_c ——钢管，混凝土截面面积；

f_y ——钢材屈服强度标准值；

f_{ck} ——混凝土轴心抗压强度标准值。

（2）核心混凝土单轴受拉应力-应变关系为

$$y = \begin{cases} 1.2x - 0.2x^6 & \text{当 } x \leqslant 1 \\ \dfrac{x}{0.31\sigma_p^2(x-1)^{1.7} + x} & \text{当 } x > 1 \end{cases} \tag{2-4}$$

式中，$x = \varepsilon_c/\varepsilon_p$，$y = \sigma_c/\sigma_p$；$\sigma_p = 0.26 \times (1.25 f_c)^{2/3}$，$\sigma_p$ 为混凝土峰值拉应力；ε_p =43.1；ε_c 为混凝土峰值拉应力对应的应变值。

D 混凝土应变率效应

采用了根据欧洲混凝土协会 CEB（1988）[90]给出的混凝土动态增强因子 *DIF* 与应变率 $\dot{\varepsilon}$（$3 \times 10^{-5} \sim 300\text{s}^{-1}$）的关系。

（1）混凝土动态受压时为：

$$DIF = \frac{f_{cd}}{f_{cs}} = \begin{cases} \left(\dfrac{\dot{\varepsilon}}{\dot{\varepsilon}_s}\right)^{1.026\alpha_s} & \text{当 } \dot{\varepsilon} \leqslant 30\text{s}^{-1} \\ \gamma_s\left(\dfrac{\dot{\varepsilon}}{\dot{\varepsilon}_s}\right)^{\frac{1}{3}} & \text{当 } \dot{\varepsilon} > 30\text{s}^{-1} \end{cases} \tag{2-5}$$

式中，f_{cs}、f_{cd} 分别为静态压缩强度和动态压缩强度；$\gamma_s = 10^{6.156\alpha_s - 2.0}$，$\alpha_s = (5 + 9f_{cs}/f_{co})^{-1}$，$f_{co} = 10\text{MPa}$；$\dot{\varepsilon}_s = 30 \times 10^{-6}\text{s}^{-1}$（准静态应变率）。

（2）混凝土动态受拉时为：

$$DIF = \frac{f_{td}}{f_{ts}} = \begin{cases} \left(\dfrac{\dot{\varepsilon}}{\dot{\varepsilon}_s}\right)^{1.016\delta} & \text{当 } \dot{\varepsilon} \leqslant 30\text{s}^{-1} \\ \beta\left(\dfrac{\dot{\varepsilon}}{\dot{\varepsilon}_s}\right)^{\frac{1}{3}} & \text{当 } \dot{\varepsilon} > 30\text{s}^{-1} \end{cases} \tag{2-6}$$

式中，$\delta = (10 + 6f_{cs}/f_{co})^{-1}$，$\beta = 10^{7.11\delta - 2.33}$，$f_{co} = 10\text{MPa}$；$f_{ts}$，$f_{td}$ 分别为静态拉伸强度和动态拉伸强度，$\dot{\varepsilon}_s = 30 \times 10^{-6}\text{s}^{-1}$（准静态应变率）。

2.1.3.2 几何模型

几何模型中共建立了四个“part”：钢管、核心混凝土、落锤、端板。钢管采用 4 节点有限薄膜应变线性减缩积分壳单元（S4R）；混凝土采用 8 节点三维线性减缩积分实体单元（C3D8R）；落锤进行简化作为刚体处理，采用 4 节点三维刚体单元（R3D4），因为其刚度比冲击柱大，故在碰撞时几乎不变形；同样，为了提高计算效率，模型中的端板也进行刚体处理，采用 R3D4 单元。

2.1.3.3 网格划分

网格划分的数量和质量将影响有限元计算规模的大小和分析结果的精度，为了保证计算精度和节约计算成本，需要合理划分网格疏密。因此在冲击区域划分比较密集的网格，而在稍远处划分相对稀疏的网格。

2.1.3.4 边界条件

钢管柱两端断面通过“Tie”命令连接由刚体建立的端板，端板设置参考点，边界的约束情况施加在参考点上，轴力的加载也通过参考点。

2.1.3.5 界面处理

落锤和冲击柱之间的接触采用 Surface-to-Surface Contact（Explicit），刚体设置为接触主面，冲击柱为接触从面。切线方向采用 panalty 算法，摩擦系数的取值为 0；法线方向采用硬接触（Hard Contact）算法，表示主从面接触时，可以完全传递垂直于接触面的压力，而主从面分离时，接触压力即减小至零。此外，使用切向接触（Tangential Behavior）考虑钢管和混凝土表面切向存在的黏结应力，参考文献［88］中建议的计算公式，见式（2-7）。具体表现为当接触面剪应力小于 τ_{bond} 时，界面不存在相对滑动；当接触面剪应力超过 τ_{bond} 时，黏结破坏，界面将发生滑动。此时界面的相对滑动采用库仑摩擦（Columbia Friction Model）模拟，摩擦系数取值为 0.6。

$$\tau_{bond}=\begin{cases}2.314-0.0195\times\dfrac{D}{t_s} & \text{当为圆钢管混凝土时}\\ 0.75\times\left(2.314-0.0195\times\dfrac{B}{t_s}\right) & \text{当为方钢管混凝土时}\end{cases} \tag{2-7}$$

式中 τ_{bond} ——黏结应力，MPa；

D ——圆截面构件核心混凝土直径；

B ——方截面构件核心混凝土边长；

t_s ——外钢管壁厚。

2.1.3.6 轴力-冲击耦合模型

为了较真实地模拟试验情况下冲击柱受到的轴力加载，要解决模型的轴力—冲击耦合问题以及数值计算的不收敛。冲击模型采用 ABAQUS/Explicit 求解模块，设定 Amplitude 幅值曲线的力平稳缓和地加载预压轴力，直至轴力达到一定稳定状态。与此同时，由于落锤在模型中处于重力场里，经过加载时间、初速度和重力加速度的换算得到偏离冲击柱的距离和初始速度，保证在预压轴力持续加载下发生试验撞击初速度的落锤冲击作用。

2.1.4 结果比较

冲击试验过程中主要记录了冲击力时程曲线和试件的最终变形模式，还部分测量了其跨中侧移挠度。首先，冲击力是冲击问题研究的一个重要内容，根据试验介绍，通过力传感器和数字示波器捕捉力的信号，可以得到较好的冲击力时程曲线；其次，衡量试件变形的主要指标是通过试件的变形模式及跨中挠度来确定。因此，下面将对表 2-1 中试件的破坏形态、冲击力时程曲线、跨中最终挠度有限元计算结果和试验进行对比。

2.1.4.1 破坏形态及变形量

如图 2-3 所示为试验构件最终变形的试样照片和有限元程序模拟的对比图片。从图 2-3 中可以观察到中空钢管在局部侧向撞击下出现了冲击部位局部凹陷、整体 V 形侧向弯曲及两者的联合三种残余塑性变形形式，比如如图 2-3（a）序列Ⅱ的 Pd1～Pd4、Pd6 试样，以及图 2-3（b）序列Ⅲ的 HCC 和 HSS 试样。可见，当落锤具有较大冲击能量时，发生接触后，由于中空钢管管壁在冲击位置凹陷，其圆截面特性发生了改变，使得凹陷范围向周向和轴向不断扩展；由于冲击力和轴力继续作用，冲击处出现截面越来越扁，从而改变了其抗弯刚度，发生整体 V 形弯曲变形，直至失效。

而钢管混凝土柱的变形模式区别于中空钢管柱。其中钢管混凝土柱在冲击接触点的局部变形不同，由于填充的混凝土被局部破碎膨胀，挤压外包钢管而产生的隆起，显然区别于中空钢管的冲击截面几乎被压扁。此外，只有当冲击能量更

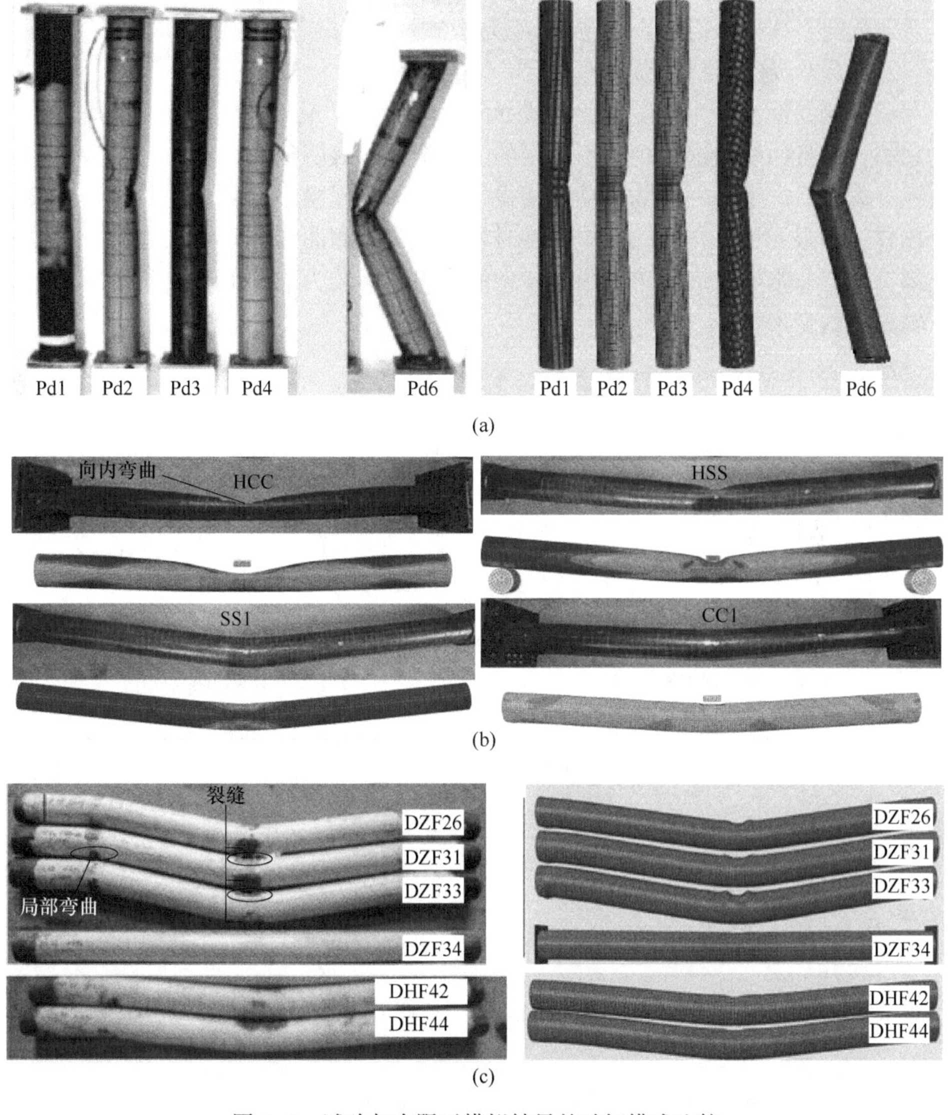

图 2-3 试验与有限元模拟结果的破坏模式比较

(a) 序列Ⅱ；(b) 序列Ⅲ；(c) 序列Ⅳ

大时，钢管混凝土柱才出现整体的 V 形弯曲变形，如图 2-3（b）序列Ⅲ的 CC1、SS1 试样，以及图 2-3（c）序列Ⅳ的 DZF 和 DHF 试样。因此，经过残余变形模式的对比可得出，钢管混凝土柱相比中空钢管柱具有更好的抗撞性能。

另外，根据支座约束情况的不同也将引起残余变形的不同。固定支座时，钢管的受压侧产生局部皱曲；两端简支时，集中在冲击部位出现弯曲塑性变形；一端固定一端简支时，塑性变形主要集中在冲击部位和固定端；两端固定时塑性变形主要集中在冲击部位和两个固定端。

对比图 2-3 模拟得到的试件最终破坏模式及变形形态与试验结果均符合良好。

2.1.4.2 跨中挠度变形量

试件侧向冲击跨中挠度变化曲线如图 2-4 所示，最大挠度曲线大致呈二次抛物趋势；而且曲线最终出现了不稳定的上下振荡，表明经过冲击作用的构件在与落锤分离以后产生了一定的振动，使得整体变形出现微小的回弹。通过和试验进行比较，有限元计算得到的跨中挠度时程曲线与实测曲线，无论在趋势还是数值上都符合得非常好，表明该有限元模型的建立能够较为准确地反映侧向冲击荷载下轴压柱的变形特征。

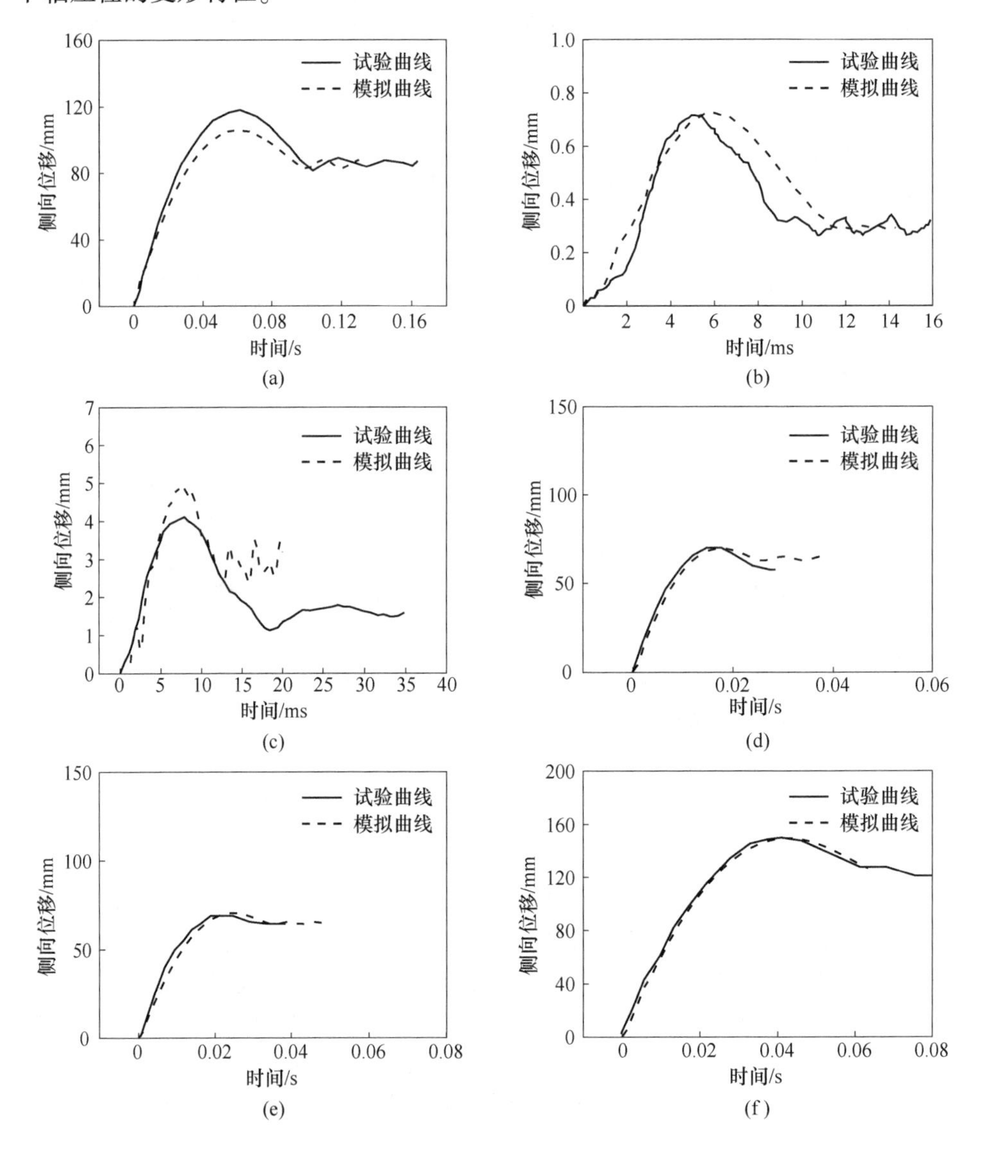

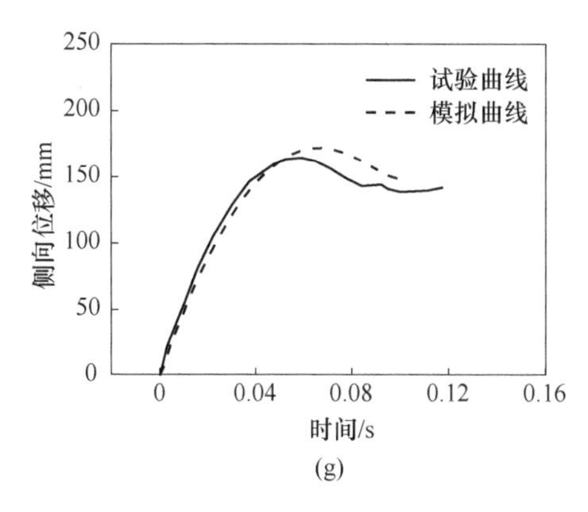

(g)

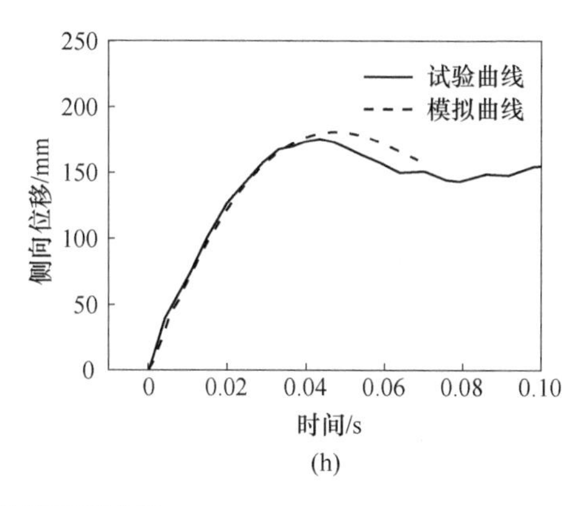

(h)

图 2-4　侧向位移时程曲线

（a）MSH；（b）Pd1；（c）Pd2；（d）CC1；（e）CC2；（f）SS1；（g）SS2；（h）SS3

2.1.4.3　冲击力时程曲线

如图 2-5 所示，可以看出所有试件的冲击力时程曲线主要经历了三个阶段：振荡阶段、稳定阶段、衰减阶段。

振荡阶段：即第一阶段，是落锤与试件接触的瞬间，冲击力即刻达到峰值，然后迅速衰减而处于振荡的过程。

稳定阶段：即第二阶段，待试件经过一段时间的振荡后，冲击力持续出现一定稳定阶段，形成平台值。由于这个阶段冲击能量的耗散，相对第一阶段持续时间更长。

衰减阶段：即第三阶段，在经过稳定时期后冲击力迅速衰减，曲线进入了下降阶段，开始卸载直至为零，表明整个冲击过程的结束。

从图 2-5 中可看出，冲击力是一个瞬时的量，冲击作用时间以毫秒计算。平台值对边界条件越强时越高，冲击力时间越短，比如 CC1（两端固定）试样相比 SS3（两端简支）试样。轴压力对构件的冲击力也有一定的影响，比较冲击力时程曲线可以得出，随着轴力的增加冲击力平台数值逐渐降低，比如试样 Pd1、Pd2、

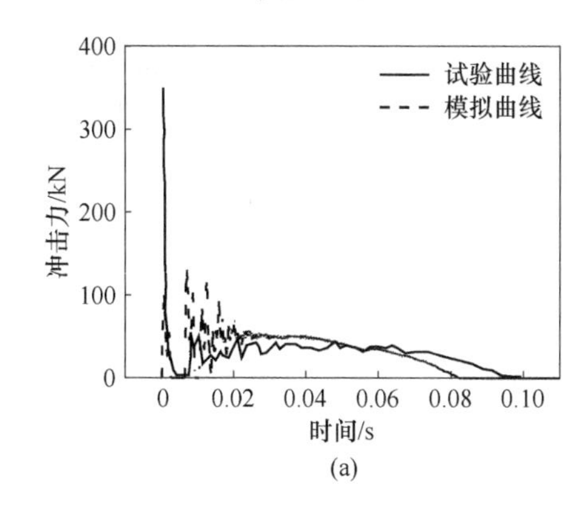

(a)

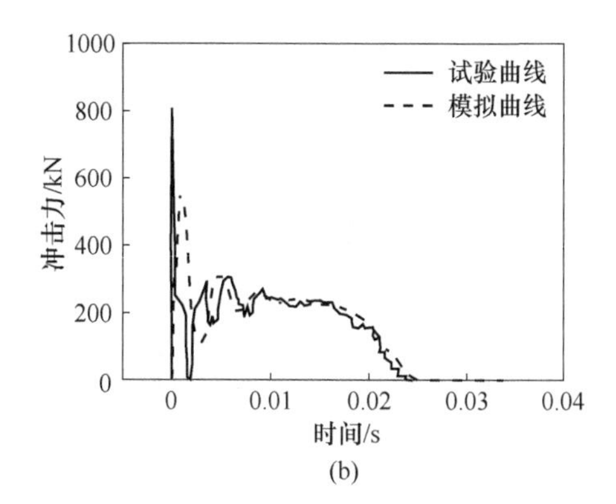

(b)

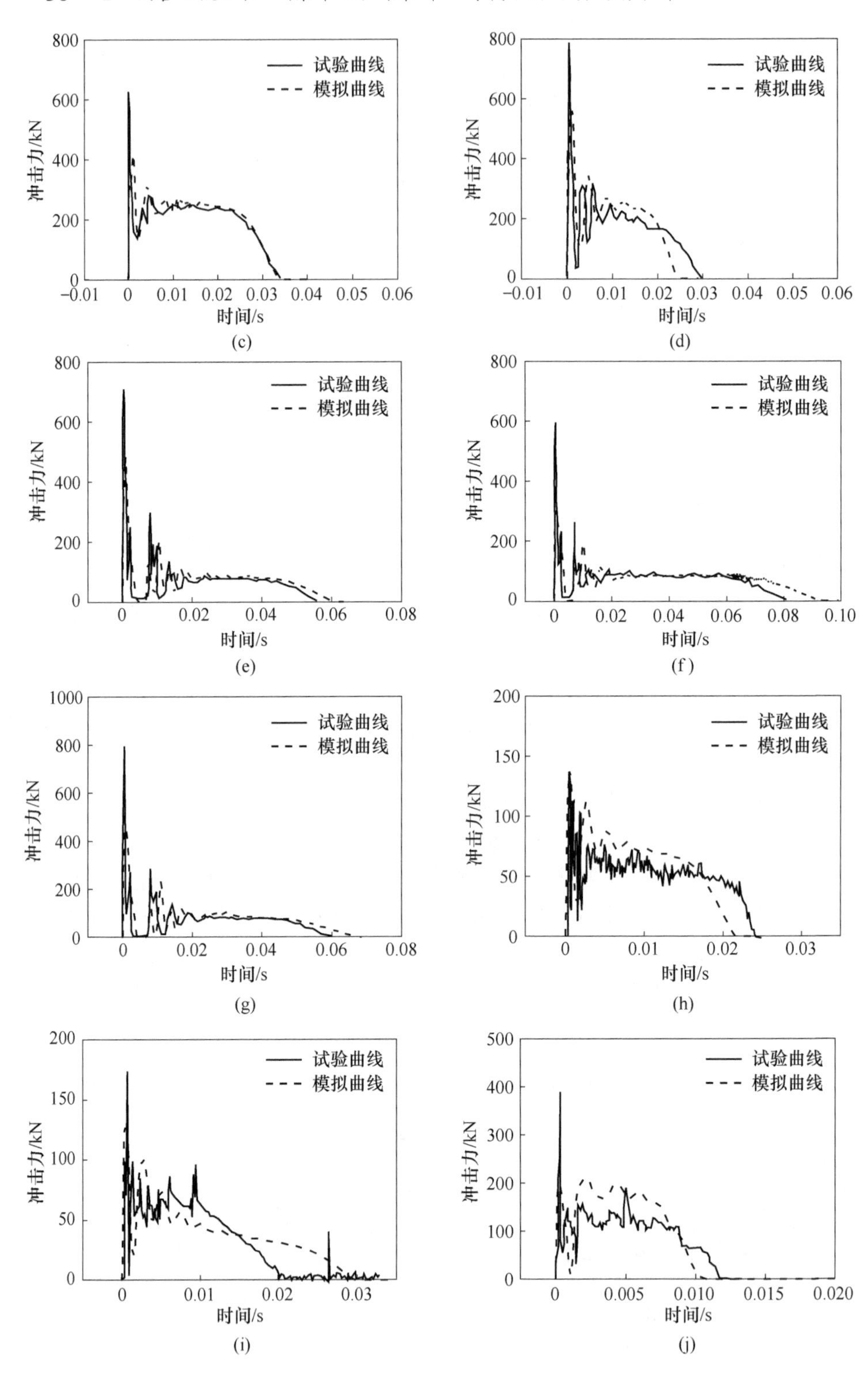
冲击力/kN
时间/s
试验曲线
模拟曲线
(c)
(d)
(e)
(f)
(g)
(h)
(i)
(j)

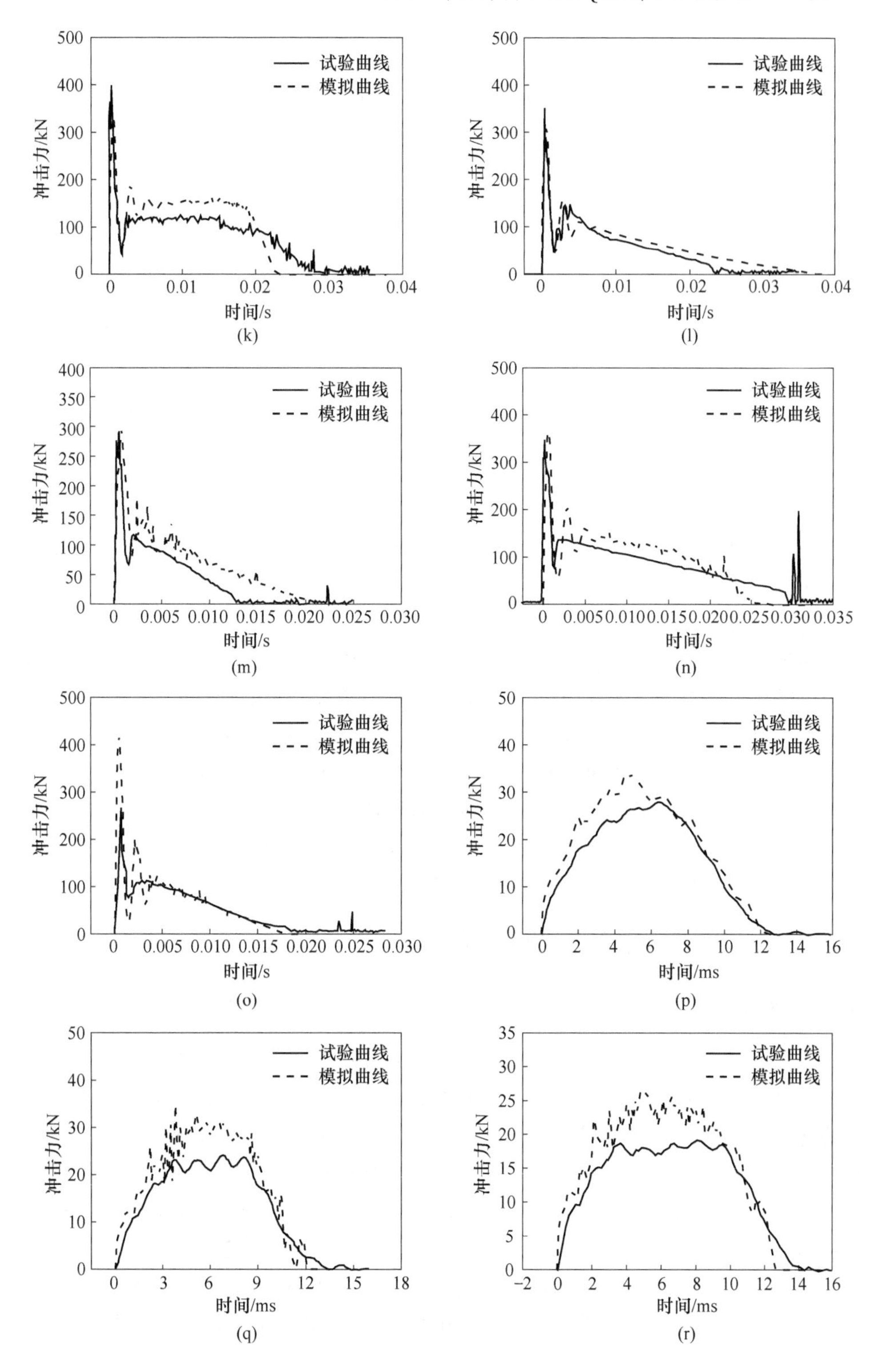

(k) (l) (m) (n) (o) (p) (q) (r)

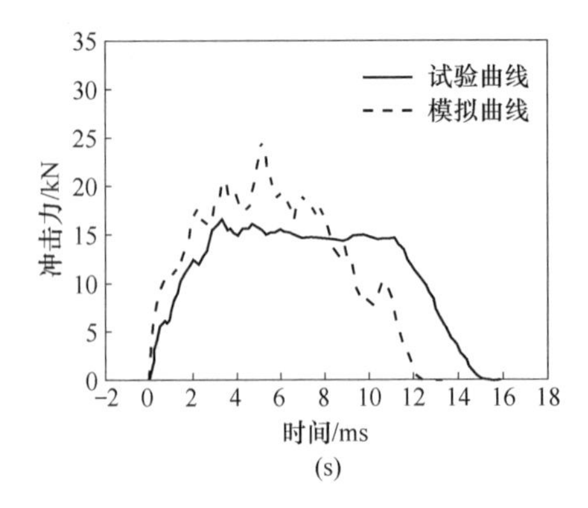

(s)

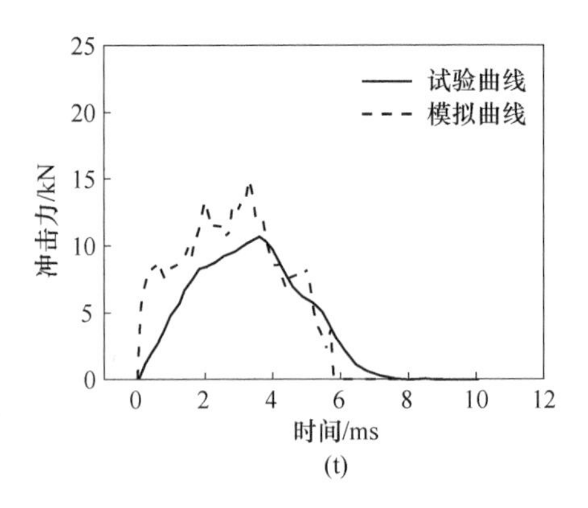

(t)

图 2-5 冲击力时程曲线

(a) MSH; (b) CC1; (c) CC2; (d) CC3; (e) SS1; (f) SS2; (g) SS3; (h) DBF19; (i) DBF21; (j) DBF34; (k) DZF26; (l) DZF31; (m) DZF33; (n) DHF42; (o) DZF44; (p) Pd1; (q) Pd2; (r) Pd3; (s) Pd4; (t) Pd6

Pd3、Pd4、Pd6，其预压轴力的值与柱极限承载力的比值分别为 0、0.27、0.5、0.6、0.7。这是由于一定范围内的轴力作用能增强抵抗侧向冲击作用的能力，使得其跨中挠度有所减小，冲击力平台值出现降低。

对比冲击力时程曲线的试验值与模拟计算值稍有差别，主要原因在于：由于材料失效模型不确定，有限元没有考虑钢管开裂造成能量的耗散；模型材料均匀稳定相对试验刚度较大，模拟的边界条件相对试验较强，试验时冲击力峰值对影响因素敏感且不稳定。这些原因是在实际的试验过程中难以避免的，或者数值模拟系统本身存在的计算假设，将或多或少地导致试验值与模拟计算值的偏差，但是从总体上仍然可以看出，两者整体的趋势及数值大小均符合较好，表明建立的有限元模型可以较为准确地反映冲击作用的特征。

2.2 平面组合框架抗连续倒塌分析

2.2.1 概述

关于受低速冲击问题的结构动力试验研究方法受到一定的限制，比如试验模型的比例选取、撞击设备的设置、冲击工况的组合、试验样本的数量、代表试验点的选取、数据的采集等因素，给试验研究方法带来一系列设备装置复杂、周期长、代价高等困难。作为平行于试验方法和理论研究的计算机数值模拟研究工具，能够有效地克服这些缺陷并且能实现参数多变，而且随着计算机的广泛普及和技术发展，采用数值模拟计算已成为工程结构研究的一种趋势。

在分析模拟结构连续性倒塌问题时，ABAQUS/Explicit 模拟全过程，使用显式方法求解，能较好地处理“结构连续倒塌”中存在的高度非线性及动力问题；

并且倒塌模型的建立与结果的分析都可在 ABAQUS 同一界面中进行，拥有简便的操作功能。因此本节利用 ABAQUS 平台建立钢管混凝土柱-钢梁的组合平面框架结构，采用直接模拟法（The Direct Simulation Method，简称“DS”法）进行结构倒塌分析。考虑冲击物意外猛烈撞击结构的冲击方式，根据剩余结构的动力响应，评估该结构的抗连续倒塌性能；同时采用规范推荐使用的 AP 法（拆除构件法）进行对比和拓展，针对低速冲击偶然荷载形式下的连续倒塌分析方法的运用展开讨论。

2.2.2 分析对象

2.2.2.1 模型

本节根据《钢管混凝土结构技术规程》（CECS28：2012）[91] 的相关规定，以及参考实际工程中典型组合框架结构的设计布局和荷载情况，设计了一榀 5 层 3 跨的圆钢管混凝土柱-工字梁平面框架结构，如图 2-6 所示。梁柱的连接形式均采用全焊接刚接。针对平面框架设计时未考虑空间结构形式，通过设置一定范围内纵向跨距进行换算，得到一系列对应的作用于该梁上的荷载值。为了倾向于使结构发生倒塌，最后确定梁上作用大小相同的竖向均布线荷载 45kN/m，并且按该荷载对结构进行验算时，能够满足承载能力极限状态的要求，符合设计的正常使用条件，并且梁柱节点区域的厚度及抗剪强度均符合要求。

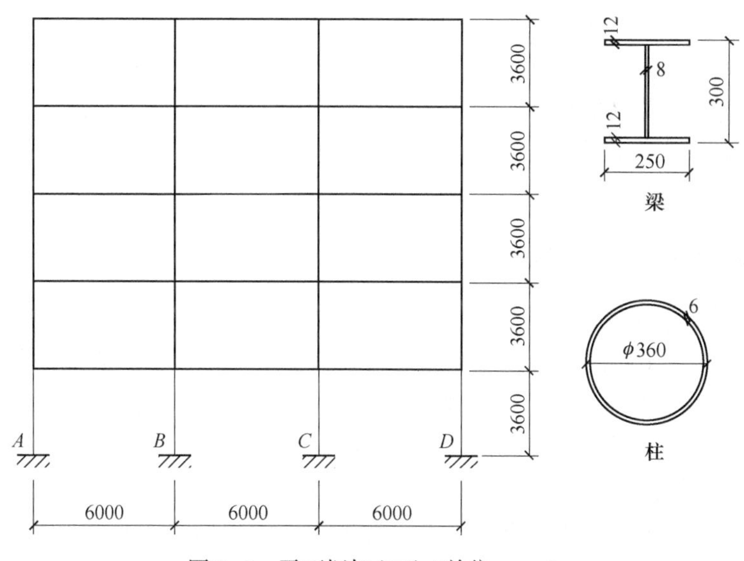

图 2-6 平面框架立面（单位：mm）

模型基本信息如下：

建筑总信息：柱距 6m，层高 3.6m；

框架柱：○ϕ360mm×6mm（截面直径×钢管壁厚）；

框架梁：工300mm×250mm×8mm×12mm（高×宽×腹×翼）；

材料信息：钢管和钢梁采用钢材 S355，E_s 为 206GPa；混凝土 C50。

2.2.2.2　节点设计

钢管混凝土柱-钢梁节点一些常见的形式有外环板式、内隔板式、环板贯通式、钢梁贯通式等。本节采用外环板式刚接节点，外加强环板的设计选用图 2-7 的中间节点及边节点的构造方式，加强环板宽度为 100mm，厚度为 12mm。

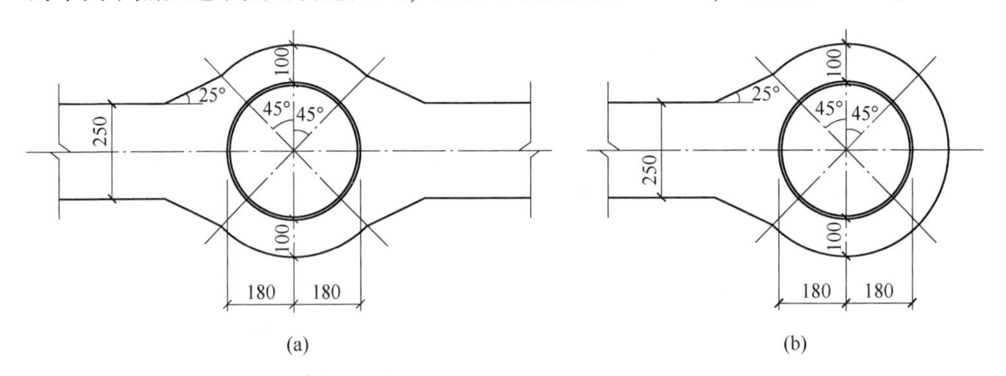

图 2-7　外加强环节点构造（单位：mm）

（a）中间节点；（b）边节点

2.2.2.3　柱脚构造

钢管混凝土柱常见的柱脚节点形式主要有埋入式、外露式和外包式。本节采用钢管混凝土柱埋入基础梁连接形式的柱脚节点，该柱脚类型同样为刚接节点。在建模时，为了简化模型，柱脚部分不进行详细建立，与地面标高的柱底采用完全固结约束进行等效处理。

2.2.3　多尺度有限元模型建立

2.2.3.1　多尺度模型

通常在进行结构的有限元模型建立时，若采用实体单元，则模型庞大的计算规模以及要求较高的存储空间都难以实现；若使用杆系单元，则难以描述构件和节点局部的塑性变形以及承载力退化的破坏机制。于是就需要在计算代价和精度之间寻求一个均衡的解决途径——多尺度模型。

采用结构多尺度模型的方法，不仅能准确地实现结构的真实受力行为模拟，而且可以大大降低建模工作量和计算量，因而得到广泛的应用。其核心理念体现在：对结构有重要影响的以及所关心的局部部分采用精细化模型，其余部分采用宏观模型，再通过合适的连接设置，达到精细化模型和宏观模型的协同计算，从而较好地反映出结构的宏观受力及局部破坏的特征[92]。基于此思想，本节建立了采用梁单元、壳单元和实体单元的混合多尺度平面框架模型，如图2-8所示。在进行拆除柱模拟时，剩余结构中失效柱和邻近柱的各层节点，都可能发生变形和破坏即需重点关注的地方，所以这些节点部位采用了精细化模型建立，其余部分采用了宏观模型。另外，由于采用DS法时考虑了失效柱受冲击荷载的形式，而相对AP法则忽略失效柱的破坏方式，因此，在DS法时冲击柱进行了精细化模型（见图2-8（a）（c）），而AP法失效柱采用宏观模型梁单元，如图2-8（b）（d）所示。

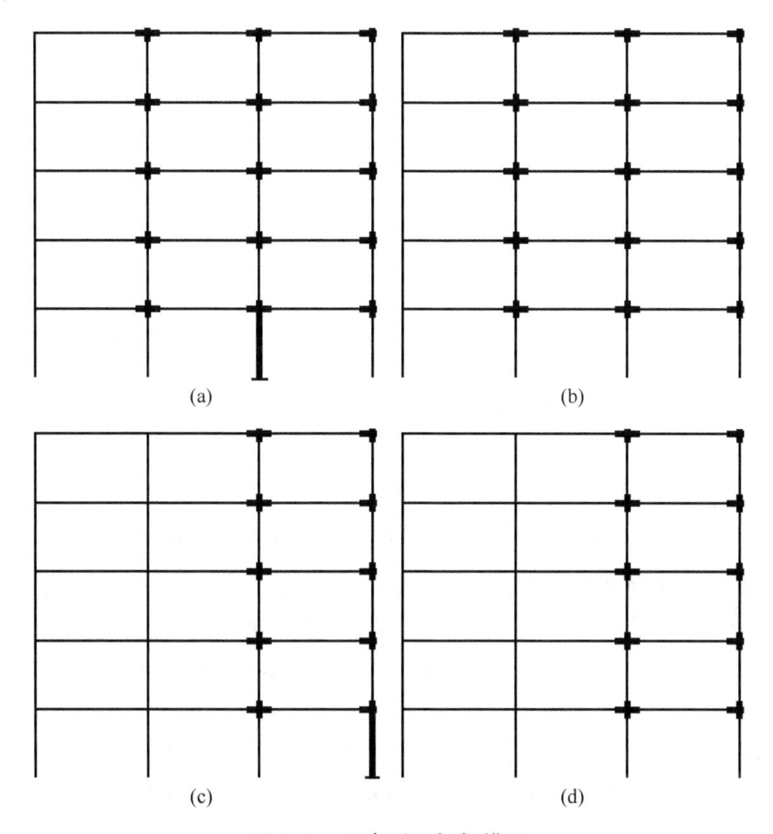

图2-8 组合平面框架模型
（a）中柱失效DS法模型；（b）中柱失效AP法模型；（c）边柱失效DS法模型；（d）边柱失效AP法模型

2.2.3.2 建模方法

考虑到实际工程结构的框架梁上有楼板，框架柱的纵向面也有框架梁的支撑，因此本算例对框架的梁约束了平面外移动。模型设置重力场，外载荷不包括结构自重，采用与实际相符的外载荷，框架梁顶面在梁单元上为线荷载，在精细化节点区域的壳单元处换算成均匀的面荷载。DS法中冲击物要求除初速度方向的其他方向均被约束，以保证达到规定的设计速度和撞击位置。

宏观模型中梁、柱和节点采用相对宏观的梁单元 B31，单元划分为 300mm。

精细化模型的建立主要包括精细化节点、DS 法失效柱和连接界面三部分。

（1）精细化节点。节点精细化建模区域：梁左右两边长度取偏离柱中心 1/10 柱距，柱上下长度取到偏离柱中心 1/5 层高，统一单元划分为 40mm。节点区的钢管、钢梁、外环板采用四边形壳单元（S4R），由于它们皆属于同单元类型，自由度相同，实际中只要保证焊接质量，在它们之间采用合并命令（Merge）使之形成一个整体的钢材节点部件，从而减少接触对的设置，能有效地提高模型的计算效率。节点区的核心混凝土采用八节点六面体线性减缩积分单元（C3D8R）。节点钢管和混凝土的接触，采用绑定约束“Tie”连接方式，由于在核心混凝土的本构关系中已考虑两者的组合效应，因此采用这种方法符合实际。

（2）DS 法失效柱。对于 DS 法中直接受撞击的柱，钢管和核心混凝土分别看作两种材料，冲击物的建立，其相应的建模详细过程可参见 2.1.3 节中模拟柱构件受侧向冲击作用的方法。注意的是，在这里的框架模型中与此不同的是冲击物的速度方向不受重力场的影响（重力方向被约束），在撞击接触前保持恒定的初速度；另外，失效柱的约束情况和 2.1 节的柱构件也有所区别，在此属于依附于整个框架结构的约束作用，不完全等同于简化的简支、夹支或者固支约束情况。

（3）连接界面。多点约束法处理宏观模型和精细化模型的连接界面，让壳单元、实体单元与梁单元的界面连接且共同受力，是通过在 ABAQUS 中“Interaction”命令的“Couple”功能实现的[93]。

此外，为了使分析方法统一计算变量和提高计算效率，同时采用了 ABAQUS/Standard 和 ABAQUS/Explicit 相结合分析的方法。首先对原模型进行静力学分析，分析步选用 Static、General 模块，静力分析时间取 1s，完成竖向正常设计荷载的施加。然后在此模型的基础上实现隐式转显示计算，模拟冲击柱的失效过程，设置分析步时选用 Dynamic、Explicit 模块。从 ABAQUS/Standard 分析传递到 ABAQUS/Explicit 分析时，将原模型的部件定义初始状态场（Initial State Field）。与此同时，要保持竖向荷载的继续加载，采用 AP 法或者 DS 法通过 ABAQUS/Explicit 进行显式动力分析关键柱失效以及剩余结构倒塌的过程，主要关注的是强动力响应阶段（低速冲击全过程），因此动力分析时间取 130ms。

2.2.3.3 材料模型

在该框架模型里共包括三种单元类型，梁单元、壳单元和实体单元，另外包括两种材料，钢材和混凝土。在进行各实体部件定义材料模型时，壳单元和实体单元采用独立的钢材和混凝土材料模型，梁单元建立的柱采用了钢管混凝土的统一材料模型。

A 钢材和混凝土

在精细化节点区、梁及失效柱的钢材本构模型中，引用了文献［94］里验证冲击柱断裂时采用的有限元模拟适用的 S355 钢材的本构及失效模型，用于 ABAQUS 里 S355 材料模型的真实应力-应变关系曲线，如图 2-9 所示。

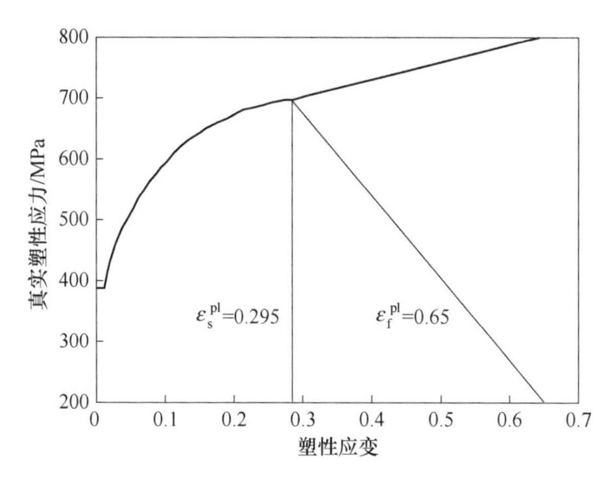

图 2-9 S355 钢材的真实应力-应变曲线

模拟钢管的断裂时采用了延性金属损伤（Damage for Ductile Metals）命令里的剪切损伤模型（Shear Damage Model）。此模型包括材料起始断裂点的损伤起始准则（Damage Initiation Criterion），设置材料发生断裂时的参数有断裂应变（ε_s^{pl}）、剪应力比（Shear Stress Ratio）、应变率（Strain Rate）；材料出现断裂后的演变规律进行累积损伤演变规则（Damage Evolution Law）；材料发生完全断裂时的断裂位移（Damage Displacement），即为此时的断裂应变 ε_f^{pl} 与单元尺寸的乘积。各参数的具体取值参见表 2-2。

表 2-2 材料失效参数

初始断裂应变	最大剪应力比	最大应变率/s^{-1}	完全断裂应变
0.295	1.85	320	0.65

节点区及失效柱部分的核心混凝土的材料模型参见 2.1.3 节。

B 钢管混凝土的统一材料

梁单元建立的柱，在多尺度建模中，考虑到实际中不需要考虑局部效应。因此，将钢管和混凝土视为统一体由一种材料组合而成，不再进行区分，并且该统一体的性能特征，可由其整体的几何特征以及各组合设计指标来评估。下面介绍钢管混凝土材料基于统一理论的本构关系，组合设计指标有如下几种[95]。

（1）强度标准值 f_{sc}^y。通过对钢管混凝土轴压时各种情况的全过程分析，发现其属于塑性破坏，并且强度设计指标点对应的应变几乎都在 3000×10^{-6} 附近。因而定义其组合强度标准值 f_{sc}^y 为应变 3000×10^{-6} 时的平均应力，通过大量的计算得到：

$$f_{sc}^{y} = (1.212 + B\xi + C\xi^2) f_{ck} \tag{2-8}$$

式中：

$$B = 0.1759 \times \frac{f_y}{235} + 0.974 \tag{2-9}$$

$$C = -0.1038 \times \frac{f_{ck}}{20} + 0.0309 \tag{2-10}$$

（2）比例极限 f_{sc}^{p} 和比例应变 ε_{sc}^{p}：

$$f_{sc}^{p} = \left(0.192 \times \frac{f_y}{235} + 0.488\right) f_{sc}^{y} \tag{2-11}$$

$$\varepsilon_{sc}^{p} = \frac{0.67 f_y}{E_s} \tag{2-12}$$

（3）组合强化模量 E'_{sc}(MPa)：

当 $\xi \geqslant 0.96$ 时，无下降段：

$$E'_{sc} = 5000\alpha + 550 \tag{2-13}$$

当 $\xi < 0.96$ 时，有下降段：

$$E'_{sc} = 400\xi - 150 \tag{2-14}$$

根据上述各公式，对于截面为圆形的截面直径 360mm、钢管壁厚 6mm，混凝土 C50，钢材 S355 的钢管混凝土短柱，计算所得参数为：$f_{sc}^{y} = 88$MPa；$f_{sc}^{p} = 69$MPa，$\varepsilon_{sc}^{p} = 1144 \times 10^{-6}$，从而 $E_{sc} = f_{sc}^{p}/\varepsilon_{sc}^{p} = 59999$MPa；$E'_{sc} = 1223$MPa，同时组合体的密度 $\rho_{sc} = 3136.5\text{kg/m}^3$。

根据以上计算参数，将在轴压状态下的钢管混凝土柱应力-应变全过程曲线，按照双线性各向同性模型（Bilinear Isotropic Model）来加以简化计算，得到最终的 $\bar{\sigma}$-ε 图，如图 2-10 所示。

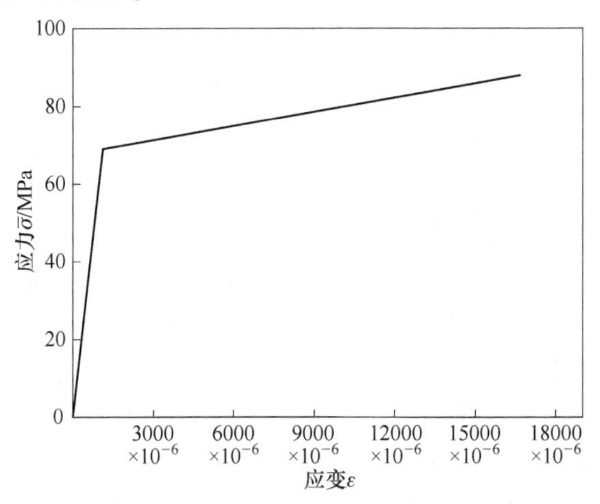

图 2-10　按单一材料计算 $\bar{\sigma}$-ε 曲线

2.2.4 抗连续倒塌分析方法

1.3.3节对国外关于结构抗连续倒塌的分析方法进行了概述，而目前的设计主要是参考美国的GSA2003[74]和UFC4-023-03[96]设计准则。进行建筑连续倒塌模拟和分析，广泛采用的方法是AP法，并且其中最为全面、直接和准确的方法是动力非线性分析。美国的GSA2003准则和DoD2009准则也均推荐AP法，且各自规定了拆除关键构件的位置，GSA2003规定仅为首层，DoD2009则明确要求为全部楼层。基于本节的研究考虑结构柱失效为受冲击的偶然荷载作用，暂时只进行结构首层柱拆除后的连续倒塌研究。在此参考GSA2003准则，需拆除分析底层边柱、中柱及靠近中柱的柱子。本节算例由于结构对称，故考虑图2-8所示两种破坏工况，即仅考虑底层边柱D柱和中柱C柱的失效。为后续描述方便，用D（d)字母的编号表示底层边柱失效的工况，同样用C（c）字母表示底层中柱失效的工况。

2.2.4.1 直接模拟法

针对意外事件低速冲击问题致使结构造成的破坏或损伤对剩余结构连续倒塌的影响有多大值得深入分析研究。

目前采用直接模拟全过程的分析研究不多，主要因为其复杂程度高、计算工作量大、不确定性强。但是并不代表由冲击作用引起的响应不值得探究，那就需要展开有力的验证工作，对冲击荷载下结构的连续倒塌有清晰明了的认识和强有力的把握，再进行合理安全的倒塌设计，而不应该以直接、笼统、无依据地采取规避不考虑的方法进行设计。

建筑结构遭受偶然冲击荷载的形式多种多样，比如飓风碎片撞击建筑物、汽车撞击停车场底层柱、高速交通工具撞击结构物、货台的支座遭受撞击、建筑设备撞击在建结构物、厂房柱遭受吊车撞击、飞机撞击建筑物等意外冲击情况，并且各种情况又具有极高的不确定性且影响因素众多，如冲击物外形、质量分布、速度等，这些都直接影响结构柱遭受撞击的程度。本节引用了文献［97］的等效车架几何模型作为冲击物，如图2-11所示，分为车架槽钢、引擎、货舱三部分。在ABAQUS中整体简化处理为实体单元，全部合并“merge”在一起成为一个“part”，从而减少单元接触对的定义。相比设置一个均匀分布的冲击体而言，主要考虑了其在外形和载重上的分布。本节模型中冲击物的质量和速度作为变量考虑，而冲击物的形式暂时没有作为变量分析，所以使用了该简化模型，主要把握的是结构遭受撞击荷载后的倒塌分析，对冲击物的具体形式及局部变形不作为关注的重点。

2.2.4.2 拆除构件法

拆除构件法（AP法）是通过假定结构某主要受力构件突然失效的分析方

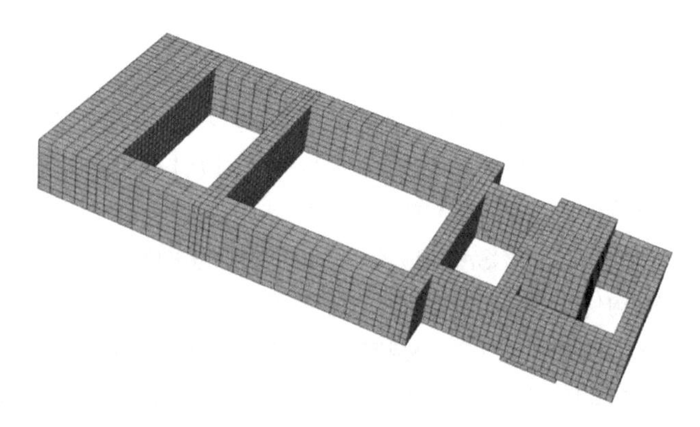

图 2-11 冲击物模型

法，它与导致构件失效的事件无关。其中失效时长 t_f 的确定根据文献［98］采用抽柱法对不同失效时长的框架进行动力分析，得到按规范取竖向振动模态周期 T 的 1/10 时和 $t_f=0.001s$ 时得到的动力响应相差在 5%以内。故本节中 AP 法分析一律采用 0.001s 的失效时长。

本节考虑初始变形的 AP 法模拟拆柱的步骤：首先，进行图 2-8（b）（d）所示的完整框架模型的静力加载分析，提取失效柱的内力；再通过生死单元建立去除失效柱的剩余结构模型，梁上均布竖向荷载仍然继续加载，同时将失效柱的内力反向加载在失效点处，采用设置 Amplitude 加载曲线，如图 2-12 所示，即在 0～0.02s 时间段反力平稳的加载到失效点处，待结构稳定，模拟未移柱前的初始等效受力状态；在 0.021s 时瞬时将反力减小至 0，构件失效时间 t_f 为 0.001s，以模拟拆除柱的过程。

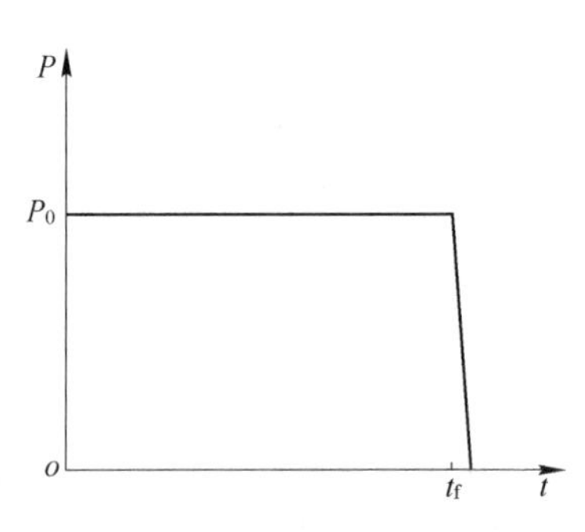

图 2-12 AP 法有限元模型的荷载施加时程

表 2-3 为在静力模型计算结果里提取的失效柱内力，可见中柱失效和边柱失效工况下，由于剪力和弯矩相比轴力值很小，因此 AP 法动力非线性分析时等效反向加载的内力仅需考虑静力分析得到的轴力 P_0。

表 2-3 失效柱内力

工况	截面	轴力/kN	弯矩/kN · m	剪力/kN
中柱失效	C 柱柱底	1393.6700	0.0001	1.3930
边柱失效	D 柱柱底	675.1850	0.0025	0.6750

2.2.4.3 倒塌判别标准

合理的结构倒塌判别标准显然是进行连续倒塌分析的前提。结构中组成的梁、柱等构件的失效标准与该结构倒塌的破坏准则具有一定程度的相关性。GSA规范即以构件的失效与否来衡量和评判结构的倒塌性能。GSA准则采用屈强比（DCR）作为线弹性分析方法的破坏准则，即强度准则；而对于非线性分析方法，以塑性铰转动和位移的延性比作为破坏准则，即变形准则。

当构件属于延性破坏时，应采用变形准则作为评判准则。GSA规范给出了相应的极限变形值。

（1）混凝土梁的极限转角为6°；

（2）钢结构梁体的极限转角为12°。

其中框架梁极限变形值为相对于原水平位置的绝对变形，极限转角定义为节点最大竖向位移与梁跨度的比值。极限转角的意义体现在，结构局部构件的变形可由节点最大竖向位移来反映，而最大塑性转角在一定程度上能够反映出结构塑性发展和接近倒塌的程度。

在弹塑性分析结构抗连续倒塌的过程中，规范的规定会出现实际的构件并没有发生完全的失效破坏，而计算结果中构件的连接变形出现超限情况，此时仍将认定该结构不满足要求。

本节采用的是钢管混凝土柱-钢梁框架结构，因此在这里采用钢结构梁构件的极限转角极限值为12°作为评判准则，也可通过失效点处的最大竖向位移来判定。此外，关注结构连续倒塌现象中的动力效应时，通过上部结构的竖向惯性力来反映，同时由于是底层柱最终承担了上部结构中的惯性力，故而剩余结构底层柱的内力变化（主要是轴力）也间接反映了其动力效应的强弱。因此，下面将主要采用失效点处的竖向位移及底层柱的轴向内力作为研究结构动力效应响应的分析指标。

2.2.5 单一变量控制法

本节主要选取了三个显著的影响参数来反映冲击荷载的不确定性，包括冲击物撞击初速度、冲击物载重质量、冲击物撞击柱高度位置。为了便于各个因素的横向比较，每个参数设置了5个水平取值，其中包括冲击物质量为1.5t、4.5t、7.5t、12t、20t，冲击初速度为40km/h、60km/h、80km/h、100km/h、120km/h，冲击物撞击接触中心点位置高度（柱底至撞击点的距离）为0.7m、1.2m、1.5m、1.8m、2.5m。首先采用参数分析中最为常用的控制变量法，定性直观地查看单个因素的影响程度，见表2-4。对各工况的框架进行分析，采用破坏节点处的竖向位移、失效柱相邻柱的轴力为作为分析指标。

表 2-4 单一变量控制法分析汇总

因素	编号		质量/t	速度/km · h^{-1}	撞击高度/m
	中柱	边柱			
速度	cv-1	dv-1	1.5	40	1.20
	cv-2	dv-2	1.5	60	1.20
	cv-3	dv-3	1.5	80	1.20
	cv-4	dv-4	1.5	100	1.20
	cv-5	dv-5	1.5	120	1.20
质量	cv-2	dv-2	1.5	60	1.20
	cm-1	dm-1	4.5	60	1.20
	cm-2	dm-2	7.5	60	1.20
	cm-3	dm-3	12	60	1.20
	cm-4	dm-4	20	60	1.20
高度	ch-1	dh-1	7.5	60	0.7
	cm-2	dm-2	7.5	60	1.20
	ch-2	dh-2	7.5	60	1.50
	ch-3	dh-3	7.5	60	1.80
	ch-4	dh-4	7.5	60	2.50

2.2.5.1 速度

在进行冲击速度因素分析时，使质量和撞击高度分别为 1.5t 和 1.2m，主要考虑到汽车常规的载重和汽车高度位置的情况。

从图 2-13 和图 2-14 可以看出，邻柱轴力随速度变化的时程曲线基本一致，表现为：最初是处于正常设计荷载下的稳定状态，各个内力值几乎保持不变，当冲击物以一定的速度开始接触柱以后，轴力先是产生较小的振荡，然后出现最大的振动幅度，最后由于结构的振动，柱中轴力开始稳定地围绕某一个值上下振动，出现了较大的振荡。

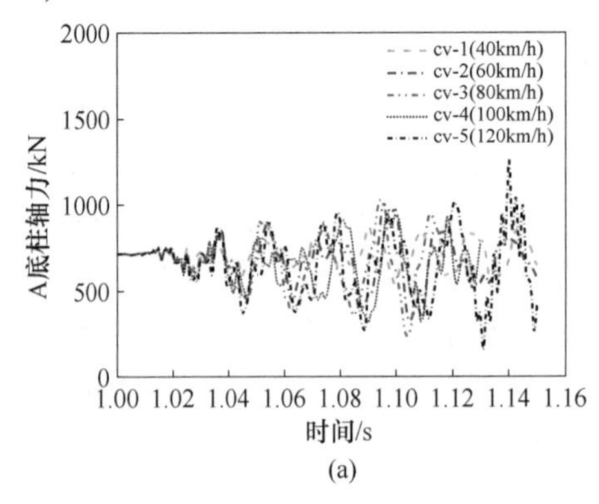

(a)

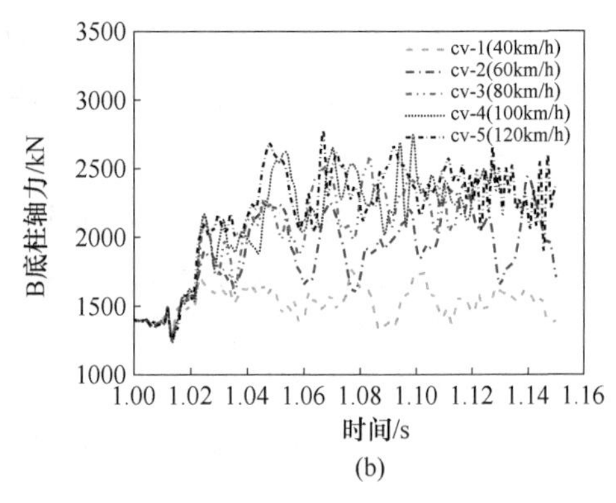

(b)

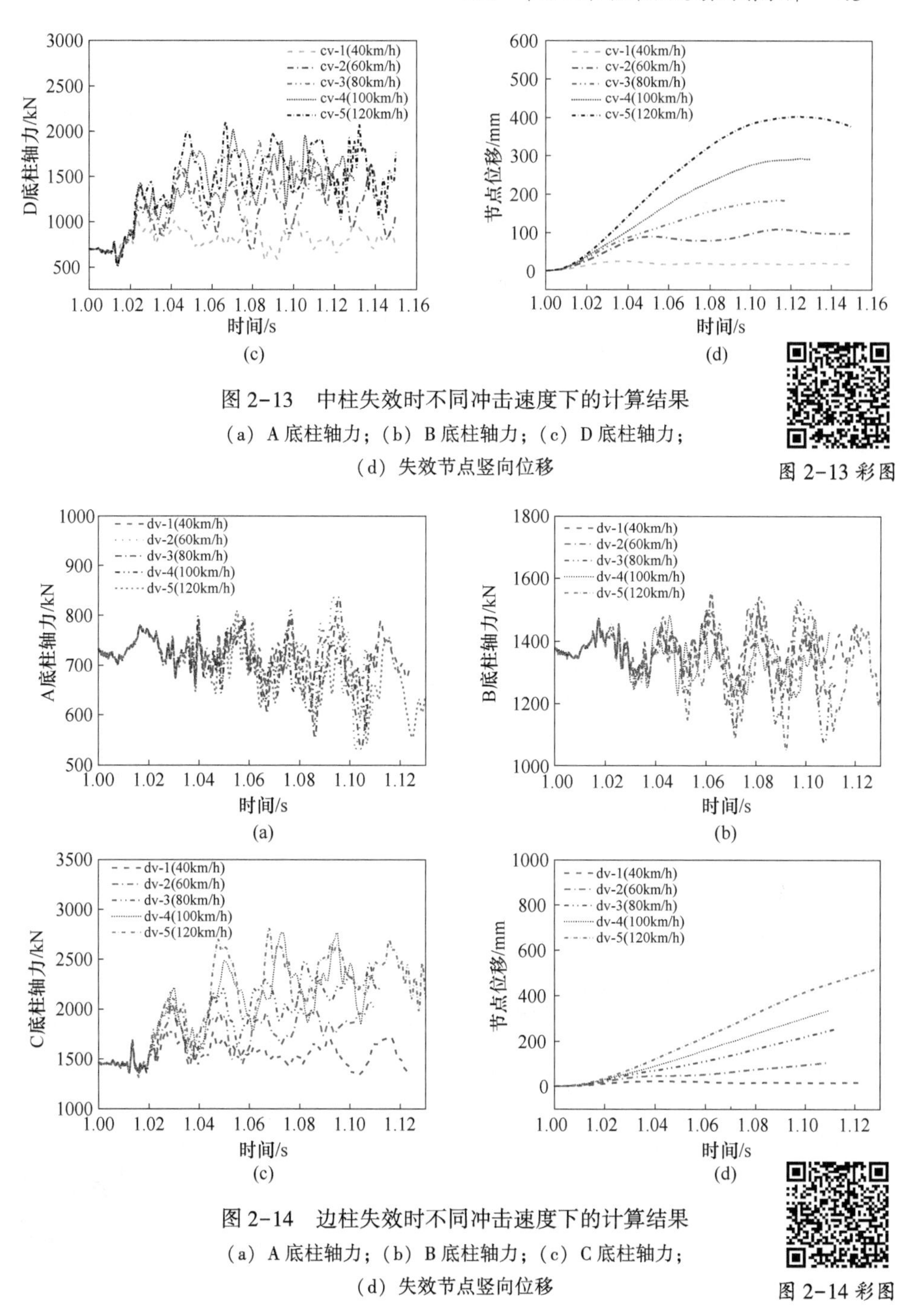

图 2-13 中柱失效时不同冲击速度下的计算结果

（a）A 底柱轴力；（b）B 底柱轴力；（c）D 底柱轴力；

（d）失效节点竖向位移

图 2-13 彩图

图 2-14 边柱失效时不同冲击速度下的计算结果

（a）A 底柱轴力；（b）B 底柱轴力；（c）C 底柱轴力；

（d）失效节点竖向位移

图 2-14 彩图

中柱失效时，首层两相邻 B、C 柱在抽柱前后轴力变化最为明显；边柱失效时，首层邻柱 C 柱抽柱前后轴力变化最为明显。可见柱失效后结构的传力途径发生了改变，并且遵循就近原则。另外，从图 2-13（d）和图 2-14（d）都可以看出失效柱节点竖向位移随着速度的增加明显增加，并且相同速度时，中柱失效时对应的位移要低于边柱失效情况。从内力和位移变化得出，速度因素接近呈正比例地影响着剩余结构的动力响应。

2.2.5.2 质量

在进行载重质量因素分析时，使速度和撞击高度分别为 60km/h 和 1.2m，同样主要考虑汽车常规的速度和汽车高度位置的情况。

由图 2-15 和图 2-16 可得，同速度因素影响情况类似，冲击物载重质量变化引起的邻柱轴力和位移时程曲线的变化趋势基本一致。不同的是，从变化最为显著的邻柱轴力和节点位移都可以看出，随着质量的增大，其动力效应都有所增大。但超过某一值后，例如当载重质量超过 4.5t 以后，其影响程度开始减小，质量因素呈现出不成比例程度地影响剩余结构的动力响应。

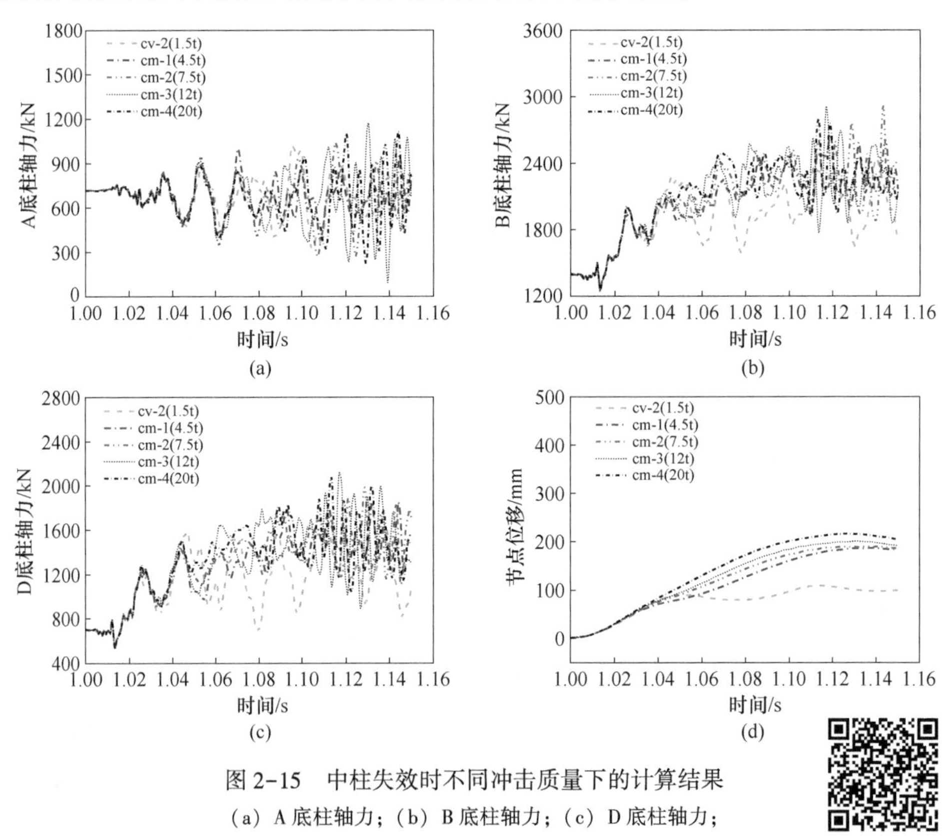

图 2-15 中柱失效时不同冲击质量下的计算结果

（a）A 底柱轴力；（b）B 底柱轴力；（c）D 底柱轴力；

（d）失效节点竖向位移

图 2-15 彩图

2.2.5.3 位置

在进行撞击位置因素分析时，使速度和载重质量分别为 60km/h 和 7.5t，主

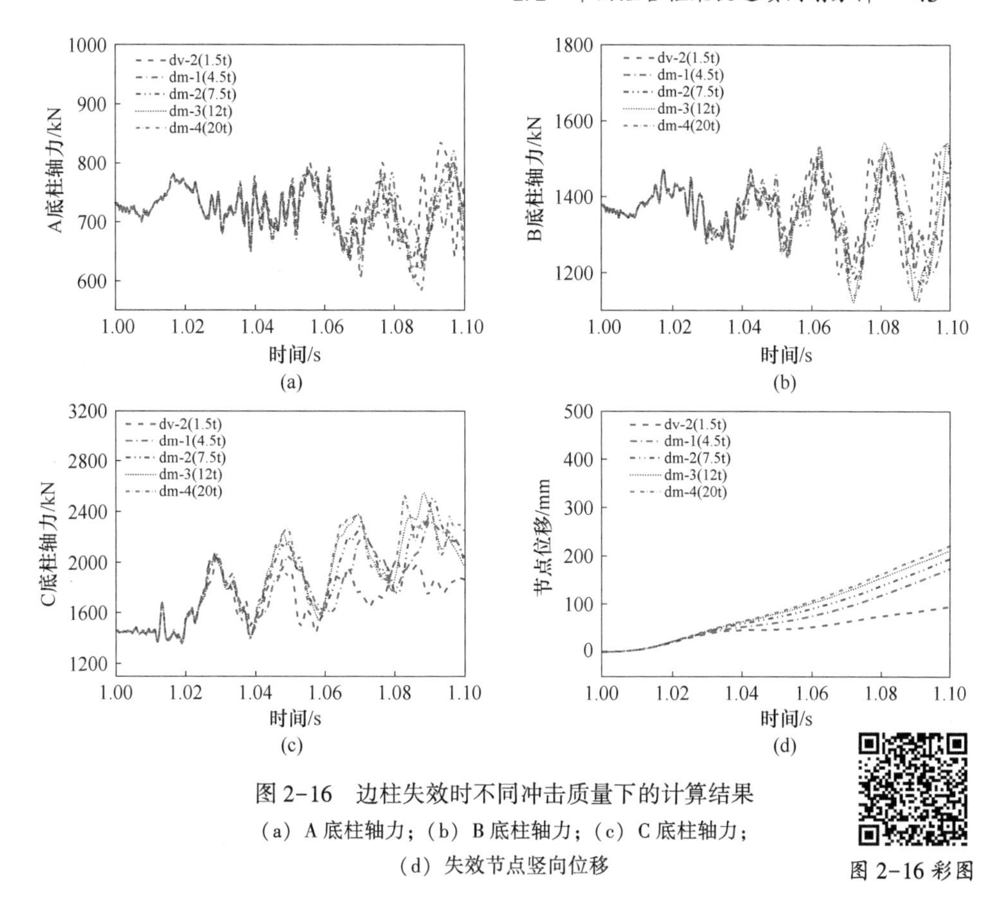

图 2-16 边柱失效时不同冲击质量下的计算结果

(a) A 底柱轴力；(b) B 底柱轴力；(c) C 底柱轴力；

(d) 失效节点竖向位移

图 2-16 彩图

要考虑到在不同撞击位置点发生撞击的偶然事件，极有可能是较大的货车或者不是汽车撞击，于是载重质量选取了稍偏于不利的值 7.5t。

从图 2-17 和图 2-18 可以得出，撞击位置越接近柱底其动力效应越显著，振荡越明显，但各底柱在该时段内对应的轴力峰值相差不多。对于中柱失效情况，节点位移在 0.7 ~1.5m，变化相近，超过 1.5m 以后，随高度增加而位移显著增加；

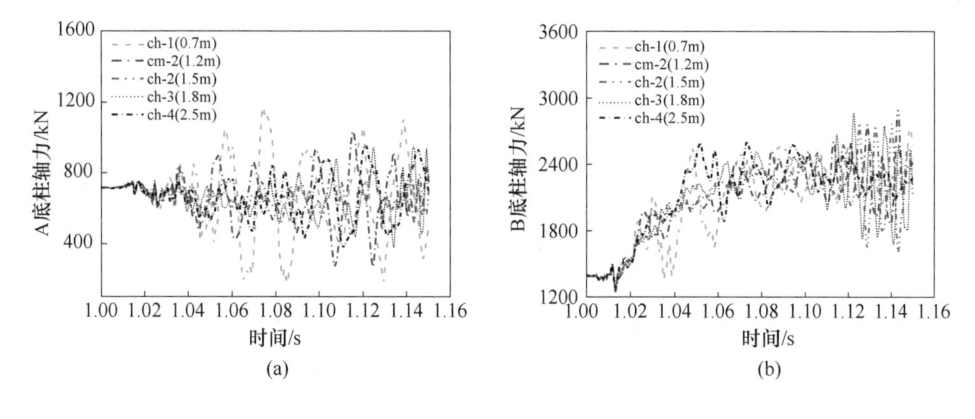

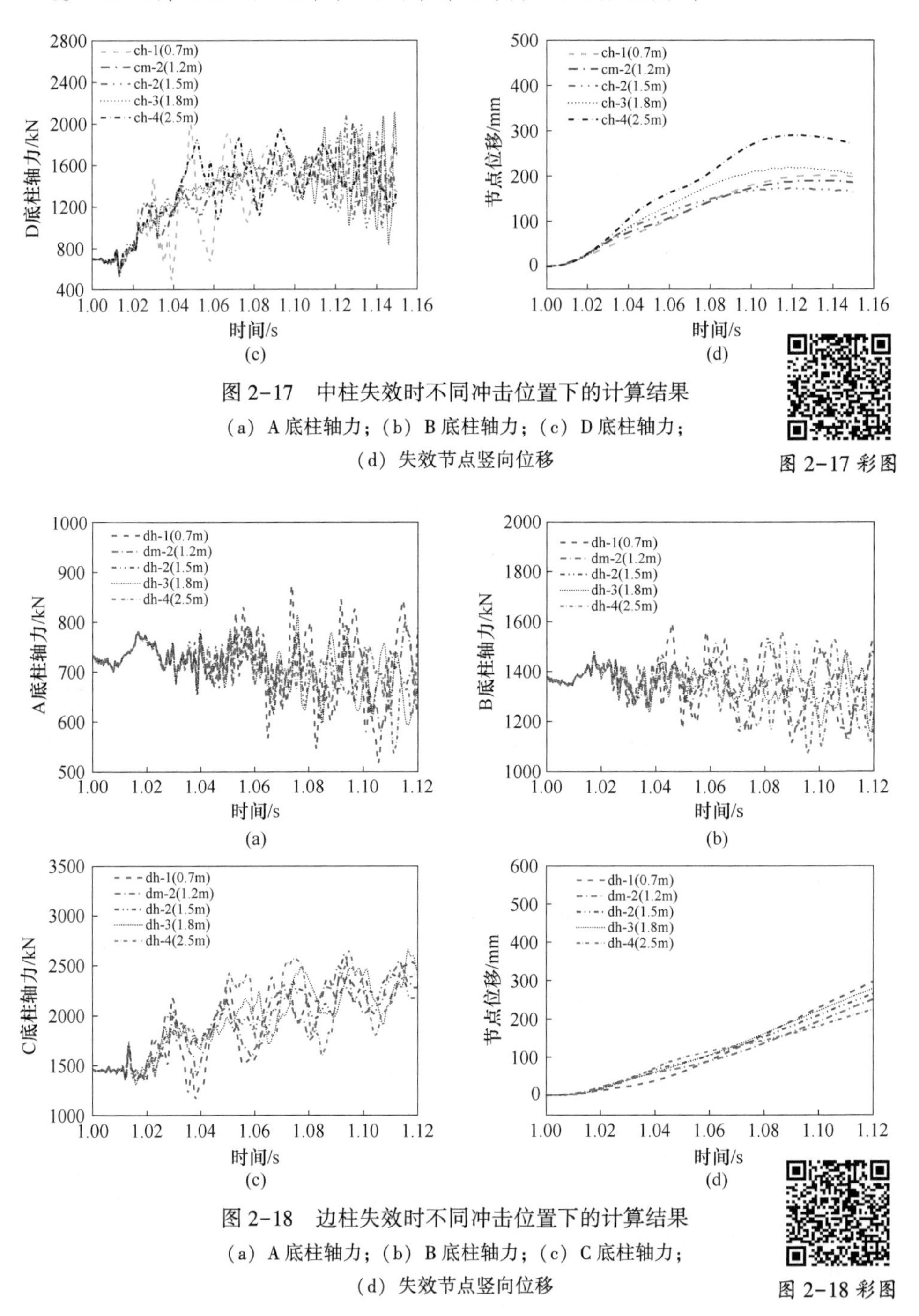

图 2-17 中柱失效时不同冲击位置下的计算结果

（a）A 底柱轴力；（b）B 底柱轴力；（c）D 底柱轴力；

（d）失效节点竖向位移

图 2-17 彩图

图 2-18 边柱失效时不同冲击位置下的计算结果

（a）A 底柱轴力；（b）B 底柱轴力；（c）C 底柱轴力；

（d）失效节点竖向位移

图 2-18 彩图

对于边柱失效情况，随高度增加，节点位移时程曲线变化趋势发生了改变，撞击位置在 0.7m 时，从内力振荡情况和位移的增长速度都明显最不利。两种工况下，当撞击位置在1.5m时，内力振荡幅度最为平缓，节点位移增大速度也相对缓慢。

2.2.6 正交试验法

2.2.6.1 正交试验表

从2.2.5节的讨论过程中，当讨论某一变量、控制另两个变量的取值时，其取值的差异极可能会造成不一样的影响结果趋势，而且对于其取值的确定缺乏可靠的依据。由其计算结果可以得出，不能定性直观地判断出三个因素的具体影响表现形式，其影响程度的规律不够明确。这说明仅靠控制变量法选取的试验点并不能较好地代表冲击物撞击的不确定性，因此要有选择地确定各因素的取值。

若将所有参数的组合进行全面地考虑，则总共需要 $5^3=125$ 个模型的试算，其计算量非常大。因此需要筛选试验点，要求其既具有代表性也同时能得到合理的与全面试验一致的参数影响规律，即采用非全面的参数组合方式——正交试验法。

正交试验方法中的正交表，其表达形式为 $L_n(q^m)$，m 表示最多可安排的因素个数，q 表示各因素取的水平数，n 表示总共的试验次数。正交表具有等价性和同构性，即在因素的变化范围内均衡随机抽样，这样安排的每次试验都具备均衡分散、强代表性的特点，从而一定程度上能够满足全面实验的某些要求，最终达到实验的目的，具体介绍参见相关文献［99］。

本节研究的冲击荷载工况是否引起构件及结构的失效是未知的，因为在实际的意外情况中，结构底柱遭受的冲击作用不尽相同，而引起结构的响应也是不尽相同的。若需要有依据地确定这种冲击作用，那么通过正交试验的合理安排来描述这种普遍存在的各种情况，就可以得到设计人员需要的冲击工况。根据撞击边柱和中柱两种情况，考虑因素的选取和其水平的确定：冲击物质量为1.5t、4.5t、7.5t、12t、20t，冲击初速度为40km/h、60km/h、80km/h、100km/h、120km/h，冲击物撞击接触位置高度为0.7m、1.2m、1.5m、1.8m、2.5m。

最终采用正交表 $L_{25}(5^6)$ 安排本节的因素组合进行对应的冲击物冲击工况的模拟，根据中柱失效和边柱失效两种情况各25个试验点，得出具体的试验方案组合见表2-5和表2-6。

表2-5 中柱失效时正交试验表

编号	速度/km·h^{-1}	质量/t	位置/m	η（破坏后轴力/破坏前轴力）
c1	40	1.5	0.7	1.23
c2	40	4.5	1.2	1.37
c3	40	7.5	1.5	1.62
c4	40	12	1.8	1.73
c5	40	20	2.5	1.80

续表 2-5

编号	速度/km · h^{-1}	质量/t	位置/m	η（破坏后轴力/破坏前轴力）
c6	60	1.5	1.2	1.74
c7	60	4.5	1.5	1.90
c8	60	7.5	1.8	2.05
c9	60	12	2.5	1.96
c10	60	20	0.7	1.92
c11	80	1.5	1.5	2.01
c12	80	4.5	1.8	1.89
c13	80	7.5	2.5	2.01
c14	80	12	0.7	1.93
c15	80	20	1.2	2.12
c16	100	1.5	1.8	1.97
c17	100	4.5	2.5	2.02
c18	100	7.5	0.7	1.94
c19	100	12	1.2	1.93
c20	100	20	1.5	2.04
c21	120	1.5	2.5	2.02
c22	120	4.5	0.7	1.92
c23	120	7.5	1.2	1.89
c24	120	12	1.5	2.06
c25	120	20	1.8	2.11
k_1	1.55	1.794	1.788	
k_2	1.914	1.82	1.81	
k_3	1.992	1.902	1.926	
k_4	1.98	1.922	1.95	
k_5	2	1.998	1.962	
R	0.45	0.204	0.174	

表 2-6 边柱失效时正交试验表

编号	速度/km · h^{-1}	质量/t	位置/m	η（破坏后轴力/破坏前轴力）
d1	40	1.5	0.7	1.27
d2	40	4.5	1.2	1.59
d3	40	7.5	1.5	1.47
d4	40	12	1.8	1.67

续表 2-6

编号	速度/km·h^{-1}	质量/t	位置/m	η（破坏后轴力/破坏前轴力）
d5	40	20	2.5	1.60
d6	60	1.5	1.2	1.41
d7	60	4.5	1.5	1.72
d8	60	7.5	1.8	1.82
d9	60	12	2.5	1.82
d10	60	20	0.7	1.81
d11	80	1.5	1.5	1.72
d12	80	4.5	1.8	1.89
d13	80	7.5	2.5	2.02
d14	80	12	0.7	1.87
d15	80	20	1.2	1.82
d16	100	1.5	1.8	1.91
d17	100	4.5	2.5	2.06
d18	100	7.5	0.7	1.99
d19	100	12	1.2	1.88
d20	100	20	1.5	1.94
d21	120	1.5	2.5	2.25
d22	120	4.5	0.7	1.76
d23	120	7.5	1.2	1.78
d24	120	12	1.5	1.95
d25	120	20	1.8	1.96
k_1	1.52	1.712	1.74	
k_2	1.716	1.804	1.696	
k_3	1.864	1.816	1.76	
k_4	1.956	1.838	1.85	
k_5	1.94	1.826	1.95	
R	0.436	0.126	0.254	

2.2.6.2 倒塌破坏机制

根据中柱失效和边柱失效各 25 个正交试验点的有限元计算结果，可得到冲击荷载下根据各撞击程度的不同，失效柱的变形模式可分为两类。图 2-19 和图

2-20 分别为中柱失效工况和边柱失效工况时，分析时间内出现的典型的具有代表性的冲击柱的撞击变形过程。观察柱整体的变形模式，可见其中一类是柱底没有发生破坏，冲击柱发生冲击位置处的整体弯曲变形，冲击物在分析时间内冲击全过程已经完成，并且发生了回弹作用，如图 2-19（a）和图 2-20（a）所示；另一类是冲击柱发生柱脚的剪切破坏，由于冲击能量较大，在分析时间内冲击柱破坏后跟随冲击物一起产生运动，引起了其整体平面外的大位移，如图 2-19（b）和图 2-20（b）所示。此外，在撞击过程中，撞击接触部位和相反一侧钢管都出现了较大的应力集中，部分钢管出现了断裂，失效柱相连的节点区也同样产生较为明显的局部变形，如图 2-19（c）和图 2-20（c）所示。

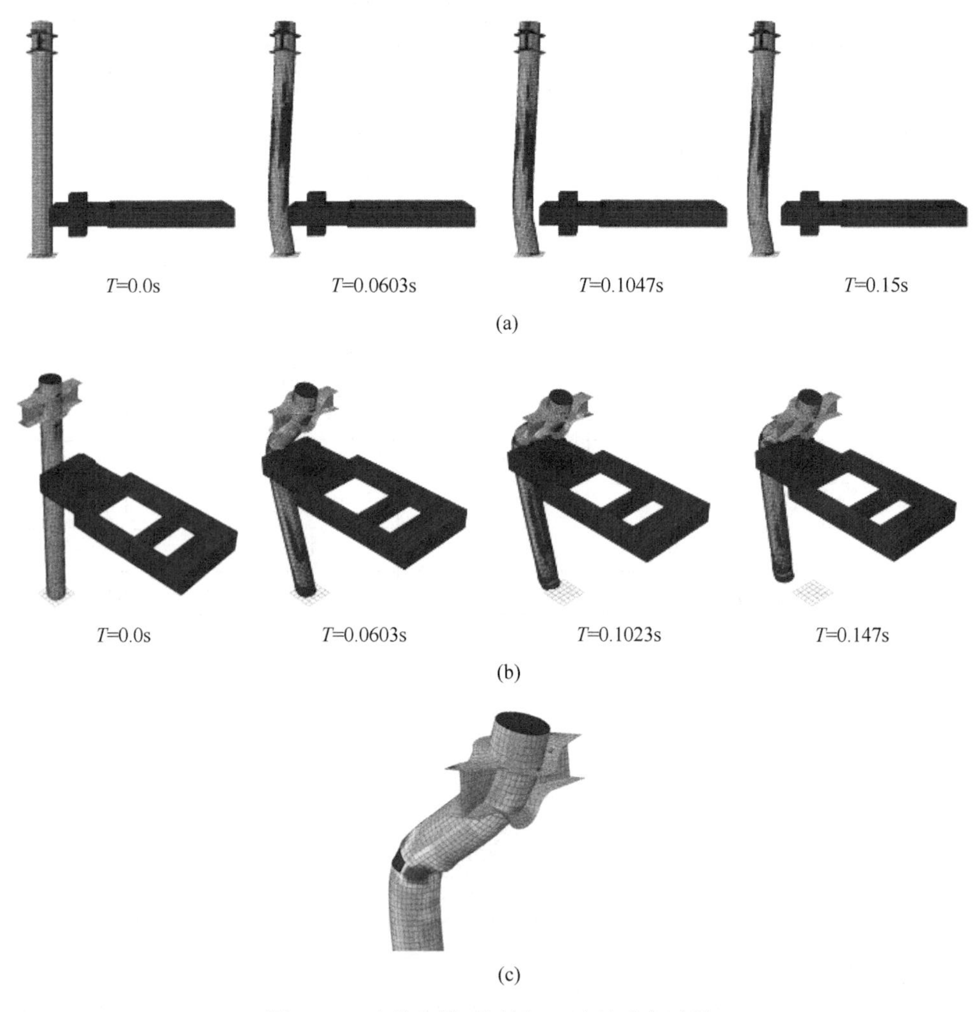

图 2-19 中柱失效时运用 DS 法的冲击过程

（a）柱底未破坏；（b）柱底发生破坏；（c）局部变形

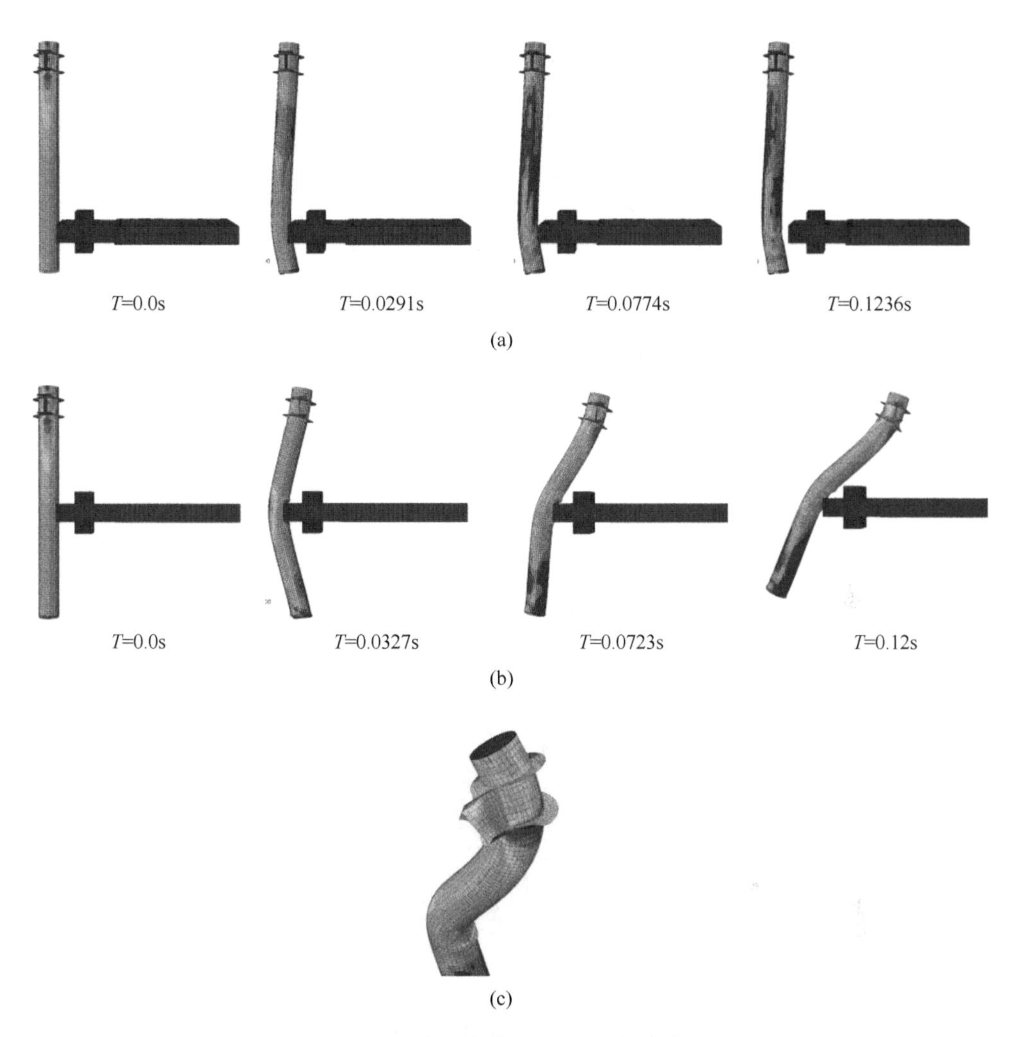

图 2-20 边柱失效时运用 DS 法的冲击过程

（a）柱底未破坏；（b）柱底发生破坏；（c）局部变形

此外，由于冲击柱遭受冲击作用后对剩余结构倒塌产生的影响，图 2-21 和图 2-22 为计算的平面框架结构的变形图。其中包括采用 DS 法计算的两种典型框架变形模式，如图 2-21（a）（b）和图 2-22（a）（b）所示；采用规范 AP 法未考虑柱失效方式的框架变形图，如图 2-21（c）和图 2-22（c）所示。

可以看出对于 DS 法中冲击物冲击能较小时，且在分析时间内完成了冲击全过程发生回弹情况下，除了冲击柱出现较小的整体弯曲变形外，剩余框架结构其他部位几乎没有发生变形，该冲击柱仍然共同分担着传递下来的竖向荷载，如图 2-21（a）和图 2-22（a）所示；对于 DS 法中冲击柱柱底剪切失效的情况下，该剩余结构的变形特征表现为：主要集中在与失效柱邻跨的各层梁端，梁端和节点

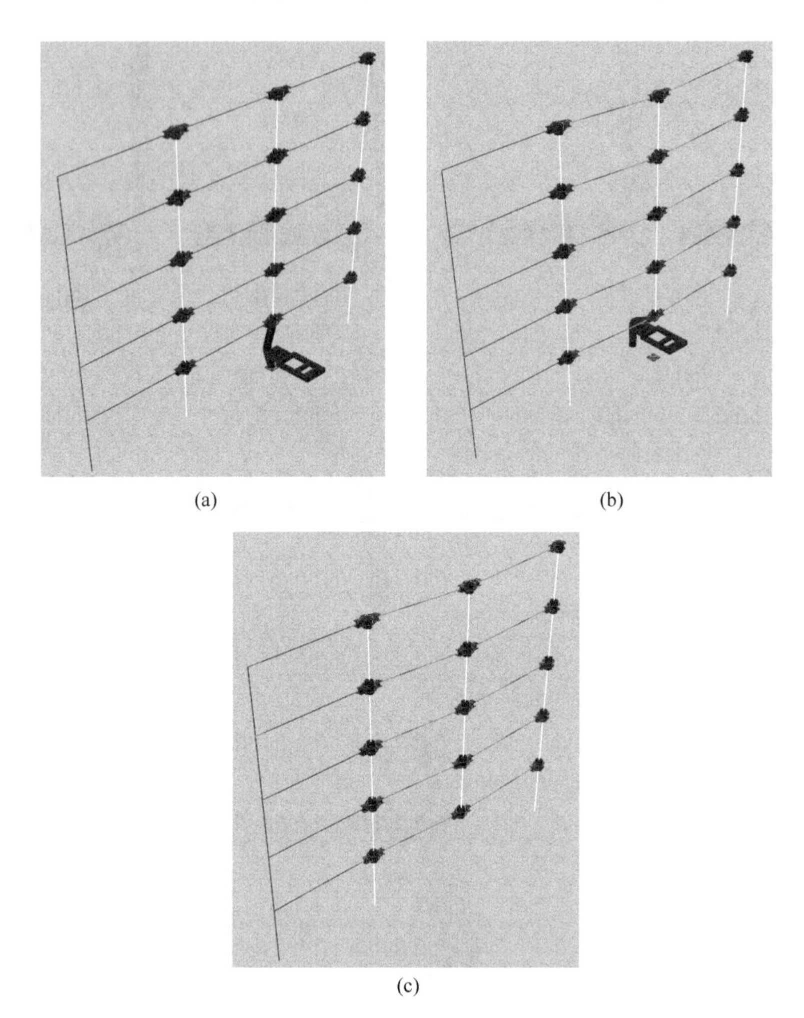

(a)

(b)

(c)

图 2-21 中柱失效时框架变形模式

(a) DS 法模型 c1；(b) DS 法模型 c25；(c) AP 法模型

竖向位移较大，而除失效柱以外的各剩余柱的变形都不明显。该冲击柱虽然完全失效，但是剩余结构通过调整内力进行重分配，没有发生整体的倒塌。对于 AP 法，两种工况计算结果都趋向于表现出 DS 法后者的变形模式，如图 2-21（c）和图 2-22（c）所示。

产生 AP 法和 DS 法后者的这类变形模式，其传力机制主要体现在：当底层失效柱破坏后，由于钢梁具有强的变形能力及较好延性，使得剩余结构通过钢梁的悬索拉结作用，进行了内力的重新分配，而最终重新达到新的平衡状态。

2.2.6.3 失效柱相邻柱的内力

首先根据《钢管混凝土统一理论——研究与应用》（清华大学出版社，2006

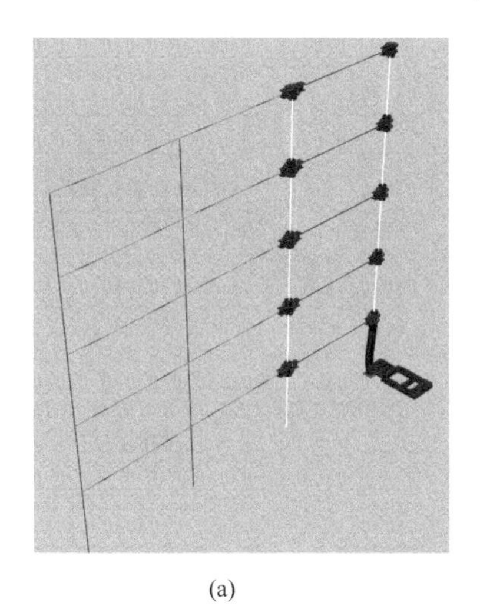

(a)

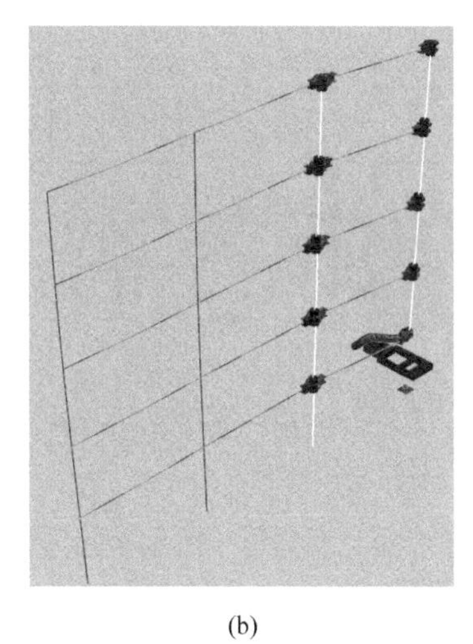

(b)

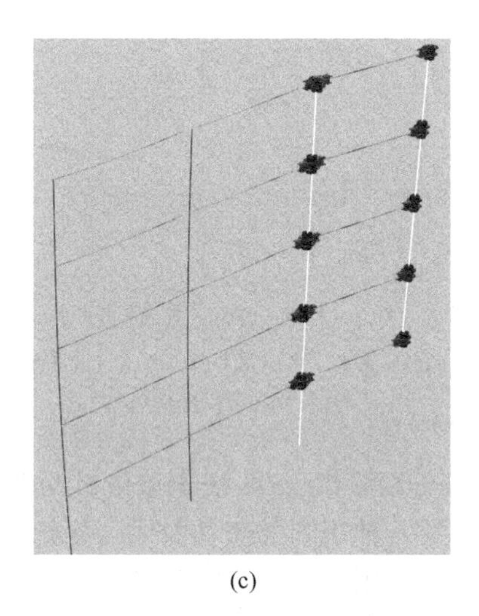

(c)

图 2-22 边柱失效时框架变形模式

(a) DS 法模型 d1；(b) DS 法模型 d20；(c) AP 法模型

年）确定钢管混凝土柱的轴力极限承载力，各底柱的承载力通过计算得 $N_u = 6931\text{kN}$。

图 2-23（a）~（c）和图 2-24（a）~（c）分别为中柱失效和边柱失效工况中，所有正交试验 DS 法及 AP 法在分析时间内，失效柱相邻各底柱的轴力时程曲线。两种失效工况下，所有轴力时程曲线同样表现出一定的规律，先是刚开始接触的产生微小振动，随着冲击力的继续作用及结构的反向振动增强，振动幅值增加，最终由于冲击能量的耗散，柱中轴力不再继续增加，开始围绕某一数值上下振动。

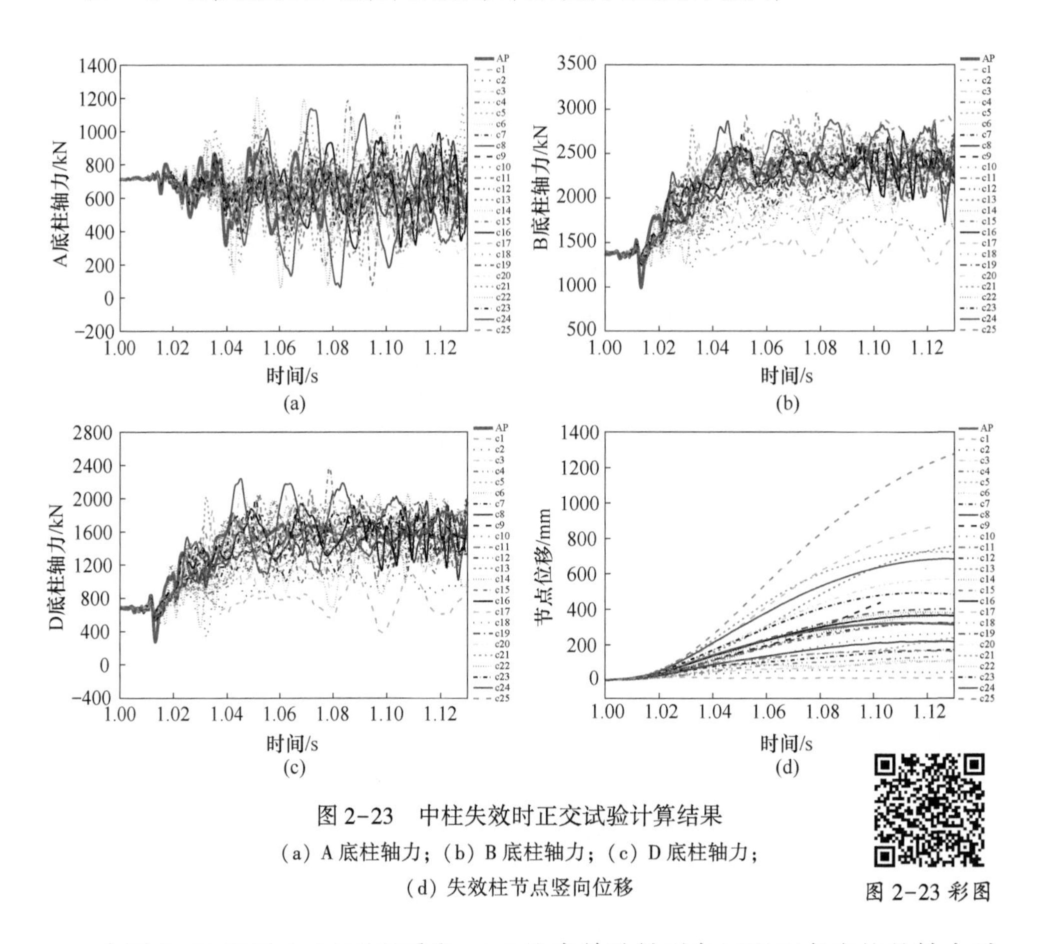

图 2-23 中柱失效时正交试验计算结果

(a) A 底柱轴力；(b) B 底柱轴力；(c) D 底柱轴力；
(d) 失效柱节点竖向位移

由图 2-23 和图 2-24 可以看出，DS 法中单独针对各工况下各底柱的轴力时程曲线，在形式上均属于某一种规则的振动曲线，各趋势基本相同。柱失效前柱轴力几乎保持一致，在冲击作用开始以后，随着 DS 法中各正交试验冲击能量的强弱，在曲线振幅上表现出了很大的差异。各类属同一分析指标下的振动曲线，相比 AP 法曲线处于其中的分布位置，正交试验中各 DS 法曲线在总体分布上比较杂乱，离散性强，AP 法的振动幅度明显小很多。

从振荡曲线的最大值可看出，中柱失效工况 B 底柱轴力值相对 A、C 底柱更为不利，DS 法中最不利情况下 B 柱的最大轴力是采用 AP 法时的 2.12 倍；边柱失效工况 C 底柱轴力值相对 A、B 底柱更为不利，而 DS 法中 C 柱的最大轴力是 AP 法时的 1.34 倍。

DS 法计算结果表现出来的特征，主要是由失效柱经历了冲击以接触开始的全过程，根据冲击能量的不同，各接触作用时间也呈现不同。不仅冲击柱跟随冲击物一起产生了动力效应，而且框架结构同样在柱遭受冲击的过程中引起了动力

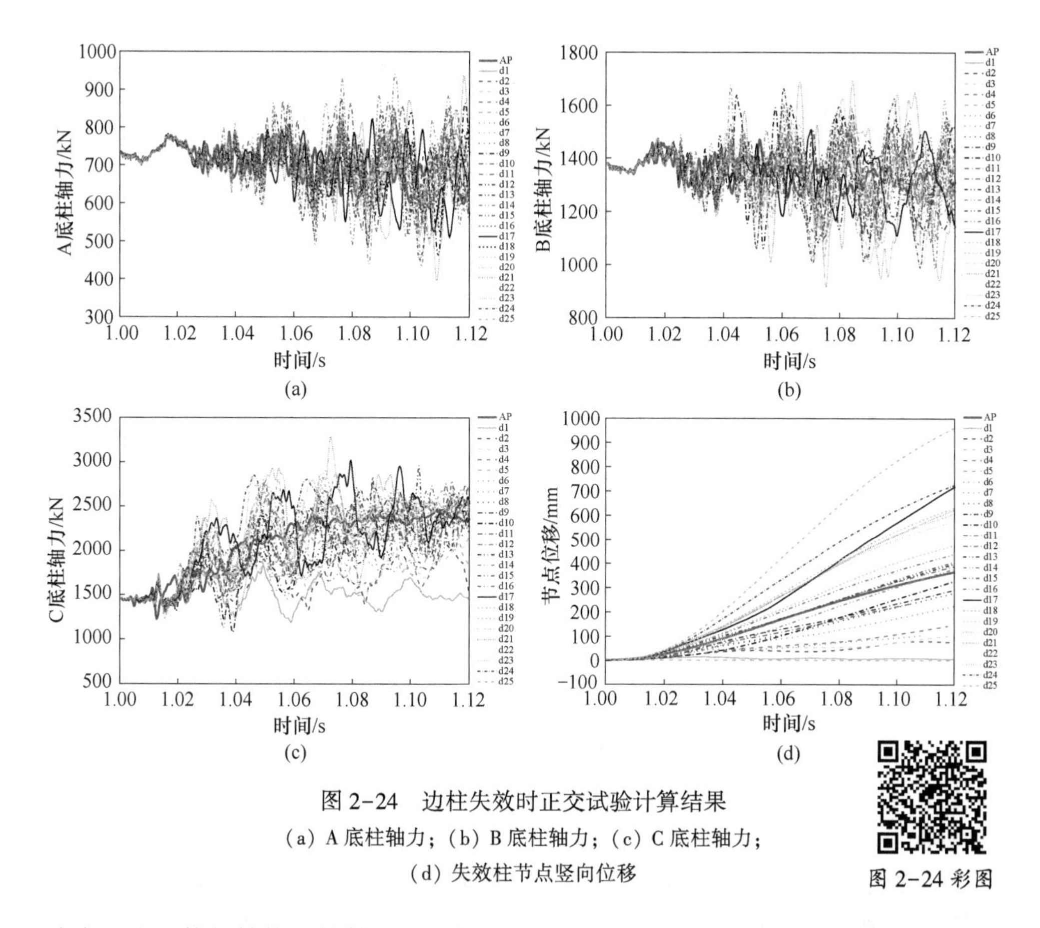

图 2-24 边柱失效时正交试验计算结果

(a) A 底柱轴力；(b) B 底柱轴力；(c) C 底柱轴力；

(d) 失效柱节点竖向位移

响应，这些使得结构及构件出现了侧向和竖向位移的累积效应。特别是某些工况（冲击能量极大时）会出现柱脚完全出现剪切破坏，失效柱将伴随冲击物共同运动的现象，进一步影响到与失效柱牵连的结构。

AP 法所得到的结果和正交试验结果进行对比，首先其振动幅度明显低于 DS 法，说明其低估了结构产生的动力效应。此外，AP 法曲线在总体上居于 DS 法所有组合（包括柱未发生完全失效）的中间偏上值，说明只能代表其中的一种撞击组合情况，在其中并不具有任何的实际意义。而仅比较 DS 法对于柱发生了完全失效的情况中，AP 法显然是偏向于极不安全的，这时会出现大部分的轴力和位移时程曲线都已超出 AP 法曲线。所以仅靠 AP 法来评估结构在冲击荷载下的动力效应是不可靠的。

2.2.6.4 失效节点位移

对比所有正交试验计算模型失效点的竖向位移时程曲线，如图 2-23（d）和图 2-24（d）所示，同样 AP 法的计算结果在 DS 法中的分布情况类似于轴力的时程分布。为了更清晰地比较最终的位移变化值，对正交试验计算结果中最不利模型 c25 和 d25 与 AP 法模型进行了分析时间为 500ms 的计算，其全程节点位移计算结果的对比如图 2-25 所示。可以看出，除了边柱失效工况 d25 模型的曲线图处于不断增长的趋势，中柱失效下 c25 模型及 AP 法模型的曲线趋势最终都趋于稳定值。

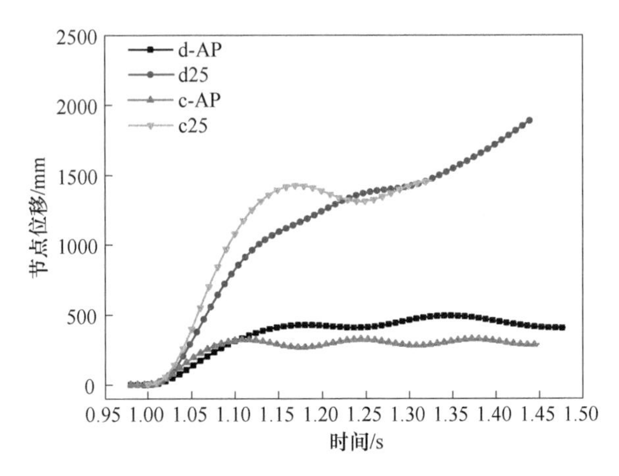

图 2-25 失效柱节点位移时程曲线

按 2.2.4 节倒塌判别标准，梁的极限转角值为 12°，计算得到的节点极限竖向位移为 1275mm。中柱失效时，由 AP 法得到的失效点竖向位移 322mm<1275mm，表明该五层平面框架能抵抗结构连续倒塌破坏。DS 法对于不同冲击工况下的失效点位移变化的离散性比较大，最大值范围在 17~1274mm，最不利情况的最大位移为 1274mm<1275mm，表明该五层平面框架同样能抵抗结构连续倒塌破坏，但是其最大值已达到 AP 法计算结果的 3.95 倍。

边柱失效时，由 AP 法得到的失效点竖向位移 495mm<1275mm，表明该五层平面框架能抵抗结构连续倒塌破坏。DS 法对应的失效点位移变化的最大值范围在 14~1891mm，最大值已达到 AP 法的 3.81 倍。DS 法的最不利情况的位移随时间不断增大，呈发散趋势，说明失效柱以上各层已经发生了局部的倒塌现象，其最大位移在 1.5s 时已达到 1891mm>1275mm，根据倒塌判别标准表明该平面框架已发生了倒塌破坏。

对比中柱失效和边柱失效两种情况，相同正交试验因素组合试验工况下的位移也是边柱失效相对中柱失效不利，所以针对边柱失效情况需要进一步考虑。

2.2.6.5 正交试验数据处理

表 2-7 和表 2-8 中的数量表示正交试验 DS 法中各个计算指标（底柱轴力和节点位移）的最大值大于 AP 法的试验数量；比率表示其超过的试验数量与总正交试验数量 25 的比值。可以看出，柱失效后剩余结构的内力 DS 法与 AP 法比值

大于 1 的情况比例至少大于 72%，进一步证明了采用 AP 法简化了柱失效对剩余结构产生的动力效应影响。

表 2-7 中柱失效 AP 法和 DS 法对比

正交试验（DS 法/AP 法>1）	A 柱轴力	B 柱轴力	D 柱轴力	节点位移
数量/个	18	19	19	14
比率	0.72	0.76	0.76	0.56

表 2-8 边柱失效 AP 法和 DS 法对比

正交试验（DS 法/AP 法>1）	A 柱轴力	B 柱轴力	C 柱轴力	节点位移
数量/个	24	25	19	9
比率	0.96	1	0.76	0.36

由于主要关注的是冲击过程的强动力分析，而采用的分析时间设定为 130ms，部分正交试验在该段时间内的节点位移还没有达到最大的稳定值。但是从表 2-7 和表 2-8 中可以看出该段时间内的最大位移超出比率最小已经达到 36%，相对来说也是相当不保守的；而中柱失效时节点位移指标正交试验中超过 AP 法的所占比例达到 56%。特别是对于边柱失效工况，一旦边柱发生完全失效其最后的竖向节点位移增长趋势是发散的。两种工况下，凡是节点位移一旦超过，不仅出现的不利情况将可能导致其局部跨的整体倒塌，而且在数量上最终的超出比率也将是大大增长的。

综上所述，若用 AP 法来评估在冲击荷载作用下剩余结构内力的可靠性就明显不足，判定结构的倒塌程度同样偏于不安全。

2.2.6.6 *极差分析法*

根据上节的比较，与 AP 法相比 DS 法的剩余结构内力更为不利，且剩余结构的承载力决定着结构的抗倒塌能力。从节点最大位移判断，采用 DS 法有很大的离散型，由于针对不同撞击工况失效柱可能出现局部破坏或者完全失效。节点位移最大值处于很大范围内，其最不利的情况会导致失效柱局部跨的倒塌，但不致造成整个结构的倒塌。而在针对改善失效柱相连跨以上结构的变形时，可通过概念设计和加强措施来防止局部结构倒塌的发生。

在进行正交试验数据处理时，主要关心的是剩余结构产生的最大动力效应。为了得到各因素对框架遭受撞击的影响程度，下面将采用极差分析法展开进一步的分析。

根据 C 柱和 D 柱失效两种情况，由于两类模型基本参数组合一致，通过各

25 个试验点，可以得出 c 系列（中柱失效）B 底柱的轴力在撞击前后变化最为显著，而 d 系列（边柱失效）C 底柱的轴力在撞击前后变化最为显著。因此通过定义一个轴力变化影响参数 η，代表结构底柱撞击后与撞击前轴力的比值，以此来衡量各因素对框架遭受撞击后的影响程度，参数 η 的计算结果见表 2-5 和表 2-6。

用正交设计的原理，可以得到速度（质量、位置）因素在第 i 个水平时，试验框架的相邻底柱轴力影响程度总和 K_i：

$$K_i = \sum_{j=1}^{n} \eta_{ji} \qquad (i = 1,\ 2,\ 3,\ 4,\ 5) \tag{2-15}$$

式中 η_{ji}——速度（质量、位置）因素取第 i 个水平时第 j 个试验框架的影响参数 η 值；

n——每个水平在 25 个试验框架中出现的次数，可得 $n = 25/5 = 5$，$1 \leqslant i \leqslant 5$，$1 \leqslant j \leqslant 5$。

由此可以得到速度（质量、位置）因素在各个水平时试验框架的相邻底柱轴力平均影响程度 k_i：

$$k_i = \frac{1}{n} K_i \qquad (i = 1,\ 2,\ 3,\ 4,\ 5) \tag{2-16}$$

根据单个因素规律分析，由图 2-26 所示的 3 个因素的因素指标图可以得出以下结论：

从图 2-26（a）可以得出，对于中柱失效情况，速度在 40~80km/h 范围内，随速度增加 k_1 显著增加时，超过 80km/h 以后影响较小；边柱失效时，速度在 40~100km/h 范围内，随冲击物速度的增加，平均内力影响程度呈线性增长，大于 100km/h 后速度影响不再增长。

从图 2-26（b）可以得出，中柱失效时冲击物质量对平均内力影响程度的影响接近线性增长；边柱失效时，质量的影响不如中柱失效显著，其影响程度载重质量在超过 5t 以后就随质量增加平缓增加。

从图 2-26（c）可以得出，中柱失效时撞击点越远离柱底平均内力影响程度越大，但对于边柱失效撞击点位置在高于 1.2m 后才随高度位置增加而增加，在低于 1.2m 前越靠近柱底越不利。当撞击位置在 0.8~2.6m 范围内，均在 2.6m 时对其剩余结构内力影响程度最大。

R 极差是同一因素中 k_1、k_2、k_3、k_4、k_5 这 5 个数中最大者减去最小者，反映了速度（质量、位置）因素水平波动时，试验指标的变动幅度。若 R 越大，表明该因素对试验分析指标的影响则越大，反之越小。根据 R 大小，即可判断出因素的主次顺序。

$$R = \max(k_i) - \min(k_j) \quad (i,\ j = 1,\ 2,\ 3,\ 4,\ 5) \tag{2-17}$$

根据表 2-5 和表 2-6 中计算结果 R 值进行比较，中柱失效和边柱失效两种工况下都同样得到速度的影响因素最明显。

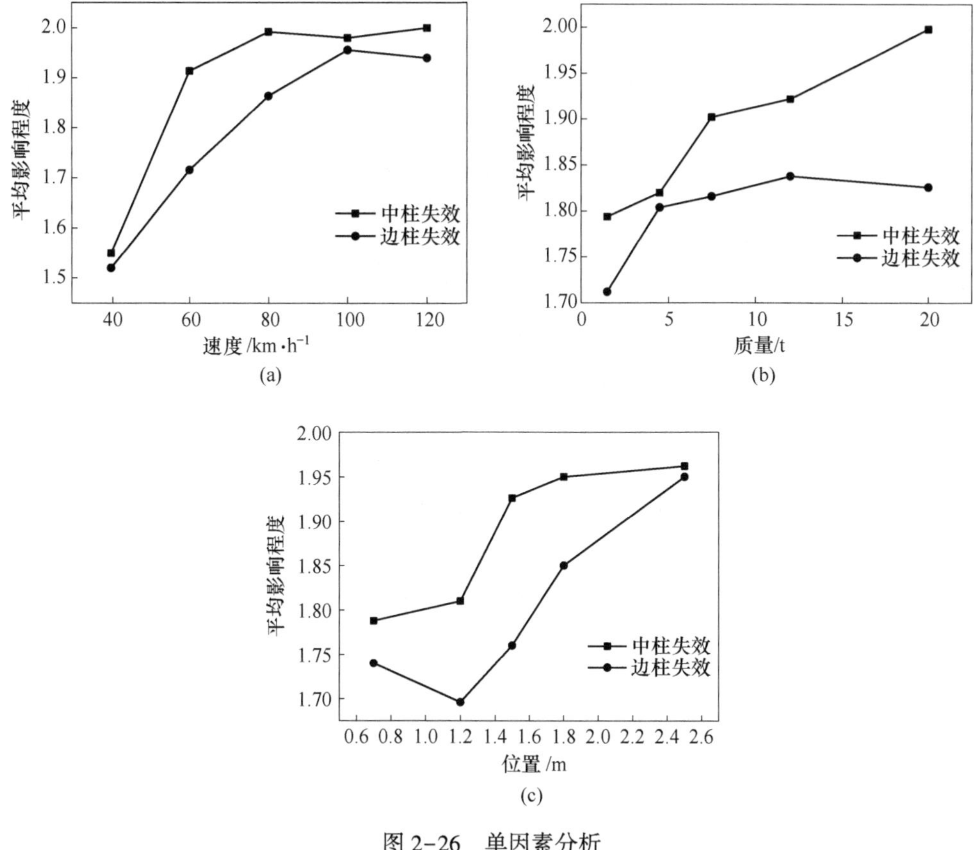

图 2-26 单因素分析

(a) 冲击速度；(b) 冲击质量；(c) 冲击位置

2.3 结论与展望

2.3.1 结论

本章关于钢管混凝土柱-钢梁平面框架结构在冲击荷载作用下的抗连续倒塌分析，主要研究结果及结论如下：

(1) 采取 DS 法模拟冲击物以一定的速度和质量撞击关键柱而引起剩余结构倒塌的全过程仿真，通过正交试验得到代表全面试验的各组合工况下结构的动力响应结果。

(2) 通过 DS 法与 AP 法进行比较，结果表明：AP 法没有考虑引起关键构件破坏的具体原因，过于简化了分析过程，不能准确地反映钢管混凝土框架结构在冲击荷载下的连续倒塌响应；DS 法更接近实际情况，可较为准确地描述冲击荷载下结构的倒塌过程。

2.3.2 展望

本章只是初步分析评估了钢管混凝土平面框架在冲击荷载下抗倒塌性能，由于模型建立及计算的复杂性，加上作者自身有限的知识水平，对于钢管混凝土框架结构的抗连续倒塌还有诸多问题需要解决，主要有以下几点：

（1）本章的有限元模型中，冲击物模型只使用了一种，没有考虑不同冲击物形式的多样性和偶然冲击方式的不确定性引起的动力响应影响；结构形式只分析了简单规则的平面框架模型，没有考虑更加多样化或完整性的结构体系。从这两方面都需要大量工作进一步完善补充和深入分析。本章只进行了初步的分析工作，针对正交试验结果可进一步进行可靠度分析，如得出冲击工况下的荷载标准值，进而简化 DS 法在抗连续倒塌分析中的实际运用。

（2）目前多层钢管混凝土组合框架结构在冲击荷载下的连续倒塌性能还没有足够的试验进行验证，低速冲击试验主要集中在构件层次，而结构的研究大多集中在理论和数值模拟阶段。数值分析虽然具有参考价值，但是都不能完全地代替试验，其正确性和精确度都有待验证，故而需要开展钢管混凝土框架结构连续倒塌性能的相关试验研究。

3 钢框架-组合楼板结构抗连续倒塌性能简化评估

3.1 连续倒塌工况下结构的破坏过程及传力机理

3.1.1 概述

在建筑结构的设计基准期内，偶然事件发生的概率是非常低的，可偶然事件一旦发生将会使结构产生强烈的反应。鉴于我国目前的经济发展状况和结构设计理念，常规工程结构不可能设计成可以抵抗任何偶然事件作用而不产生破坏。因此，建筑结构在遭遇强烈的偶然作用后产生局部破坏是可以接受的，只要该局部破坏不会导致结构发生连续性倒塌。对于建筑结构的抗连续倒塌研究，大多学者都是对产生了局部破坏后的剩余结构进行研究，包括试验研究、有限元模拟及理论分析，而结构的局部破坏一般是采用拆除构件法对结构竖向构件进行人为拆除来引入。框架结构拆除相应位置的框架柱，承重墙结构则拆除承重墙。对拆除了框架柱或承重墙的剩余结构进行静力非线性分析，可以获得剩余结构从初始受力阶段至完全倒塌阶段的整个破坏过程以及相应的传力机理。

本节将介绍竖向构件失效工况下结构的破坏过程以及剩余结构在不同阶段所能形成的传力机理，为后续理论评估方法的建立提供依据。

3.1.2 结构的破坏过程

结构的竖向构件失效后，可以将剩余结构人为地划分为直接影响区和间接影响区，如图 3-1 所示。直接影响区定义为与失效竖向构件直接相连的区域及该区域外围的竖向构件（中柱失效时直接影响区为 4 个板块，边柱失效为 2 个板块，角柱失效则为 1 个板块），而未与失效构件直接相连的区域则定义为间接影响区。

间接影响区结构的受力性质并未发生本质改变，其所承担的荷载可能会因为直接影响区结构的荷载重新分布作用而有所波动，但总体影响较小，因此不做过多讨论。直接影响区结构的受力性能会发生较大变化，有必要对该区域结构的整个倒塌破坏过程进行探讨。根据直接影响区结构的荷载-位移响应，可以将整个连续倒塌破坏过程粗略地分为小变形阶段、过渡阶段和大变形阶段，如图 3-2 所示。

结构的小变形阶段可以细分为弹性阶段（OA 段）和弹塑性阶段（AB 段）。

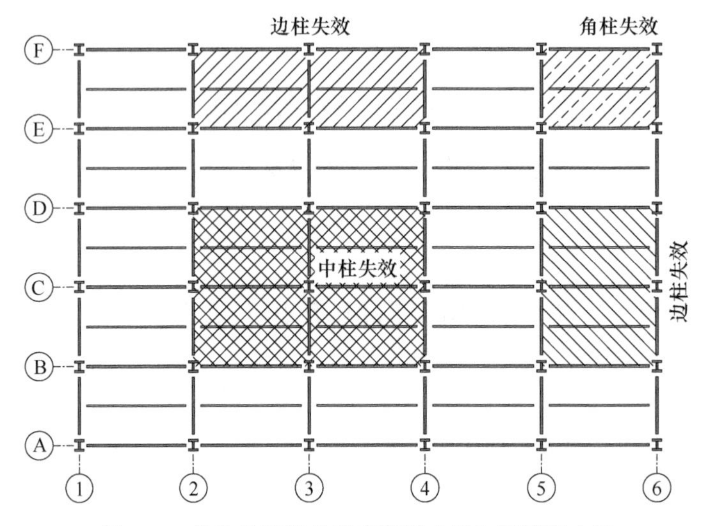

图 3-1 柱失效后结构的直接影响区和间接影响区

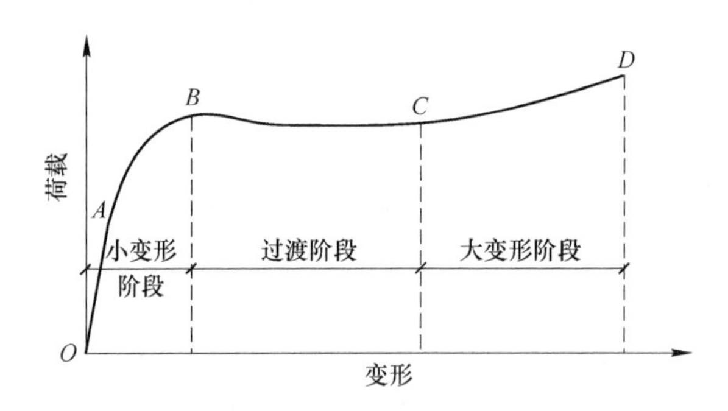

图 3-2 直接影响区结构的荷载-变形曲线

由于材料的非线性及连接的半刚性等众多原因，严格意义上结构的弹性阶段很短，弹性变形很小。在弹塑性阶段，楼板的混凝土开始开裂。首先开裂的位置是结构短跨方向（沿 Y 向）的节点负弯矩区域，如图 3-3（a）所示。由于该区域的梁柱节点承担较大的负弯矩，框架梁上部的混凝土楼板位于受拉区且常为全截面受拉，因而节点负弯矩区的楼板最先出现裂缝，并随着结构竖向变形的增加，该区域的裂缝逐渐沿两侧发展。随后出现裂缝的是结构长跨方向（沿 X 向）的节点负弯矩区域和短跨向的正弯矩区，如图 3-3（b）所示，图中的虚线表示楼板下部形成的正弯矩裂缝。随着结构竖向变形的继续增加，结构周边负弯矩区裂缝不断向四个角部发展，而 X 向的正弯矩裂缝则向两侧发展到一定长度后也朝四个角部发展，如图 3-3（c）所示。最终楼板被裂缝所形成的屈服线分割成四块，进而形成破坏机构，如图 3-3（d）所示。这样的现象已经在三维整体结构试验[100]、楼盖子结构试验[101-102]及单独的楼板试验[103]中所观察到。在楼板开裂形成屈服线时，结构的竖向变形远远大于结构正常使用极限状态的变形规定值，此时长短跨向的梁柱节点均可能达到屈服弯矩值，而梁内部拉力则非常小可以忽略。因此，评估竖向构件失效后剩余结构在小变形阶段的承载力可以从楼板的屈服承载力和梁柱节点的屈服承载力入手。

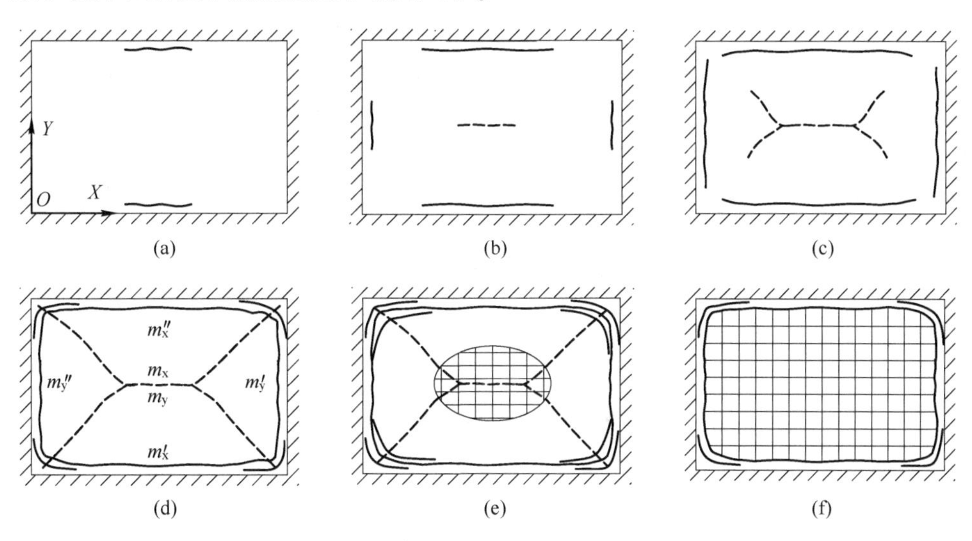

图 3-3 直接影响区楼板的破坏过程

（a）板面裂缝出现阶段；（b）板底出现裂缝阶段；（c）板裂缝继续发展阶段；（d）板出现塑性铰线阶段；（e）板中部混凝土破碎阶段；（f）板受拉膜受力阶段

在小变形阶段后结构将经历过渡阶段。过渡阶段中结构的竖向变形继续增加而承载力变化较小。此阶段随着结构继续变形，楼板已有裂缝的宽度不断增加且不断形成新的裂缝，楼板在该阶段便开始形成受拉膜效应。此外，节点的转动变形也不断增加，梁内部的拉力逐渐明显，梁柱节点同时承担弯矩和拉力。结构在过渡阶段的受力较为复杂，难以准确定量把握。

过渡阶段之后结构进入大变形阶段。大变形阶段中，楼板上失效柱区域的混凝土逐渐被压碎，屈服线逐渐消失，如图 3-3（e）所示，楼板逐渐形成较为明显的受拉膜效应，如果楼板周边约束较强则可能整个楼板均形成受拉膜效应，如图 3-3（f）所示。在此阶段，框架梁内的轴拉力不断增加，节点弯矩不断减小甚至消失，最终框架梁形成悬链线效应。因此，评估结构在大变形阶段的承载力时应该考虑楼板的受拉膜效应和框架梁的悬链线效应。

3.1.3 小变形阶段的传力机理

竖向构件失效后的剩余结构在小变形阶段的抗连续倒塌承载力是由多种传力机制提供的。梁抗弯机制和受压拱机制的组合作用形成了主要的抗倒塌机制[104-105]。在梁板子结构中板的承载力也很显著[101]，且当直接影响区楼板的周边结构能形成较强的约束时，楼板的受压膜效应能较好地提高结构在小变形阶段的承载力，特别是在板柱结构体系中[106]。

3.1.3.1 梁抗弯机制

结构中柱失效后，直接影响区的框架梁变成双跨梁。图 3-4 以一个单层双跨平面框架为例来说明在相同均布荷载作用下，结构形成双跨梁前后的梁端弯矩变化。示例中设定平面框架的梁和柱截面刚度相同，柱高 H 为 3.6m，梁跨度 L 为 6m。从计算结果可以看出，柱失效后的双跨梁两端的负弯矩值约为原结构中梁端弯矩值的 5 倍；失效柱节点区原是承担负弯矩的，在双跨梁中却要承担大小约为原来 3 倍的正弯矩。此外，结构遭受爆炸、冲击等偶然荷载作用时，竖向构件的失效是瞬时，结构将不可避免地产生动力效应，这对双跨梁节点的受力更为不利。

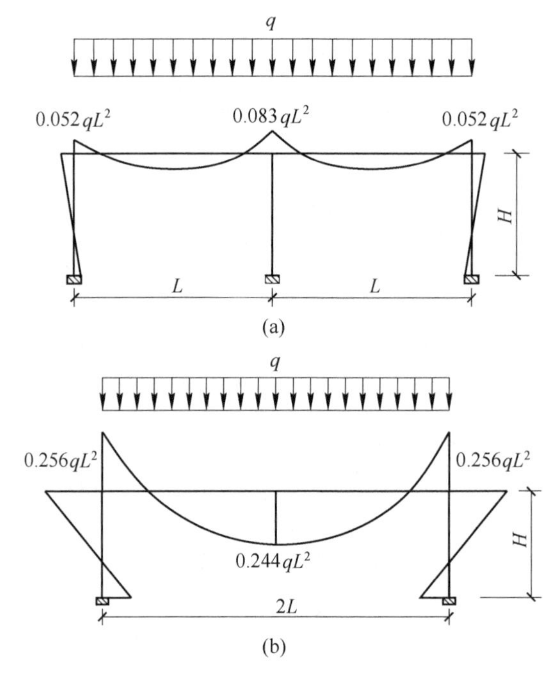

图 3-4 柱失效后梁端弯矩变化示例

(a) 柱失效前弯矩图；(b) 柱失效后弯矩图

需要说明的是，与国外规范将框架结构分为外围抗震框架和内部承重框架不同，中国规范规定框架结构中纵横向各榀框架均要进行抗震设计，即中国框架结构中的梁端承载力是按重力荷载效应和水平荷载效应的组合值进行设计的，其弯矩承载力要高于只按重力荷载效应设计的承重框架节点的弯矩承载力。此外，形成双跨梁时产生的附加竖向变形在一定程度上会增大梁端的转动变形，从而使得楼板内更多的钢筋参与受拉，因此按中国规范设计的框架结构的梁端负弯矩承载力是比较高的。对于双跨梁的跨中节点区，由于前期结构设计中并没有考虑数值如此大的正弯矩作用，因而该节点容易发生破坏。在混凝土框架结构中，如果将节点区下部的钢筋设计成具有连续性的，则能较好地提高双跨梁抗弯机制的承载力，减小结构发生连续倒塌的可能性[101]。对于采用半刚性连接的钢结构，如果将节点区梁端的下翼缘与柱翼缘进行焊接，则可同时较好地提高双跨梁抗弯机制的承载力和抗弯刚度，从而增加结构在小变形阶段的抗连续倒塌承载力。

3.1.3.2 梁压拱机制

在小变形阶段，梁两端若受到水平约束作用则还将产生压拱效应。双跨梁跨中区域的混凝土楼板能承担较大压力，因而正弯矩转动中心常在混凝土板内，而双跨梁两端是梁下部受压而导致负弯矩转动中心在梁下部，这样跨中正弯矩转动中心的位置高于负弯矩转动中心，当双跨梁跨中作用外荷载时便会形成压拱机制，如图 3-5（a）所示。

传统的压拱机制分析模型为“压杆模型”，如图 3-5（b）所示。在该模型中，当竖向位移 v 达到正负弯矩转动中心的高差 Δ 时，水平位移达到最大值，此时压杆处于水平状态，竖向荷载 P 为零，即梁的压拱机制不再提供额外的承载力。高山[107]基于组合平面框架的试验结果，提出了一个改进的“桁架弹簧模型”来计算双跨梁的受压拱效应，他将钢梁下翼缘及部分腹板作为弹簧杆件加入传统的“压杆模型”中，如图 3-5（c）所示，并根据节点平衡条件推导了计算公式。

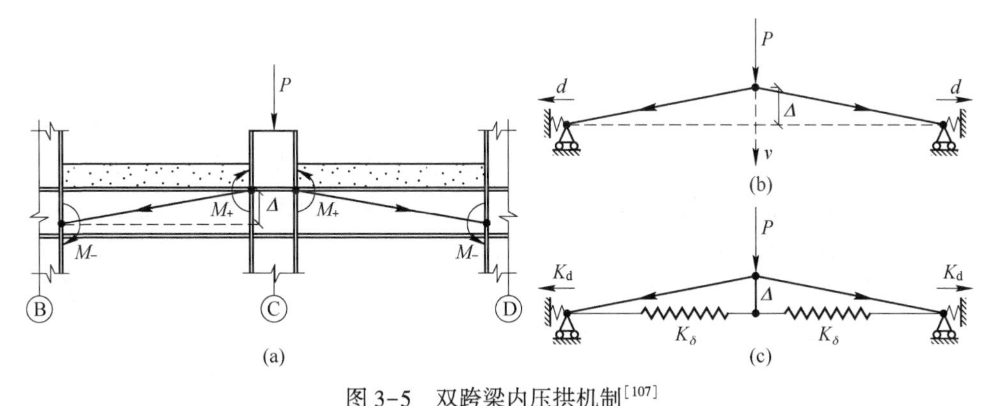

图 3-5 双跨梁内压拱机制[107]

（a）压拱效应；（b）压杆模型；（c）桁架弹簧模型

压拱机制能使梁的承载力和刚度得到一定程度的提高，特别是跨高比较小的混凝土梁和钢-混组合梁。计算双跨梁的压拱效应需要先确定梁端的轴向约束刚度，由于双跨梁位置的多样性及梁端其他结构刚度计算的复杂性，在整体结构中并不容易精确求得梁端的轴向约束刚度。因此，在评估结构抗连续倒塌能力时考虑双跨梁的压拱机制将会增加计算的复杂性。

3.1.3.3 板受压膜机制

楼盖结构中板的设计荷载一般都较小，且布置了次梁来减小板的跨度，因而实际工程中楼板的配筋率是非常低的，常按规范构造配筋。这种低配筋率的板在受到周围楼盖结构约束的情况下，临近破坏时其中和轴是非常接近板表面的。因此，在纯弯矩作用下，板的中平面位于受拉区，拉应变使得板向外膨胀，因周边受到约束，板内将存在轴向压力，这种轴向压力一般称为薄膜力，这种现象称为板的受压膜效应。在楼板受拉区的混凝土开裂后，各截面实际中和轴将形成拱形，和梁压拱机制类似，都是跨中正弯矩区域中和轴的位置高，两端负弯矩区域的位置低，如图 3-6 所示。楼板周边支承条件提供的水平推力将减少板在竖向荷载下的截面弯矩。结构在中柱失效时，整个直接影响区中楼板的长宽比一般不会超过 2，为双向受力形式，即楼板的两个方向均可能形成轴向压力。楼板的薄膜效应能将板上的部分荷载直接传递到四周结构上，这种传力机制称为板受压膜机制。

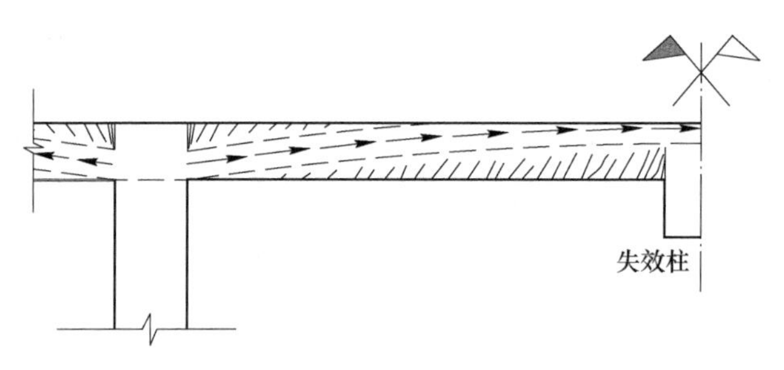

图 3-6 板的内拱效应

已有研究表明[108-109]，板受压膜机制和梁受压拱机制与其周围结构的轴向约束程度有很大的关系，通常周边约束作用越强，该传力机制能承担的荷载越大。图 3-7 所示为混凝土双向固支板和双向简支板的荷载-变形曲线。简支板的轴向约束作用很小而导致受压膜效应很弱，而固支板的轴向约束作用非常强其受压膜效应则很明显。四边固支板的受压膜效应能使得板的极限承载力远远高于屈服线理论算得的承载力，三边固支板也有类似现象[110]。

除了水平约束作用外，板的配筋率、高跨比和长宽比等对板的受压膜效应也有较大影响。因此，评估结构抗连续倒塌能力时考虑板的受压膜机制也会导致计算的复杂性。

3.1.4 大变形阶段的传力机理

当结构中柱失效后所形成的双跨梁的抗弯机制和压拱机制以及楼板的受压膜

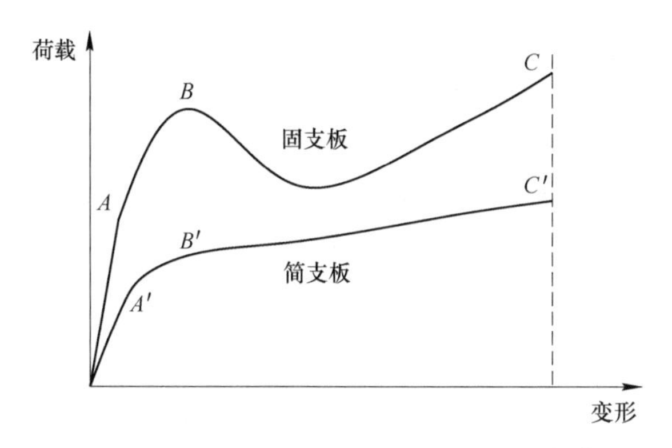

图 3-7 混凝土双向板的荷载-变形曲线[111]

机制均无法抵抗结构上部作用的荷载时，结构会产生较大变形，即进入大变形阶段。剩余结构在大变形阶段的抗连续倒塌传力机理主要是梁的悬链线机制和板的受拉膜机制。

3.1.4.1 梁悬链线机制

梁悬链线机制是通过双跨梁在大变形阶段梁或节点拉力的竖向分力抵抗竖向外荷载，这种传力机制能为剩余结构提供较好的抗连续倒塌承载力[107,112-115]。根据结构上作用的荷载类型的不同，梁的变形模式可以分成两种：直线形和曲线形，如图 3-8 所示。

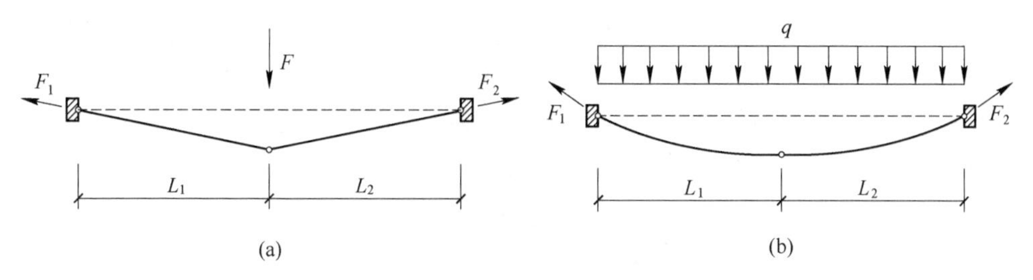

图 3-8 梁的悬链线变形模式

（a）直线形；（b）曲线形

当双跨梁的跨中（即失效柱位置）作用集中荷载时，大变形阶段下双跨梁跨中和梁端塑性铰的抗弯承载力均已经失效，梁只起着传递轴拉力的作用；因塑性铰之间的梁段无任何外荷载作用，此时失效柱两端的框架梁近似轴拉构件而只发生轴向变形，转动变形则几乎全部集中在塑性铰区域，这便导致了悬链线机制直线形模式的产生，如湖南大学的钢筋混凝土平面框架抗连续倒塌试验[116]和重庆大学的组合框架抗连续倒塌试验[114]。当双跨梁上主要作用均布荷载时，在双跨梁跨中和梁端塑性铰抗弯承载力失效后，梁内部不仅有轴拉力作用，还有梁段上均布荷载产生的弯矩作用，因此梁既产生轴向拉伸变形又产生弯曲变形，此种情况下双跨梁的转动变形是沿梁长分布的而非全部集中在塑性铰区域，这便导致了悬链线机制曲线形模式的产生。美国国防部颁布的抗连续倒塌设计标准中，拉结力法便是采用均布荷载作用下曲线形悬链线机制。

其实，悬链线机制的变形模式除了受荷载形式的影响外，还与其他因素有关，比如梁的跨高比、节点的连接形式等。当梁的跨高比较小时，梁的刚度相对较大，梁上均布荷载产生的弯曲变形较小，双跨梁的转动变形仍主要集中在塑性铰区域，大变形阶段下双跨梁的悬链线变形模式仍类似直线形。钢结构中，梁柱的连接节点形式多样，但大多属于半刚性连接甚至是铰接连接。对于这类转动刚度很小的连接所形成的双跨梁，无论梁上荷载作用类型是什么样的，其悬链线的变形模式都接近于直线形，如南洋理工大学 Liu Chang 学者的试验[117]。

3.1.4.2 板受拉膜机制

在大变形阶段，楼板中间区域的混凝土会随着板挠度的增加而逐渐压碎退出受力，最后只剩钢筋（对于混凝土板）或者钢筋和压型钢板（对于组合楼板）来承担拉力，而楼板周边区域的受力情况则与楼板四周的约束条件有关。当楼板的周边受到完全的水平和竖向约束时，楼板内部的钢筋会像受拉的网一样来承担板上部的均布荷载，沿肋方向的压型钢板也会提供较大承载力，整个楼板区域内都能形成受拉膜机制，如图 3-3（f）所示。当楼板四周没有水平约束只有竖向约束时，随着楼板竖向挠度的增加，楼板四周有向板中心移动的趋势，各边中部向内移动的位移最大，而角部则会向上翘，这样便在板四周形成了受压环，锚固在受压环内的板中间区域的钢筋能提供受拉承载力，从而形成楼板的受拉膜机制，如图 3-9 所示。楼板受拉膜效应的大小与楼板周边约束条件的强弱有关。对于结构中间区域的楼板，板内钢筋在板块边界上一般都是连续的，因而可以认为中柱失效工况下直接影响区结构的楼板周边是有约束的。

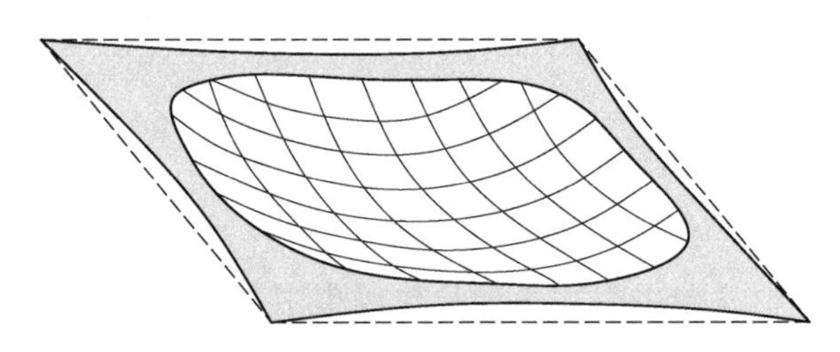

图 3-9 无约束板的受拉膜机制

大变形阶段下楼板的受拉膜机制能提供较高的承载力，已为研究人员所注意。至今为止，已有许多国内外学者对板的受拉膜效应进行了研究，如 C. G. Bailey 等[118-119]、K. A. Cashell 等[120]、李国强等[121]、范圣刚等[122]和张大山[123]等，并且提出了大变形下板受拉膜效应承载力的计算方法[123-128]。在这些研究中，大多数学者都是集中在火灾下楼板受拉膜效应，对常温下因框架柱失效而导致楼板产生受拉膜效应的研究则较少。此外，这些学者提出的计算方法都过于复杂而不方便工程界的直接应用。

3.1.5 评估方法中需计算的传力机理

根据竖向构件失效后剩余结构的受力特征，可以只研究直接影响区的结构。为了简化计算，对于直接影响区结构的抗连续倒塌承载力，可以只计算一个小变形阶段的承载力和一个大变形阶段的承载力，而无需计算从开始受力阶段到完全破坏阶段的全过程荷载-位移曲线。

小变形阶段的抗连续倒塌承载力主要计算板的屈服承载力、双跨梁的抗弯承载力，而板的受压膜效应和双跨梁的受压拱效应所提供的承载力则予以忽略，此种忽略是偏安全的、工程上可以接受的。若直接影响区结构的边界约束条件可以定量化，为了使计算结果更为准确，这两种传力机理所提供的抗连续倒塌承载力则应该予以考虑。

大变形阶段的抗连续倒塌承载力主要计算板的受拉膜效应和梁的悬链线效应。其中板的受拉膜效应可以简化考虑，认为板内混凝土全部退出工作，其拉力全部由钢筋和压型钢板来提供；而梁的悬链线效应能提供的承载力则由钢梁和节点之间轴拉强度较弱者来决定。

3.2 评估方法的建立

3.2.1 概述

经过前一节对连续倒塌工况下结构的破坏过程和传力机理的阐述，确定了小变形条件下计算梁抗弯机制、板屈服承载力及大变形条件下计算梁悬链线机制和板受拉膜机制的原则。基于此原则，本节将建立相应的简化评估方法，以便能快速评估结构在中柱失效后的抗连续倒塌性能。

3.2.2 基本假定

结构抗连续倒塌承载力的计算十分复杂，因为：（1）与传统设计方法的基于构件及构件截面层次不同，抗连续倒塌涉及整体结构；（2）需要考虑结构几何非线性和材料非线性；（3）竖向构件的瞬时失效会导致结构产生强烈的动力响应。为了能简单快速地评估结构的抗连续倒塌承载力，假定：

（1）中柱失效情况下，结构受影响区域为4个板块（图3-1中阴影区），即结构为2×2跨，其他周围结构不参与计算；

（2）结构材料如钢筋、压型钢板等的应力-应变关系假定为理想弹塑性，即不考虑屈服后的强化作用，且大变形阶段下钢筋和压型钢板的应变沿全长均匀分布；

（3）结构双跨次梁的轴向变形集中在梁端节点区域，且梁两端的变形量相同；

（4）结构中各层楼盖的布置相同，多层结构的抗连续倒塌承载力为各层的抗连续倒塌承载力之和。

对于假定（1），中柱失效时，剩余结构会自主地进行内力重新分布，并对整体结构的内力产生影响，但计算整体结构过于复杂因而只考虑直接影响区的结构。与边柱、角柱失效时的情况不同，中柱失效时，直接影响区四周的结构对该区域仍有较强的约束作用。为了简化计算，不计算周围结构的实际约束刚度，而粗略地认为直接影响区楼板四周为理想固支约束。

对于假定（2），楼板在大变形条件下会产生较大挠度，钢筋、压型钢板也将会发生伸长变形，但因楼板各位置的挠度不同，钢筋和压型钢板的伸长量不同，其强化程度也不同，因此假定钢筋和压型钢板为理想弹塑性材料，仅需判断其是否屈服即可。大变形阶段，中间大部分区域楼板的混凝土已经退出受力，周边区域的混凝土也已经严重开裂，因此钢筋和压型钢板可以认为是全长受拉，即全长产生轴向拉伸变形，且楼板上作用的均布荷载不会导致钢筋和压型钢板产生应力集中，因而可以假定大变形阶段时钢筋和压型钢板的应变是沿全长均匀分布的。

对于假定（3），结构次梁连接于主梁的节点形式常为铰接连接，如剪切板连接（Fin Plate Connection）和腹板角钢连接（Double Angle-cleat Connection）等。这类节点的轴向承载力相比于次梁本身的轴向承载力而言是较小的，当节点达到极限强度时，次梁的弹性应变还非常小，次梁全长的总伸长量也是可以忽略的。因此大变形条件下双跨次梁的轴向变形可以认为主要是节点本身的轴向变形，为了简化则进一步设定梁两端节点变形是相同的。

对于假定（4），如 P. X. Dat 等[101,129]的分析，对于普通的多层、高层住宅和办公建筑，因结构每层的重力荷载和活荷载基本是不变的，因而各层楼盖结构常常设计成相同的。通常为了增加建筑使用面积，结构竖向构件如框架柱的截面尺寸会逐渐减小，但只要该竖向构件仍是连续的，结构受力形式并未发生改变。因此，可以近似地认为各层楼盖结构的荷载、强度和刚度是相同的，当底层的框架柱失效后，该柱上部位置的框架柱的轴力瞬间减小为零，从而可以将多层结构拆分为单层结构进行计算。

3.2.3　小变形阶段承载力

楼盖系统在竖向荷载作用下会产生竖向挠度，除了使楼板开裂外，节点还会发生转动变形，此外梁本身还将产生弯曲剪切变形。从能量角度分析可以认为楼盖上竖向荷载所做的功一部分转化为楼板变形及开裂所产生的内能，而另一部分则转化为组合框架中节点转动和梁变形所产生的内能。因此，可将结构小变形阶段的承载力人为地划分成两部分：板的承载力和组合框架的承载力。

3.2.3.1 板的承载力

中柱失效后，直接影响区楼板在失效柱位置的竖向位移最大，在四周的竖向位移几乎为零，此时的楼板不再保持为平面。假定楼板在两个方向分别由相互平行的交叉板带组成，显然靠近失效柱的板带的竖向变形和弯曲程度大，而靠近四周支座的板带的竖向变形和弯曲程度小。由于整个直接影响区楼板的变形是连续的，相邻板带之间的变形差将会使板单元同时承担弯矩和扭矩。此外，中柱失效后的梁板子结构系统中梁和板的变形是相互作用的。因此，想要精确计算板的承载力是十分复杂的。为了确定板的变形模式进而求得板的承载力，火灾情况下常忽略梁的影响[124,126,128]，并假定楼板被塑性铰线分割为多块刚性板，然后由虚功原理或力的平衡条件进行求解。本节借助此种变形假设，采用塑性铰线法来计算板在小变形阶段的承载力。

《混凝土结构（下册）》[130] 17.4 节基于虚功原理，采用塑性铰线法推导了混凝土双向板的塑性极限承载力，公式为：

$$q_1 = \frac{(2/l_y)[2m_x l_x + (m'_x + m''_x)l_x] + (1/x)[2m_y l_y + (m'_y + m''_y)l_y]}{(l_y/6)(3l_x - 2x)} \tag{3-1}$$

式中 q_1——按塑性铰线法求得的板的承载力；

l_x——楼板在 x 向的跨度，为 x 向梁跨度 L_x 的两倍；

l_y——楼板在 y 向的跨度，为 y 向梁跨度 L_y 的两倍；

m_x——y 向跨中区域楼板的单位板宽的屈服弯矩（见图 3-3（d））；

m'_x，m''_x——y 向支座区域楼板的单位板宽的屈服弯矩；

m_y——x 向跨中区域楼板的单位板宽的屈服弯矩；

m'_y，m''_y——x 向支座区域楼板的单位板宽的屈服弯矩；

x——斜向塑性铰线的交点到楼板 y 向边缘的距离。

在式（3-1）中，仅 x 为未知量，对 x 求导后令 $dq_1/dx=0$，则可求得板上均布荷载 q_1 最小时斜向塑性铰线交点到短边的距离 x。设楼板的长宽比 $\lambda = l_x/l_y$，则可求得 x 为：

$$x = -\frac{l_x}{2\lambda^2} \times \frac{2m_y + m'_y + m''_y}{2m_x + m'_x + m''_x} + \frac{l_x}{2}\sqrt{\left(\frac{2m_y + m'_y + m''_y}{2m_x + m'_x + m''_x} \times \frac{1}{\lambda^2}\right)^2 + 3\,\frac{2m_y + m'_y + m''_y}{2m_x + m'_x + m''_x} \times \frac{1}{\lambda^2}} \tag{3-2}$$

式（3-2）表明，x 值与楼板长宽比及两个方向的屈服弯矩比值有关。教材［130］指出，板的极限荷载与取 $x=0.5l_y$ 时的计算结果相差很小，对于一般工程中的双向板可采用 $x=0.5l_y$ 来计算极限荷载。

混凝土板的单位长度塑性铰线的屈服弯矩值可以采用教材［131］中的受弯

构件正截面承载力求解公式计算。至于组合楼板的抗弯承载力计算，可将压型钢板当作受力钢筋来考虑。为了简化计算，忽略受压区钢筋或压型钢板的作用，只考虑混凝土受压并达到抗压强度，而受拉区的钢筋和压型钢板则均能达到屈服。图 3-10 所示为混凝土板及组合楼板的正截面承载力计算应力图。

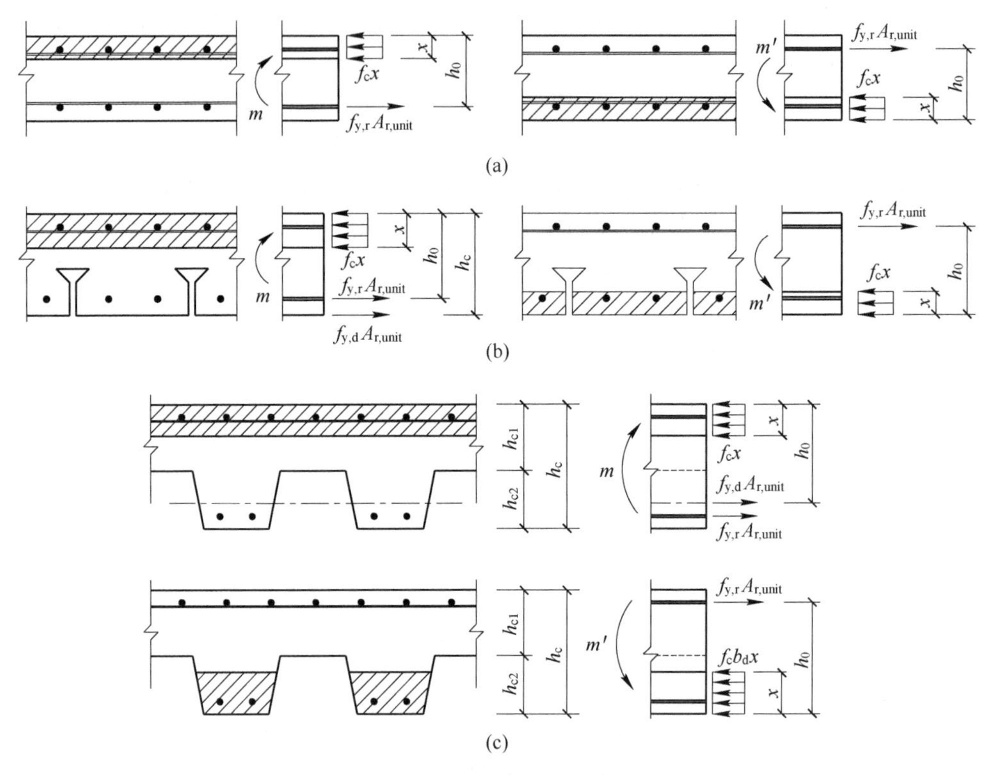

图 3-10 板的受弯承载力计算应力图

(a) 混凝土板；(b) 闭口型的组合楼板；(c) 开口型的组合楼板

混凝土板的正截面应力分布图如图 3-10（a）所示，其弯矩值为：

$$m = f_{y,r} A_{r,unit}\left(h_0 - 0.5\frac{f_{y,r} A_{r,unit}}{f_c}\right) \tag{3-3}$$

式中 $f_{y,r}$——钢筋的屈服强度；

$A_{r,unit}$——单位宽度楼板内钢筋的截面面积；

h_0——混凝土板的有效高度，如图 3-10（a）所示；

f_c——混凝土的抗压强度试验值或标准值。

采用闭口型压型钢板的组合楼板的正截面应力分布图如图 3-10（b）所示，其正弯矩承载力可按式（3-4）计算，当楼板底部未配钢筋时，$A_{r,unit}$取零。闭口型组合楼板的负弯矩承载力仍按式（3-3）计算。

$$m = f_{y,r}A_{r,unit}\left(h_0 - 0.5\frac{f_{y,r}A_{r,unit} + f_{y,d}A_{d,unit}}{f_c}\right) + f_{y,d}A_{d,unit}\left(h_c - 0.5\frac{f_{y,r}A_{r,unit} + f_{y,d}A_{d,unit}}{f_c}\right) \tag{3-4}$$

式中 $f_{y,d}$——压型钢板的屈服强度；

$A_{d,unit}$——单位宽度内压型钢板的截面面积，忽略肋而只计算板底部的面积；

h_0——组合楼板的有效高度，如图 3-10（b）所示；

h_c——组合楼板的厚度。

采用开口型压型钢板的组合楼板的正截面应力分布图如图 3-10（c）所示，其正弯矩承载力按式（3-5）计算：

$$m = f_{y,r}A_{r,unit}\left(h_c - a_s - 0.5\frac{f_{y,r}A_{r,unit} + f_{y,d}A_{d,unit}}{f_c}\right) + f_{y,d}A_{d,unit}\left(h_0 - 0.5\frac{f_{y,r}A_{r,unit} + f_{y,d}A_{d,unit}}{f_c}\right) \tag{3-5}$$

式中 a_s——组合楼板下部受拉钢筋的型心到板底的距离；

h_0——开口型压型钢板受拉型心至板表面的距离；

$A_{d,unit}$——单位宽度内开口型压型钢板的截面面积。

开口型组合楼板的负弯矩承载力可以按式（3-6）计算：

$$m' = f_{y,r}A_{r,unit}\left(h_0 - 0.5\frac{f_{y,r}A_{r,unit}}{f_c b_d}\right) \tag{3-6}$$

式中 b_d——单位宽度内，混凝土受压区的实际宽度，可以近似取单位宽度范围内下部肋宽的总和。

图 3-10（b）和（c）的应力图是顺着组合楼板肋方向的，当计算垂直肋方向的正截面承载力时，忽略压型钢板的影响，将压型钢板肋以上部分当作一块板厚为 h_{c1} 的纯混凝土板，如图 3-11 所示。采用式（3-3）来计算正截面承载力，计算正弯矩时，有效高度 h_0 取受拉钢筋中心至板表面的距离；计算负弯矩时，h_0 取受拉钢筋中心至压型钢板肋表面的距离。

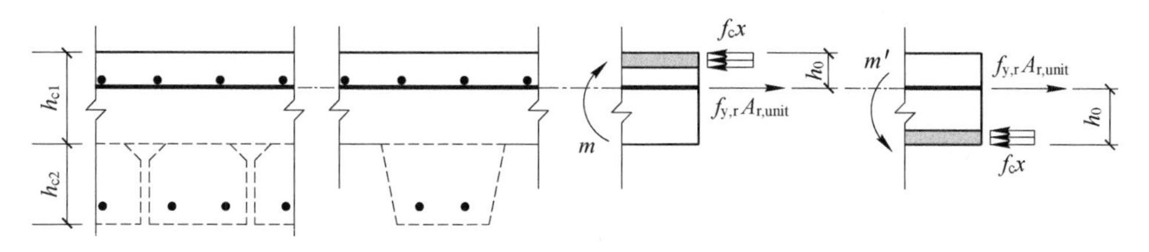

图 3-11 垂直于压型钢板肋方向的正截面承载力应力分布

值得注意的是，当图 3-11 中的混凝土受压区高度 x 超过 $0.5h_0$ 时，受拉钢筋因离截面中和轴太近而可能无法达到屈服强度。这种情况下，钢筋的拉力

$f_{y,r}A_{r,unit}$ 取为 $0.5f_c h_0$，相应的力臂则为 $0.75h_0$，弯矩承载力为 $0.375f_c h_0^2$。

综合上述的结果，计算板的屈服承载力的流程为：

(1) 根据楼板形式采用式（3-3）~式（3-6）计算各塑性铰线的弯矩承载力；

(2) 将塑性铰线的弯矩值代入式（3-2）求得 x；

(3) 将 x 代入式（3-1）求得板的屈服线承载力 q_1。

3.2.3.2 组合框架的承载力

中柱失效情况下，直接影响区结构的平面布置取图 3-1 中②~④轴和Ⓑ~Ⓓ轴区域的结构，重新编写轴线序号后如图 3-12（a）所示，图中的阴影区为组合梁的有效翼板示意图。当中柱位置产生数值为 δ 的竖向位移时，半结构的变形示意如图 3-12（b）所示。为了简化计算节点的转动变形，图 3-12（b）中假设梁不发生弯曲变形，其轴线仍保持为直线。需要说明的是，图 3-12（b）中假设的组合框架的变形模式与塑性铰线法中假设的楼板的变形模式是不协调的。假设楼板的变形模式时忽略了下部梁对板的影响，这样便于求得板的承载力，而图 3-12（b）中假定的变形模式是为了简单地求得梁端节点的转角变形，进而求得组合框架的承载力。

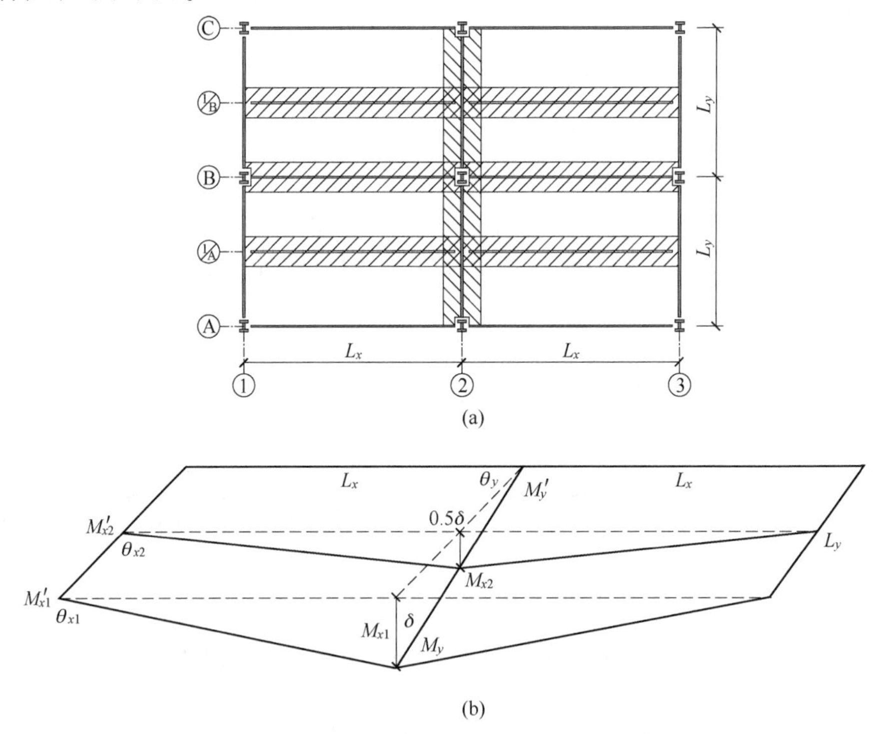

图 3-12 中柱失效下直接影响区结构的平面布置图和变形示意图

（a）结构的平面布置图；（b）变形示意图

基于图 3-12（b）中假设的变形，可求得外荷载所做的外功。根据图中的几何关系可以求得各梁端的转角，结合梁端的弯矩承载力，则可求出组合框架部分节点变形所产生的内功，最终由虚功原理即可求得外荷载。假定结构在图 3-12（b）的变形基础上产生一个附加微小竖向位移 $\Delta\delta$，则结构各节点的附加转角值见表 3-1。

表 3-1 梁端节点的弯矩及转角

轴线编号	正弯矩端		负弯矩端	
	弯矩值	转角值	弯矩值	转角值
1/A 和 1/B	M_{x2}	$0.5\Delta\delta/L_{xn}$	M'_{x2}	$0.5\Delta\delta/L_{xn}$
B	M_{x1}	$\Delta\delta/L_{xn}$	M'_{x1}	$\Delta\delta/L_{xn}$
2	M_{y}	$\Delta\delta/L_{yn}$	M'_{y}	$\Delta\delta/L_{yn}$

根据表 3-1 中的弯矩值和转角值，可求得结构梁端节点转动变形所产生的内功为：

$$U = 2(M_{x1} + M'_{x1} + M_{x2} + M'_{x2})\frac{\Delta\delta}{L_{xn}} + 2(M_{y} + M'_{y})\frac{\Delta\delta}{L_{yn}} \tag{3-7}$$

楼盖结构上的竖向均布荷载所做的外功为：

$$W = q_2\left[\frac{1}{3}2L_x \times 2L_y \times (\delta + \Delta\delta) - \frac{1}{3}2L_x \times 2L_y\delta\right] = \frac{4}{3}q_2L_xL_y\Delta\delta \tag{3-8}$$

依据虚功原理，令式（3-7）和式（3-8）相等，可求得组合框架部分能承担的外荷载 q_2，即式（3-9）。式中的 L_{xn} 和 L_{yn} 分别为 x 和 y 向梁的净跨。

$$q_2 = \frac{3}{4L_xL_y}\left(2\frac{M_{x1} + M'_{x1} + M_{x2} + M'_{x2}}{L_{xn}} + 2\frac{M_{y} + M'_{y}}{L_{yn}}\right) \tag{3-9}$$

由式（3-9）可知，组合框架的承载力是由结构的几何尺寸和梁端节点的弯矩承载力决定的。结构的几何尺寸是已知的，只需要求得梁端节点的弯矩承载力便可求得组合框架的承载力。

3.2.3.3 组合节点受弯承载力

由上一节的内容可知，若要求得组合框架部分的抗连续倒塌承载力，需先求得组合节点的受弯承载力。在钢框架-组合楼板结构体系中，钢梁与钢柱的连接可以采用焊接连接或螺栓连接，相应的组合节点形式可分为刚性连接和半刚性连接。根据混凝土翼板与钢梁上翼缘抗剪连接的强弱程度，可以将组合节点分为完全抗剪连接和部分抗剪连接。下面先介绍完全抗剪连接的组合节点的受弯承载力，部分抗剪连接组合节点的受弯承载力可以在完全抗剪组合节点的基础上求得。

A 刚性连接组合节点的正弯矩承载力

对于钢梁端部与柱翼缘完全焊接的组合节点，其正弯矩承载力的计算方法参照《钢结构设计规范》（GB 50017—2017）[132] 中关于钢与混凝土组合梁的设计条文，与常规设计中采用材料的设计值不同，此处为反算节点的受弯承载力，需采用材料的强度标准值或试验值。

在计算钢框架-组合楼板结构的组合节点抗弯承载力时，首先需要确定组合节点的有效翼板宽度 b_e，即：

$$b_e = b_0 + b_1 + b_2 \tag{3-10}$$

式中 b_0——钢梁上翼缘宽度或者支托板宽度；

b_1，b_2——钢梁外侧和内侧的翼板计算宽度，各取梁跨度的1/6和6倍翼板厚的较小值，并且不超过实际外伸宽度和钢梁净距的一半。

确定组合板的有效翼板宽度后，结合钢梁截面尺寸及强度，可以采用塑性理论方法来计算组合节点的抗弯承载能力。根据混凝土翼板的受压承载力和钢梁的受拉承载力的相对大小，组合节点的塑性中和轴可能在混凝土翼板内，也可能在钢梁截面内。

a 塑性中和轴在混凝土翼板内

以组合楼板作为翼板的组合梁为例，当 $f_{y,s}A_s + f_{y,d}A_d \leqslant b_e h_{c1} f_c$ 时，截面的塑性中和轴在混凝土翼板内，其应力分布图如图3-13（a）所示。假定位于塑性中和轴一侧的受拉混凝土因为开裂而不参加受拉，而混凝土受压区为均匀受压且达到轴心抗压强度，并忽略翼板内钢筋的受压作用；钢梁和压型钢板全截面均达到抗拉强度，且不考虑梁剪力对弯矩的影响，则刚接组合节点的正弯矩承载力 M_r 为：

$$M_r = f_{y,s}A_s y + f_{y,d}A_d y_d \tag{3-11}$$

$$x_c = \frac{f_{y,s}A_s + f_{y,d}A_d}{b_e f_c} \tag{3-12}$$

式中 A_s——钢梁的截面面积；

$f_{y,s}$——钢梁的屈服强度；

A_d——翼板有效宽度范围内压型钢板的截面面积，对于开口型压型钢板取其整个截面面积；对于闭口型压型钢板，只取板底部的压型钢板面积，不计压型钢板肋的面积；计算面积时应考虑柱穿过时产生的削弱作用；

$f_{y,d}$——压型钢板的屈服强度；

b_e——翼板的有效宽度；

f_c——翼板中混凝土的轴心抗压强度；

h_{c1}——组合楼板中压型钢板肋以上部分的混凝土板的厚度；

x_c——翼板中混凝土的受压区高度；

y——钢梁截面应力的合力至混凝土受压区截面应力的合力之间的距离；

y_d——压型钢板应力的合力至混凝土受压区截面应力的合力之间的距离。

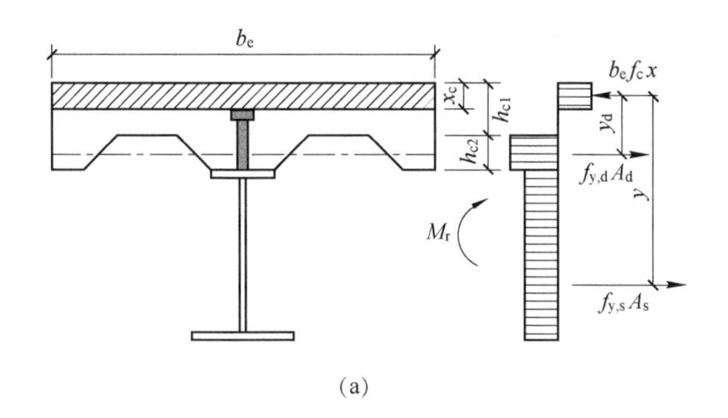

(a)

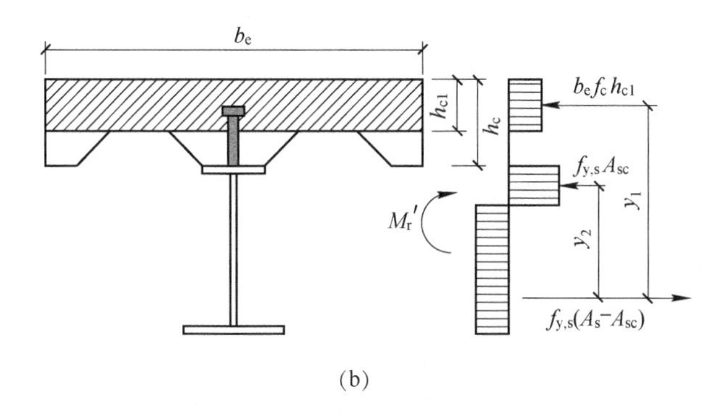

(b)

图 3-13 组合梁截面示意图及应力图[132]

（a）中和轴在混凝土翼板内；（b）中和轴在钢梁截面内

b 塑性中和轴在钢梁截面内

当塑性中和轴在钢梁截面内时（$A_s f_{y,s} > b_e h_{c1} f_c$），如图 3-13（b）所示。刚接组合节点的正弯矩承载力 M_r 为：

$$M_r = b_e h_{c1} f_c y_1 + A_{sc} f_{y,s} y_2 \tag{3-13}$$

$$A_{sc} = 0.5(A_s - b_e h_{c1} f_c / f_{y,s}) \tag{3-14}$$

式中 A_{sc}——钢梁受压区截面面积；

y_1——钢梁受拉区截面型心至混凝土翼板受压区截面型心的距离；

y_2——钢梁受拉区截面型心至钢梁受压区截面型心的距离。

B 刚性连接组合节点的负弯矩承载力

刚性连接组合节点的负弯矩承载力也借鉴《钢结构设计规范》[132]推荐的计算方法，尚应考虑组合楼板中压型钢板的作用，即：

$$M_r' = M_s + A_r f_{y,r}(y_3 + y_4/2) + A_d f_{y,d}(y_d + y_4/2) \tag{3-15}$$

式中 M_s——钢梁截面的塑性弯矩值；

A_r——负弯矩区混凝土翼板有效宽度范围内的纵向钢筋的截面面积；

y_3——纵向受拉钢筋截面型心至组合梁塑性中和轴的距离；

y_4 ——组合梁塑性中和轴至钢梁塑性中和轴的距离，当组合梁塑性中和轴在钢梁腹板内时取 $y_4 = (A_r f_{y,r} + A_d f_{y,d})/(2t_w f_{y,s})$，当该中和轴在钢梁翼缘内时可取 y_4 等于钢梁塑性中和轴至腹板上边缘的距离；

y_d ——压型钢板受拉截面型心至组合梁塑性中和轴的距离。

C 平齐式端板连接组合节点的正弯矩承载力

当组合框架的中柱失效时，失效柱两侧的组合节点将由原来的承担负弯矩作用转变成承担正弯矩作用，如图 3-14（a）所示，因此需要计算平齐式端板连接组合节点的正弯矩承载力。与全部焊接的刚性连接组合节点不同，平齐式端板连接的梁柱组合节点属于典型的半刚性连接形式，其正弯矩承载力的计算要比刚性节点复杂得多，目前国内规范尚缺乏相关条文来计算半刚性连接组合节点的正弯矩承载力。本节借鉴 EC3 规范[133]的“组件法”思路来计算平齐式端板连接组合节点的正弯矩承载力。

a 抗弯承载力的求解步骤

采用“组件法”计算组合节点的受弯承载力时可以采用以下步骤：

(1) 根据式（3-10）确定组合楼板翼板的有效宽度；

(2) 确定各组件的受拉或受压承载力；

(3) 根据力平衡原理确定组合截面塑性中和轴的位置及各组件的力臂；

(4) 求解抗弯承载力。

b 各组件的抗拉或抗压承载力

图 3-14（b）所示为承担正弯矩的组合节点示意图，其中的组件包括外排螺栓抗拉承载力、内排螺栓抗拉承载力、压型钢板抗拉承载力和混凝土翼板抗压承载力。

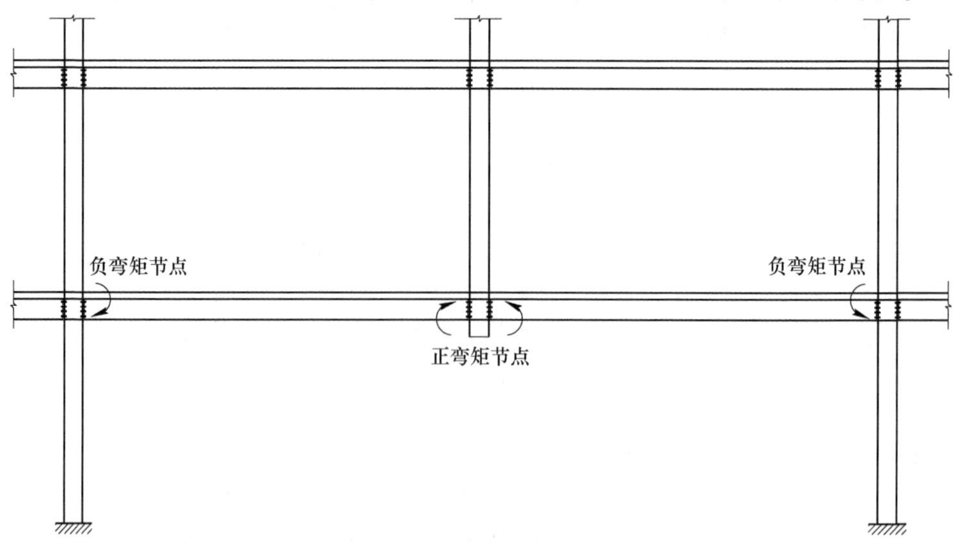

(a)

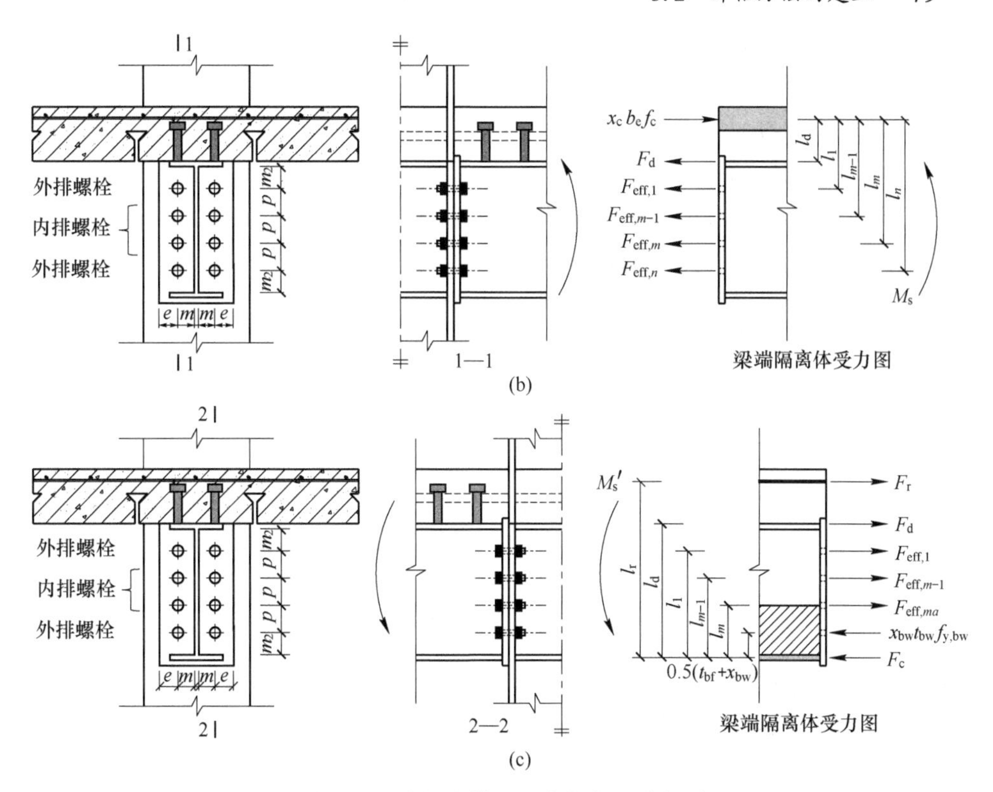

图 3-14 中柱失效后组合节点的受力图

(a) 组合框架中柱失效后节点受力形式；(b) 正弯矩节点受力图；(c) 负弯矩节点受力图

对于外排和内排螺栓的抗拉承载力可以借鉴 EC3 规范[133]中的“T 形连接法”来计算，然而其计算过程十分复杂，此处采用 T. Q. Li 等[134]提出的简化公式。各排螺栓的抗拉承载力均是由柱翼缘、梁端板和螺栓三者之间的最小抗拉承载力决定的，外排螺栓的抗拉承载力采用式（3-16）计算，内排螺栓采用式（3-17）计算。

外排螺栓（靠近梁翼缘）的抗拉承载力：

$$F_{\mathrm{eff,o}} = \min\begin{cases} k_{\mathrm{r}}(4.32 - 0.039m_{\mathrm{c}} + 0.0116e + 0.009p)t_{\mathrm{cf}}^2 f_{\mathrm{y,cf}} \\ (5.5 - 0.021m_{\mathrm{e}} + 0.017e)t_{\mathrm{ep}}^2 f_{\mathrm{y,ep}} \\ 2A_{\mathrm{b}} f_{\mathrm{y,b}} \end{cases} \tag{3-16}$$

内排螺栓的抗拉承载力：

$$F_{\mathrm{eff,i}} = \min\begin{cases} k_{\mathrm{r}}(4.32 - 0.039m_{\mathrm{c}} + 0.0116e + 0.009p)t_{\mathrm{cf}}^2 f_{\mathrm{y,cf}} \\ k_{\mathrm{r}} p t_{\mathrm{cf}}^2 f_{\mathrm{y,cf}}/m_{\mathrm{c}} \\ p t_{\mathrm{ep}}^2 f_{\mathrm{y,ep}}/m_{\mathrm{e}} \\ 2A_{\mathrm{b}} f_{\mathrm{y,b}} \end{cases} \tag{3-17}$$

式中 k_r——考虑柱翼缘内竖向压应力影响的折减系数；

t_{cf}——柱翼缘的厚度；

$f_{y,ep}$——端板的屈服强度；

t_{ep}——端板的厚度；

A_b——单颗螺栓的横截面面积；

$f_{y,b}$——螺栓的屈服强度；

p——各排螺栓的间距，如图 3-14 所示；

m_c——螺栓中心至柱腹板边缘的距离，如图 3-15 所示；

m_e——螺栓中心至梁腹板边缘的距离，如图 3-15 所示；

e——螺栓中心至柱翼缘边缘的距离 e_c 和至端板边缘距离 e_{ep} 的较小值，如图 3-15 所示。

T. Q. Li[134] 推荐按式（3-18）计算：

$$k_r = \begin{cases} 1.0 & \text{当 } \sigma_n \leqslant 180\text{MPa} \\ \dfrac{2f_{y,cf} - 180 - \sigma_n}{2f_{y,cf} - 360} \leqslant 1.0 & \text{当 } 180\text{MPa} \leqslant \sigma_n \leqslant f_{y,cf} \end{cases} \tag{3-18}$$

σ_n——柱翼缘竖向压应力，取柱的轴力除以柱的截面面积；

$f_{y,cf}$——柱翼缘的屈服强度。

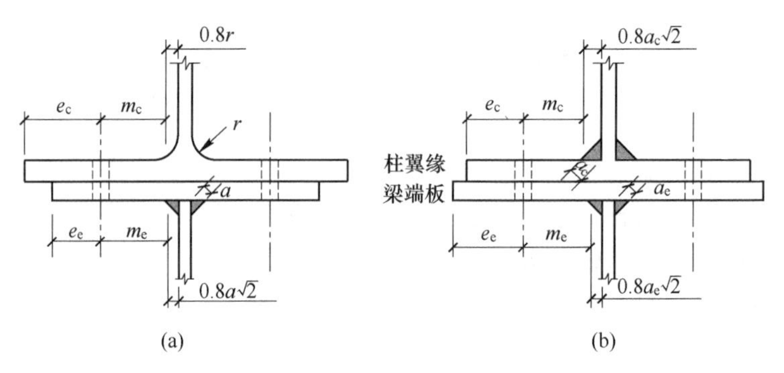

图 3-15 等效 T 形连接件翼缘的尺寸[133]

（a）连接形式（一）；（b）连接形式（二）

当压型钢板肋垂直于梁轴线方向时，其抗拉承载力可以忽略；当压型钢板肋平行于梁轴线方向且在节点区域连续时，其抗拉承载力可取翼板有效宽度内的面积 A_d 与屈服强度 $f_{y,d}$ 的乘积，即：

$$F_d = A_d f_{y,d} \tag{3-19}$$

c 正弯矩承载力的求解

在确定了各组件的抗拉承载力后，便可根据力平衡原理确定截面塑性中和轴的位置。实际工程中混凝土翼板的抗压承载力常远高于各排螺栓及压型钢板的抗拉承载力之和，因此组合节点的截面塑性中和轴在混凝土翼板内，此时板内的受压区高度为：

$$x_c = \frac{\sum_{j=1}^{n} F_{eff,j} + F_d}{b_e f_c} \tag{3-20}$$

对混凝土翼板受压区的中心取矩，可求得组合节点的正弯矩承载力 M_s 为：

$$M_s = \sum_{j=1}^{n} F_{eff,j} l_j + F_d l_d \tag{3-21}$$

式中 $F_{eff,j}$——第 j 排螺栓的抗拉承载力；

l_j——第 j 排螺栓中心到翼板受压区中心的距离；

F_d——压型钢板的抗拉承载力；

l_d——压型钢板受拉型心到翼板受压区中心的距离。

需要说明的是，当混凝土板的受压区高度超过板厚的一半时，认为压型钢板离塑性中和轴太近而不屈服，忽略其抗拉作用对节点正弯矩承载力的贡献。

当受拉组件的承载力之和超过混凝土翼板的抗压承载力时，组合截面的塑性中和轴将在钢梁截面内，仍可根据上述的步骤来求其抗弯承载力，限于篇幅，此处不再赘述。

D 平齐式端板连接组合节点的负弯矩承载力

a 各组件的抗拉或抗压承载力

当组合框架的中柱失效时，远离失效柱的梁端将承担负弯矩作用，如图 3-14（a）所示。平齐式端板连接组合节点的负弯矩承载力仍采用“组件法”计算：各排螺栓的抗拉承载力仍采用式（3-16）和式（3-17）计算；压型钢板的抗拉承载力采用式（3-19）计算；钢筋的抗拉承载力采用式（3-22）计算，即为翼板有效宽度范围内受拉钢筋截面面积 A_r 与钢筋屈服强度 $f_{y,r}$ 的乘积：

$$F_r = A_r f_{y,r} \tag{3-22}$$

负弯矩作用下，钢梁下翼缘将受压。考虑到轧制和焊接的钢梁截面都满足翼缘宽厚比的要求，在受压时不会发生局部屈曲；钢梁翼缘处对应的柱腹板位置也设计有加劲肋来提高钢柱在节点区的承载力，因此可认为钢梁受压翼缘的抗压承载力为其屈服承载力，即：

$$F_c = t_{bf} b_{bf} f_{y,bf} \tag{3-23}$$

式中 t_{bf}——钢梁受压翼缘的厚度；

b_{bf}——钢梁受压翼缘的宽度；

$f_{y,bf}$——钢梁受压翼缘的屈服强度。

当钢柱未设置加劲肋时，尚应计算柱腹板的受压屈服和受压屈曲的承载力，并取其中的最小值，计算公式详见文献［134］。

b 负弯矩承载力的求解

在计算组合节点负弯矩承载力时假定钢梁受压区均能到达其屈服强度，忽略混凝土的抗拉作用。根据力平衡原理，通过各组件的承载力即可确定截面塑性中和轴的位置，包括：(1) 中和轴在混凝土板内；(2) 中和轴在钢梁上翼缘或者腹板内，所有螺栓均受压；(3) 前 $m-1$ 排螺栓受拉，第 m 排螺栓部分受拉，其余受压；(4) 第 $1\sim m$ 排螺栓完全受拉；(5) 仅有钢梁下翼缘受压。本节只阐述工程中常见的第 3 种受力情况，其余的可以参见文献［134-135］，此种受力情况时有下式成立：

$$\begin{cases} x_{\mathrm{bw},m} = \dfrac{F_{\mathrm{r}} + F_{\mathrm{d}} + \sum\limits_{j=1}^{m} F_{\mathrm{eff},j} - F_{\mathrm{c}}}{t_{\mathrm{bw}} f_{\mathrm{y,bw}}} > l_m - \dfrac{t_{\mathrm{bf}}}{2} \\ x_{\mathrm{bw},m-1} = \dfrac{F_{\mathrm{r}} + F_{\mathrm{d}} + \sum\limits_{j=1}^{m-1} F_{\mathrm{eff},j} - F_{\mathrm{c}}}{t_{\mathrm{bw}} f_{\mathrm{y,bw}}} < l_m - \dfrac{t_{\mathrm{bf}}}{2} \end{cases} \tag{3-24}$$

式中 t_{bw}——钢梁腹板的厚度；

$f_{\mathrm{y,bw}}$——钢梁腹板的屈服强度。

此时钢梁腹板的实际受压区高度可以按下式计算：

$$x_{\mathrm{bw}} = \min\left(l_m - \frac{t_{\mathrm{bf}}}{2},\ 38t_{\mathrm{bw}}\sqrt{\frac{235}{f_{\mathrm{y,bw}}}}\right) \tag{3-25}$$

第 m 排螺栓部分受拉时的实际承载力为：

$$F_{\mathrm{eff},ma} = F_{\mathrm{c}} + x_{\mathrm{bw}} t_{\mathrm{bw}} f_{\mathrm{y,bw}} - F_{\mathrm{r}} - F_{\mathrm{d}} - \sum_{j=1}^{m-1} F_{\mathrm{eff},j} \tag{3-26}$$

此时对受压翼缘中心取矩，可求得组合节点的负弯矩承载力为：

$$M_{\mathrm{s}}' = F_{\mathrm{r}} l_{\mathrm{r}} + F_{\mathrm{d}} l_{\mathrm{d}} + \sum_{j=1}^{m-1} F_{\mathrm{eff},j} l_j + F_{\mathrm{eff},ma} l_m - x_{\mathrm{bw}} t_{\mathrm{bw}} f_{\mathrm{y,bw}} \left(\frac{x_{\mathrm{bw}}}{2} + \frac{t_{\mathrm{bf}}}{2}\right) \tag{3-27}$$

式中 l_{r}——受拉钢筋型心到钢梁下翼缘中心的距离，如图 3-14（c）所示；

l_{d}——压型钢板受拉型心到钢梁下翼缘中心的距离；

l_j——第 j 排螺栓中心到钢梁下翼缘中心的距离；

l_m——第 m 排螺栓到钢梁下翼缘中心的距离。

E 腹板双角钢连接组合节点的弯矩承载力

腹板双角钢连接（Double Angle-cleat Connection）的纯钢节点属于典型的铰接节点，其弯矩承载力可以忽略不计。然而，在组合节点中，楼板的存在大大提高了该节点的弯矩承载力[136]。腹板双角钢连接组合节点的弯矩承载力可借鉴“组件法”来简化计算。

a 正弯矩承载力

组合节点承担正弯矩时，各组件受力为：腹板双角钢受拉；组合楼板中混凝土受压；下部压型钢板受拉，且当混凝土受压区高度超过板厚一半时，不计压型钢板贡献。因此根据前文的相关假定，可以简化求得正弯矩承载力为：

$$M_{\mathrm{dac}} = F_{\mathrm{dac}}\left(\frac{h_{\mathrm{b}}}{2} + \psi h_{\mathrm{c}}\right) + \psi F_{\mathrm{d}} h_{\mathrm{c}} \tag{3-28}$$

式中 F_{dac}——腹板双角钢的抗拉承载力，可以近似取 0.45 倍的极限抗拉承载力，极限抗拉承载力可根据文献［137］计算；

h_{b}——钢梁的截面高度；

h_{c}——组合楼板的厚度，包括下部托板的高度；

ψ——内力臂系数，有压型钢板时取 0.9，否则取 0.95。

b 负弯矩承载力

腹板双角钢连接的组合节点承担负弯矩时，各组件受力为：组合板内的钢筋及压型钢板受拉；腹板双角钢部分或者全部受压。为了简化计算，当钢筋及压型钢板的抗拉承载力之和不超过双角钢最下排螺栓抗压承载力（取螺栓抗剪和板件承压承载力的较小值）时，对最下排螺栓取矩，即可求得负弯矩承载力 M'_{dac}：

$$F_{\mathrm{r}} + F_{\mathrm{d}} \leqslant \min\{2A_{\mathrm{b}} f_{\mathrm{v,b}};\ d_{\mathrm{b}} t_{\mathrm{bw}} f^{\mathrm{b}}_{\mathrm{c,bw}};\ d_{\mathrm{b}} 2t_{\mathrm{angle}} f^{\mathrm{b}}_{\mathrm{c,angle}}\} \tag{3-29}$$

$$M'_{\mathrm{dac}} = F_{\mathrm{r}} l_{\mathrm{r,dac-b}} + F_{\mathrm{d}} l_{\mathrm{d,dac-b}} \tag{3-30}$$

式中 $l_{\mathrm{r,dac-b}}$——受拉钢筋受拉中心至双角钢最下排螺栓的距离；

$l_{\mathrm{d,dac-b}}$——压型钢板受拉中心至双角钢最下排螺栓的距离。

当钢筋及压型钢板的抗拉承载力之和高于双角钢最下排螺栓抗压承载力时，对双角钢中心位置取矩，即：

$$F_{\mathrm{r}} + F_{\mathrm{d}} > \min\{2A_{\mathrm{b}} f_{\mathrm{v,b}};\ d_{\mathrm{b}} t_{\mathrm{bw}} f^{\mathrm{b}}_{\mathrm{c,bw}};\ d_{\mathrm{b}} 2t_{\mathrm{angle}} f^{\mathrm{b}}_{\mathrm{c,angle}}\} \tag{3-31}$$

$$M'_{\mathrm{dac}} = F_{\mathrm{r}} l_{\mathrm{r,dac-c}} + F_{\mathrm{d}} l_{\mathrm{d,dac-c}} \tag{3-32}$$

式中 $l_{\mathrm{r,dac-c}}$——受拉钢筋受拉中心至双角钢中心位置的距离；

$l_{\mathrm{d,dac-c}}$——压型钢板受拉中心至双角钢中心位置的距离。

需要说明的是，当钢梁下翼缘端部与柱翼缘表面设计为承压接触时，则对下翼缘中心取距来计算组合节点的负弯矩承载力；当 $F_{\mathrm{r}} + F_{\mathrm{d}}$ 大于双角钢总的抗压承载力时，式（3-32）中的 F_{d} 取双角钢总的抗压承载力与钢筋抗拉承载力之差。

采用上述公式计算文献［136］中腹板双角钢连接组合节点的弯矩承载力并与试验结果比较，如图 3-16 所示。由比较结果可知，所推导公式有较好的计算精度。

F 剪切板连接组合节点的弯矩承载力

剪切板连接（Fin Plate Connection）的组合节点的弯矩承载力计算方法可以

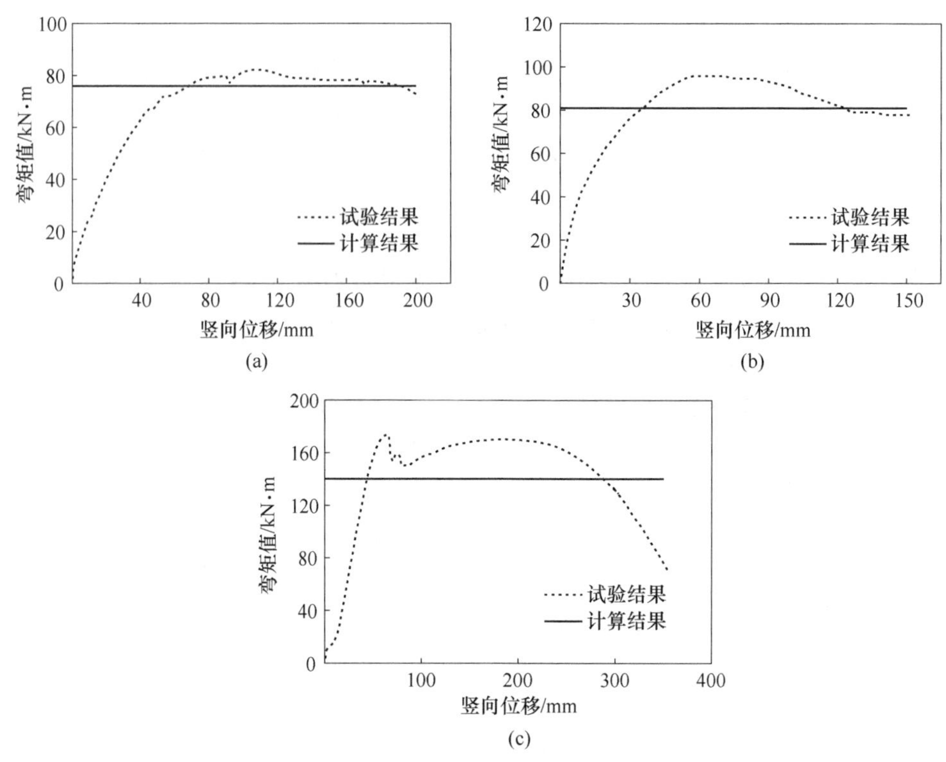

图 3-16 腹板双角钢连接组合节点的受弯承载力对比

(a) 试件 M-W-9；(b) 试件 M-SW-11；(c) 试件 S-W-9

参照腹板双角钢连接组合节点，此处不再赘述。

需要说明的是，腹板双角钢连接、剪切板连接的组合节点一般用于次梁与主梁连接节点，其弯矩承载力比主梁与柱刚性连接节点的弯矩承载力要小很多。在计算三维组合框架承载力时，可以采用本节推荐的简化求解公式，也可以直接忽略这类组合节点的弯矩承载力，这是偏于安全的。

G 部分抗剪连接组合节点的弯矩承载力

本节中 A 至 F 部分阐述的是完全抗剪连接组合节点的弯矩承载力计算公式。部分抗剪连接组合节点的弯矩承载力的计算采用教材［130］中推荐的公式，即：

$$M_{pu} = M_{su} + \frac{n_p}{n}(M_u - M_{su}) \tag{3-33}$$

式中 M_{pu} ——部分组合节点的弯矩承载力；

M_{su} ——纯钢节点的弯矩承载力；

M_u ——完全抗剪组合节点的弯矩承载力；

n_p ——部分组合节点的连接件数量；

n ——完全组合节点所需要的最少的连接件数量。

3.2.3.4 小变形阶段承载力的计算流程

通过3.2.3.1~3.2.3.3节内容的叙述，中柱失效后剩余结构在小变形阶段承载力的计算过程如下：

（1）计算板各屈服线的弯矩值 m，并通过式（3-2）求得 x，或取 $x=0.5l_y$；

（2）根据3.2.3.3节中的公式计算各组合节点的正弯矩承载力和负弯矩承载力；

（3）将板的屈服线弯矩值 m 和组合节点的弯矩值 M 代入式（3-34），求得小变形阶段的承载力 q_y：

$$q_y = 0.9 \times \frac{(2/L_y) \times [2m_xL_x + (m'_x + m''_x)L_x] + 2/x[2m_yL_y + (m'_y + m''_y)L_y]}{2L_y/3 \times (3L_x - x)} + \frac{3}{4L_xL_y} \times \left(2\frac{M_{x1} + M'_{x1} + M_{x2} + M'_{x2}}{L_{xn}} + 2\frac{M_y + M'_y}{L_{yn}}\right) \tag{3-34}$$

考虑到在计算板和组合框架的承载力时，部分楼板既参与了板承载力的计算，又作为组合梁的有效翼板参与了组合框架承载力的计算，因而在式（3-34）中将板的承载力乘以0.9的折减系数来考虑两次计算产生的不利影响。

3.2.4 小变形阶段位移值

根据上一节内容求得结构在小变形阶段的承载力后，再确定楼盖结构的抗弯刚度即可求得结构在小变形阶段的位移值。空间三维组合框架结构的抗弯刚度可以由平面二维框架求得；半刚性连接组合框架的抗弯刚度可以由刚性连接组合框架求得。本节以平面二维刚性连接组合框架为基础来推导空间三维半刚性连接组合框架的抗弯刚度，从而求解结构在小变形阶段的位移值。

3.2.4.1 刚性连接平面组合框架

刚性连接平面框架在节点处的抗弯强度和抗弯刚度与组合梁的是相同的，因此刚性连接组合框架的抗弯刚度可以采用组合梁的抗弯刚度。由前面的叙述可知，中柱失效后，即使在小变形阶段剩余结构也不可避免地会发生弹塑性变形，此外组合梁界面还会产生滑移效应。因此，计算变形时需要考虑这两种因素的影响。

A 组合梁弹塑性的影响

为了简化计算，可将组合梁的弹性刚度作适当折减来考虑弹塑性的影响。中柱失效后，剩余结构在小变形阶段的荷载-位移曲线如图3-17所示。将弹性段和弹塑性段用直线拟合，并假定弹性段的抗弯刚度为 EI_{eq}，荷载值为 F_1，位移值为 δ_1，弹塑性段的抗弯刚度为 μEI_{eq}，对应的荷载值和位移值分别为 F_2 和 δ_2。

文献［107，138］的组合框架信息见表3-2，小变形阶段的试验数据见表

3-3。结合文献［139］中纯钢框架在小变形阶段的荷载-位移曲线可知，混凝土翼板对组合梁弹塑性影响较大。当混凝土翼板的抗压承载力与钢梁的抗拉承载力的比值 $b_e h_c f_c/(f_{y,s}A_s)$ 越大时，组合框架的弹塑性越明显，F_2/F_1 越大。实际工程中的楼板厚度常在 100～120mm，而钢梁截面则随着梁跨度增加而增大，因此实际组合梁的 $b_e h_c f_c/(f_{y,s}A_s)$ 值会介于表 3-2 中两个组合框架值之间，F_2/F_1 值也介于两个组合框架值之间。此外，文献［107］中的为单层四跨框架，钢柱截面为 H200mm×200mm×8mm×12mm（高度×宽度×腹板厚度×翼缘厚度），而文献［138］中的是双层双跨框架，钢柱截面为 H100mm×100mm×6mm×8mm，因而可认为这两组数据在一定程度上考虑了梁端约束作用的影响。

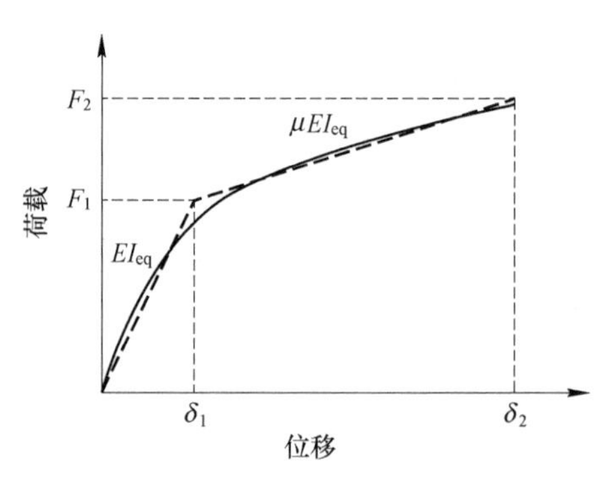

图 3-17 结构在小变形阶段的荷载-位移曲线

表 3-2 组合框架的详细信息

数据来源	柱截面尺寸 /mm×mm×mm×mm	钢 梁		混凝土翼板/mm		
		截面尺寸 /mm×mm×mm×mm	$f_{y,s}$/mm	b_e	h_c	f_c
文献［107］	H200×200×8×12	H200×100×5.5×8	246.7	800	100	21.2
文献［138］	H100×100×6×8	H150×75×5×7	367.5	435	30	27.0

注：$f_{y,s}$ 为钢梁屈服强度；b_e、h_c 和 f_c 分别为翼板的有效宽度、板厚和抗压强度。

表 3-3 组合框架在小变形阶段的试验数据

数据来源	F_1/kN	$\frac{EI_{eq}}{L^3}$/kN · mm^{-1}	F_2/kN	$\frac{\mu EI_{eq}}{L^3}$/kN · mm^{-1}	F_2/F_1	μ
文献［107］	163.54	23.47	256.35	5.08	1.57	0.22
文献［138］	183.81	7.88	241.91	1.66	1.32	0.21

根据表 3-3 的结果，近似取 $F_2/F_1 = 1.4$、$\mu = 0.22$，由图 3-17 可求得：

$$\delta_2 = \delta_1 + (\delta_2 - \delta_1) = \beta \frac{F_1}{EI_{eq}} L^3 + \beta \frac{F_2 - F_1}{\mu EI_{eq}} L^3 \approx \beta \frac{F_2}{0.50EI_{eq}} L^3 \tag{3-35}$$

由式（3-35）可知，弹性刚度的折减系数取为 0.5。也就是说，截面刚度为 EI_{eq} 的组合梁在外荷载 F_2 作用下产生的弹塑性变形 δ_2，等效于截面刚度为 $0.5EI_{eq}$ 的组合梁在外荷载 F_2 作用下产生的弹性变形。

B 梁板界面滑移效应的影响

组合梁考虑滑移效应的折减刚度 B' 根据《钢结构设计规范》[132] 的公式计算：

$$B' = \frac{EI_{eq}}{1 + \zeta} \tag{3-36}$$

式中 E ——钢梁的弹性模量；

I_{eq} ——组合梁的换算截面惯性矩，可将截面中的混凝土翼板有效宽度除以钢材与混凝土弹性模量的比值 α_E 换算为钢截面宽度后，计算整个截面的惯性矩；

ζ ——刚度折减系数，根据《钢结构设计规范》的第 11.4.3 条计算。

《钢结构设计规范》[132] 条文说明中指出：分析表明由于混凝土翼板与钢梁间的相对滑移引起的附加挠度在 10%~15%，国内的一些试验结果约为 9%。也就是说，考虑滑移效应的组合梁抗弯刚度的折减系数 $1/(1+\zeta)$ 在 0.87~0.92 范围。本节中对于翼板与钢梁完全抗剪连接的组合梁，折减系数 $1/(1+\zeta)$ 取为 0.9；对于部分抗剪连接的组合梁，ζ 值仍按《钢结构设计规范》的第 11.4.3 条计算。

综合以上 A 和 B 小节的内容可知，完全抗剪连接的组合梁在同时考虑弹塑性和滑移效应的影响时，其抗弯刚度为：

$$B = 0.5 \times 0.9EI_{eq} = 0.45EI_{eq} \tag{3-37}$$

C 位移值的计算

在确定组合梁的抗弯刚度后，根据梁上的荷载形式即可求得相应的变形。实际工程结构中的组合梁一般都是连续梁，外荷载作用会使负弯矩区域混凝土开裂，从而导致负弯矩区的抗弯刚度低于正弯矩区的抗弯刚度，组合梁实际上是变截面梁。借鉴 EC4 规范[140] 的规定，在中间支座两侧各 $0.15L$（L 为一个跨间的跨度）的范围内确定梁的截面刚度时，不考虑混凝土翼板而只计入翼板有效宽度范围内负弯矩钢筋对截面抗弯刚度的影响，在其余区段取考虑滑移效应的折减刚度，按变截面梁来计算其变形，验证结果表明计算值与试验值吻合良好。

下面以一跨中作用集中荷载的四跨连续梁为例，推导变截面组合梁的变形计算公式。连续梁的截面刚度如图 3-18（a）所示，其中间跨的受力可以等效为两端作用负弯矩 M_r'、中间作用集中力 F 的单跨简支梁，相应的变形则由梁端弯矩产生的挠度和集中力产生的挠度叠加，如图 3-18（b）所示，其变形值为：

$$\delta = \delta_F - \delta_M \tag{3-38}$$

跨中作用集中荷载 F_r 的单跨变截面简支梁的跨中挠度值为[141]：

$$\delta_F = \frac{F_r L^3}{48B}[1 + 0.027(\alpha - 1)] \tag{3-39}$$

式中 α ——组合梁跨中考虑滑移效应的折减刚度与支座截面的抗弯刚度的比值。

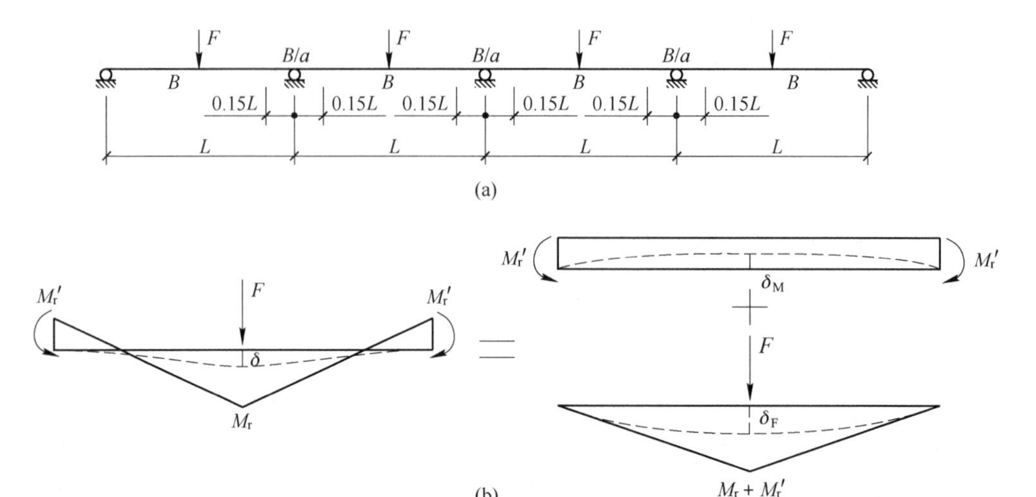

图 3-18 连续组合梁的截面刚度及中间跨的弯矩和变形示意图

(a) 连续梁截面刚度；(b) 中间跨的弯矩和变形示意图

梁端分别作用弯矩 M_1 和 M_2 的单跨变截面简支梁，如图 3-19 所示，其跨中的挠度值可以由乘法求得：

$$\delta_M = \frac{L^2}{16B}(M_1 - M_2)[1 + 0.090(\alpha - 1)] \tag{3-40}$$

当梁端弯矩 $M_1 = -M_2 = M_r'$ 时，式（3-40）化简为：

$$\delta_M = \frac{M_r' L^2}{8B}[1 + 0.090(\alpha - 1)] \tag{3-41}$$

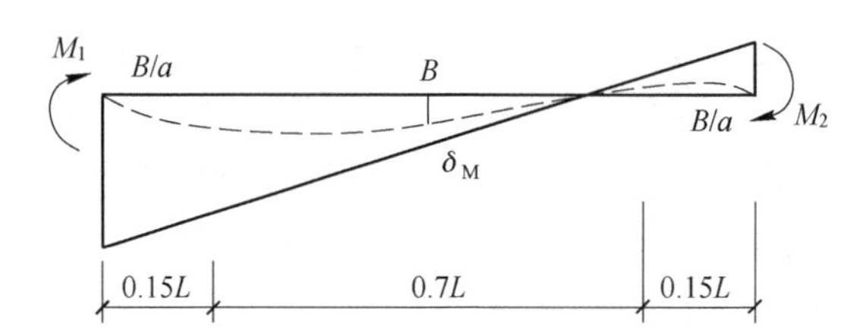

图 3-19 不等端弯矩作用下单跨简支梁的变形示意图

将式（3-39）和式（3-41）代入式（3-38）即可求得组合梁的挠度值：

$$\delta = \frac{F_r L^3}{48B}[1 + 0.027(\alpha - 1)] - \frac{M_r' L^2}{8B}[1 + 0.090(\alpha - 1)] \tag{3-42}$$

3.2.4.2 半刚性连接平面组合框架

半刚性连接平面框架在中柱失效后将形成双跨梁，双跨梁在组合节点区域的抗弯刚度一般要小于组合梁截面的抗弯刚度，且根据半刚性连接节点形式的不同，其抗弯刚度值有较大的变化。目前对半刚性节点的受力及变形性能研究大多基于弯矩-转角关系，其中需要计算节点的初始转动刚度，如 EC3 规范[133]。本节基于刚性连接平面组合框架挠度计算公式，结合组合节点的抗弯承载力，来求解半刚性连接平面组合框架在小变形阶段的变形值。根据公式（3-42）的形式，有：

$$\delta = \frac{F_s L^3}{48\phi B}[1 + 0.027(\alpha - 1)] - \eta \frac{M'_s L^2}{8\kappa B}[1 + 0.090(\alpha - 1)] \tag{3-43}$$

式中 ϕ——组合梁跨内作用外荷载时的刚度折减系数，取 $\phi = \frac{M_s}{M_r}$；

κ——组合梁端部作用弯矩时的刚度折减系数，取 $\kappa = \frac{M'_s}{M'_r}$；

η——弯矩比系数，取 $\frac{M'_s}{M_s}$，当 $\frac{M'_s}{M_s} < 1.0$ 时取 1.0。

式（3-43）可以化简为：

$$\delta = \frac{M_r}{M_s} \times \frac{F_s L^3}{48B}[1 + 0.027(\alpha - 1)] - \frac{M'_s}{M_s} \times \frac{M'_r L^2}{8B}[1 + 0.090(\alpha - 1)] \tag{3-44}$$

式中 M_r——刚性连接组合节点的正弯矩承载力；

M'_r——刚性连接组合节点的负弯矩承载力；

M_s——半刚性连接组合节点的正弯矩承载力；

M'_s——半刚性连接组合节点的负弯矩承载力；

F_s——失效柱上作用的集中力；

L——双跨梁的长度；

B——组合梁截面的抗弯刚度，按式（3-37）计算；

α——组合梁中部考虑滑移的截面抗弯刚度与梁端截面抗弯刚度的比值。

为了确定上述计算公式的可靠性，需采用组合框架的试验数据来进行验证[107,114]。考虑到试验研究是在失效柱位置直接施加集中力，因此式（3-8）变为：

$$W = F \cdot \Delta\delta \tag{3-45}$$

根据虚功原理内外功相等原则，即式（3-7）和式（3-45）相等，即可求得外荷载 F。对于平面组合框架，x 向组合节点的弯矩值为零，即有：

$$F = 2\frac{M_{x1} + M'_{x1} + M_{x2} + M'_{x2}}{L_{xn}} + 2\frac{M_y + M'_y}{L_{yn}} = 2\frac{M + M'}{L_n} \tag{3-46}$$

式中 F——组合框架中失效柱位置作用的集中荷载；

M——平面框架中组合节点的正弯矩承载力，即 M_r 或 M_s；

M' ——平面框架中组合节点的负弯矩承载力，即 M'_r 或 M'_s；

L_n ——平面框架中单跨组合梁的净跨。

根据 3.2.3.3 节、式（3-42）、式（3-44）和式（3-46）可以求得组合框架的节点弯矩值、组合梁抗弯刚度和小变形阶段的位移值，结果见表 3-4。相应小变形阶段的荷载-位移曲线的比较结果如图 3-20 所示。

表 3-4　平面组合框架的弯矩值和变形值

数据来源	编号	M_r /kN · m	M'_r /kN · m	M_s /kN · m	M'_s /kN · m	B /kN · m	α	F/kN	δ/mm
文献［107］	刚性连接框架	123.4	81.7	—	—	6934.5	1.83	227.9	19.5
	半刚性连接框架	123.4	81.7	81.8	76.4	6934.5	1.83	175.8	26.9
文献［114］	I-F-M	200.0	152.9	69.2*	52.6*	6526.1	1.99	87.5	91.7
	I-F-MT	200.0	168.9	42.3*	106.7*	6526.1	1.59	107.1	45.6
	I-W-M	200.0	152.9	27.9*	37.8*	6526.1	1.99	47.2	84.8
	I-W-MT	200.0	168.9	31.9*	95.6*	6526.1	1.59	91.8	35.2

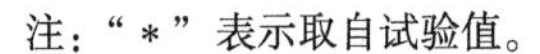
注：“ * ”表示取自试验值。

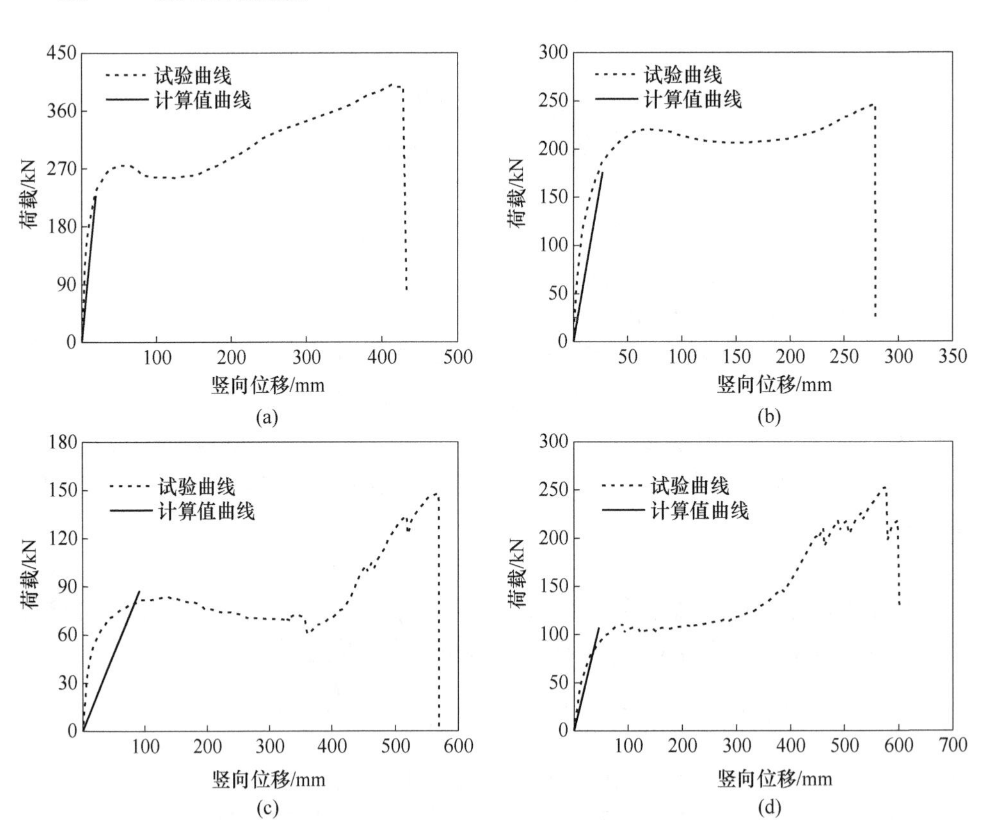

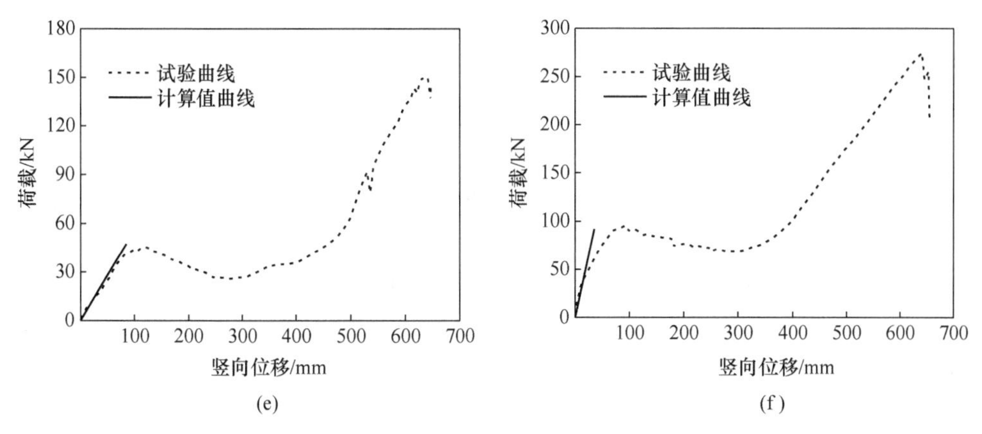

图 3-20 平面组合框架的试验曲线与计算值曲线对比

（a）刚性连接框架；（b）半刚性连接框架；（c）I-F-M 试件；（d）I-F-MT 试件；（e）I-W-M 试件；（f）I-W-MT 试件

图 3-20 中偏差较大的 I-W-MT 试件是楼板在节点区域额外布置了 4 根直径为 13mm 的高强钢筋，这种情况在工程中不多见，其余试件的对比结果吻合较好。考虑到这些平面组合框架采用的节点形式包括全焊接连接、平齐式端板连接和腹板双角钢连接，因此可以认为上述推导的计算小变形阶段位移值的公式有一定的通用性及较好的精度。

3.2.4.3 空间三维组合框架

与二维平面组合框架相比，空间三维组合框架为双向受力，两个方向框架承担的荷载与其各自的抗弯刚度有关。空间三维框架的变形计算可以以二维平面框架的计算方法为基础，适当地考虑另一方向组合梁抗弯刚度的有利作用。

图 3-21 为集中荷载作用下交叉梁的传力示意图。跨中的集中荷载由两个方向的梁共同承担，且两个梁跨交叉点的竖向变形协调，因此有：

$$F_x + F_y = F \tag{3-47}$$

$$\delta_x = \frac{F_x L_x^3}{48EI_x} = \delta_y = \frac{F_y L_y^3}{48EI_y} \tag{3-48}$$

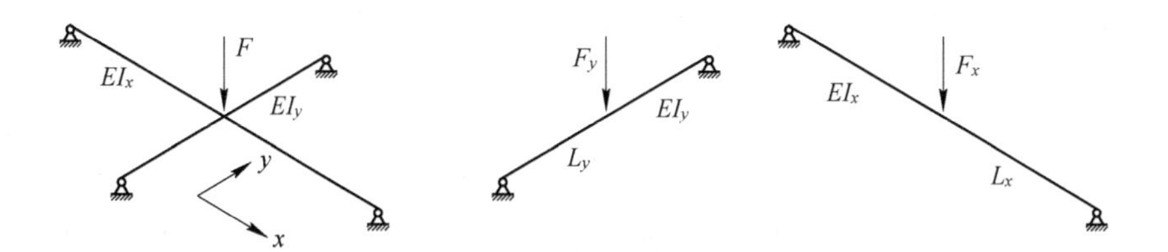

图 3-21 交叉梁的传力示意图

联合式（3-47）和式（3-48）可求得各梁承担的荷载与外荷载之间的关系如下：

$$F_x = \frac{L_y^3 EI_x}{L_y^3 EI_x + L_x^3 EI_y} F \tag{3-49}$$

$$F_y = \frac{L_x^3 EI_y}{L_y^3 EI_x + L_x^3 EI_y} F \tag{3-50}$$

下面以图 3-22 所示结构为例，推导空间三维框架在小变形阶段的位移值计算方法。图 3-22 中设定 y 向为主要受力方向，小变形阶段的变形值以两轴线组合框架的抗弯刚度为基础，考虑 ⓵Ⓐ 轴、Ⓑ 轴及 ⓵Ⓑ 轴抗弯作用的贡献。

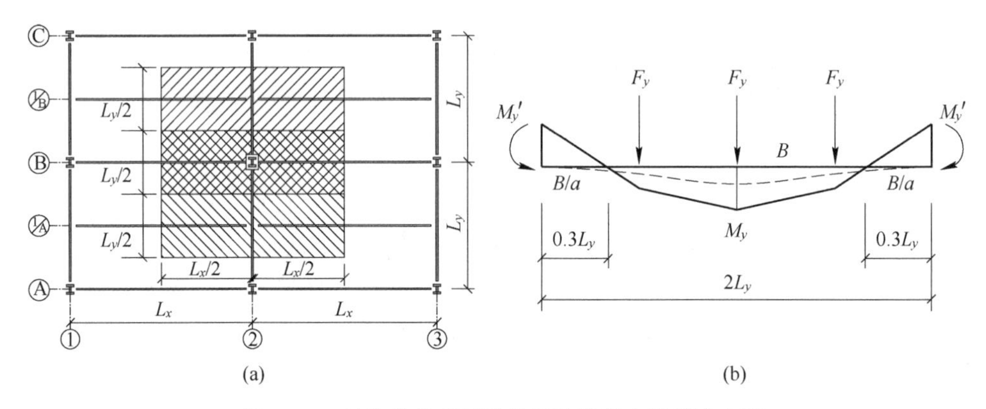

图 3-22 结构的负荷面积及两轴线组合梁的受力图

（a）结构负荷面积；（b）②轴线组合梁的受力图

图 3-22（a）中的阴影区为两轴线框架荷载的从属面积，从属面积上的荷载 F 为板上均布荷载 q_y 与面积 $L_xL_y/2$ 乘积。考虑到 1/A 轴、B 轴及 1/B 轴也能承担一部分荷载，两轴线框架承担的荷载值为 F_y，即：

$$F_y = \gamma F = \gamma q_y \frac{L_x L_y}{2} \tag{3-51}$$

此时，两轴线组合框架隔离体受力示意图如图 3-22（b）所示，组合框架跨中的变形值可以按下式计算：

$$\delta_y = \frac{M_r}{M_s} \times \frac{F_y(2L_y)^3}{20B} \times [1 + 0.056(\alpha - 1)] - \frac{M'_s}{M_s} \times \frac{M'_r(2L_y)^2}{8B} \times [1 + 0.090(\alpha - 1)] \tag{3-52}$$

值得说明的是，式（3-52）是计算梁上四等分点处作用三个集中荷载时变形值的公式。当结构中未布置 1/A 轴和 1/B 轴的次梁时，两轴线的梁上只在跨中作用了一个集中荷载，需采用式（3-53），此时的 F_y 为失效柱位置作用的荷载值。

$$\delta_y = \frac{M_r}{M_s} \times \frac{F_y(2L_y)^3}{48B} \times [1 + 0.027(\alpha - 1)] - \frac{M'_s}{M_s} \times \frac{M'_r(2L_y)^2}{8B} \times [1 + 0.090(\alpha - 1)] \tag{3-53}$$

需要强调的是，在式（3-52）和式（3-53）中，若 $M'_s/M_s < 1.0$，则取为 1.0。

γ 值可以根据 x 和 y 向组合梁抗弯刚度来确定。令 $\lambda = L_x/L_y$，由式（3-50）有：

$$F_y = \frac{1}{\frac{1}{\lambda^3} \times \frac{EI_{eq,x}}{EI_{eq,y}} + 1} F \tag{3-54}$$

当结构采用半刚性连接节点时，式（3-54）的抗弯刚度替换为半刚性组合梁的刚度。借鉴半刚性平面框架位移的计算方法，根据组合节点的弯矩承载力来简化考虑半刚性节点的影响，即得式（3-55）。需要说明的是，该式（3-55）是基于图 3-21 所示的交叉梁推导的，用于图 3-22 情况可能会导致一些误差，但考虑到半刚性框架位移的计算公式（3-52）和式（3-53）都是近似公式，因此为了简化计算而采用式（3-55），且后面的验证结果表明此种简化有较好的计算精度。

$$F_y = \gamma F = \frac{1}{\frac{1}{\lambda^3} \times \frac{EI_{eq,x-semi}}{EI_{eq,y-semi}} + 1} F = \frac{1}{\frac{1}{\lambda^3} \times \frac{\sum \frac{M_{s,x}}{M_{r,x}} EI_{eq,x}}{\frac{M_{s,y}}{M_{r,y}} EI_{eq,y}} + 1} F \tag{3-55}$$

式中 F_y —— y 方向组合框架上作用的集中荷载值；

F ——按楼板上的荷载从属面积计算得到的集中荷载值；

$EI_{eq,x}$ —— x 方向组合梁的抗弯刚度；

$EI_{eq,y}$ —— y 方向组合梁的抗弯刚度；

$EI_{eq,x-semi}$ —— x 方向半刚性连接组合框架的抗弯刚度；

$EI_{eq,y-semi}$ —— y 方向半刚性连接组合框架的抗弯刚度；

$M_{r,x}$ —— x 方向刚接组合节点的正弯矩承载力；

$M_{r,y}$ —— y 方向刚接组合节点的正弯矩承载力；

$M_{s,x}$ —— x 方向半刚性组合节点的正弯矩承载力；

$M_{s,y}$ —— y 方向半刚性组合节点的正弯矩承载力。

根据上述推导的公式计算文献［139］的空间三维钢框架在小变形阶段的位移值见表 3-5。

表 3-5 空间三维钢框架的位移计算值

$M_{r,x}$ /kN·m	$M_{s,x}$ /kN·m	$M_{r,y}$ /kN·m	$M_{s,y}$ /kN·m	$EI_{eq,x}$ /kN·m²	$EI_{eq,y}$ /kN·m²	λ	γ	B /kN·m²	α	F/kN	δ/mm
35.8	35.8	35.8	35.8	1398.7	1398.7	1.0	0.5	699.4	1.0	150.9	41.4

注：计算 x 向抗弯刚度时，忽略了剪切板连接节点的抗弯贡献。

将算得的小变形阶段荷载值和位移值与试验得到的荷载-位移曲线进行比较，如图 3-23 所示。由于该试验对象是空间三维纯钢框架，而 $B = 0.5EI_{eq,y}$ 是针对组合框架提出的，纯钢框架结构的弹塑性影响要低于组合框架，因此，采用 $0.5EI_{eq,y}$ 计算的纯钢框架的截面抗弯刚度会形成一个偏低值，即导致计算的位移值偏大。

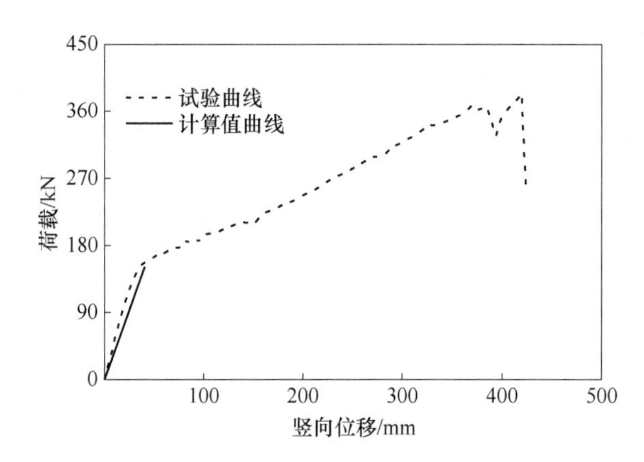

图 3-23 空间三维框架的试验位移与计算位移对比

3.2.4.4 小变形阶段位移值的计算流程

根据前面的内容，中柱失效后剩余结构在小变形阶段的位移值计算过程如下：

(1) 根据 3.2.3 节内容计算结构在小变形阶段的承载力 q_y；

(2) 根据结构平面布置及荷载从属面积确定主要受力组合框架所承担荷载 F；

(3) 采用式（3-54）或式（3-55）计算主要受力框架承担的实际荷载值 F_y；

(4) 采用式（3-52）或式（3-53）计算小变形阶段组合框架跨中的位移值 δ_y。

3.2.5 大变形阶段承载力

根据 3.1 节的叙述，结构在大变形阶段的抗连续倒塌承载力主要由梁的悬链线机制和板的受拉膜机制提供。梁的悬链线效应和板的受拉膜效应是结构进入大变形阶段产生的，而在大变形阶段中，因为结构的几何非线性程度和破坏程度的不确定性，想要准确研究这两种效应是非常复杂的。本节将介绍一种简化方法来考虑梁的悬链线效应和板的受拉膜效应。

3.2.5.1　梁悬链线效应承载力

A　变形模式的确定

根据 3.1.4.1 节的叙述可知，大变形阶段的悬链线机制的变形模式分为两种：直线形和曲线形。本书作者课题组的钢框架-组合楼板三维整体结构试验在大变形阶段的变形如图 3-24 所示，由图中变形可确定梁的变形模式为曲线形。

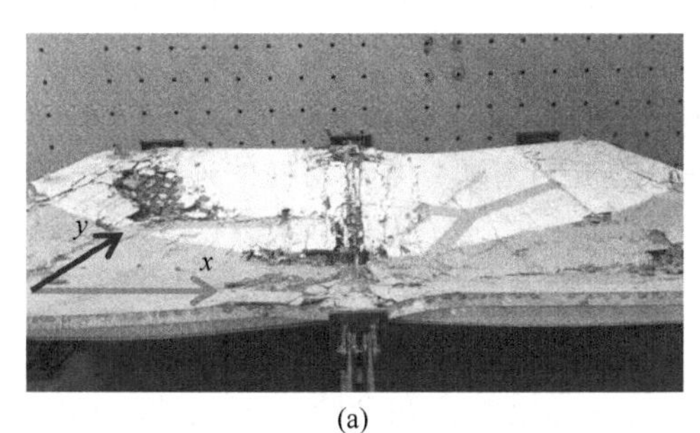

(a)

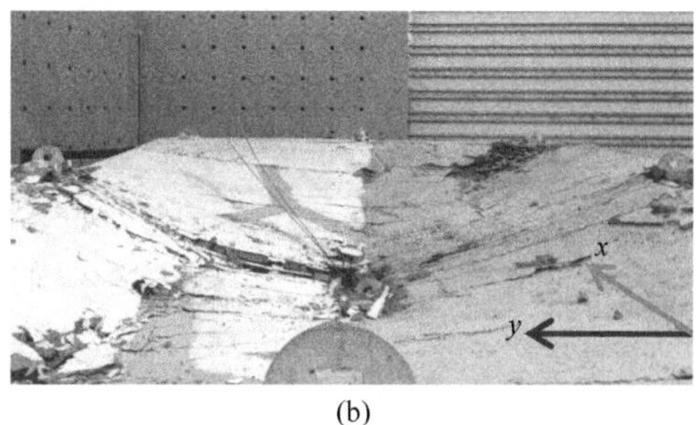

(b)

图 3-24　大变形阶段楼盖结构的变形图

（a）长跨方向；（b）短跨方向

在大变形阶段，由于楼板的混凝土破坏较为严重，钢梁与混凝土板之间的抗剪承载力降低较多，为了简化，忽略梁板界面的抗剪作用，认为钢梁与楼板间的受力相互独立。组合梁的高跨比一般较小，且常设置有混凝土翼板托，实际上钢梁的截面较小，中柱失效后所形成的双跨纯钢梁的抗弯承载力是非常小的。因此在分析钢梁悬链线的曲线变形模式时可以当成索来考虑。

有关教材［142］中指出，沿水平承担均布荷载的索的变形曲线为一抛物线，而沿索长承担均布荷载的索的变形曲线则为一悬链线曲线。由于悬链线曲线表达式较为复杂，且当索跨中挠度不超过索跨度的 10%时，抛物线与悬链线曲线的坐标较为接近，一般索的分析中都采用抛物线曲线而不采用悬链线曲线。因此，本节中梁在大变形阶段的变形曲线采用抛物线形式。

B　悬链线效应承载力的求解

对于一跨中竖向位移为 z、跨度为 L 的梁，忽略其抗弯作用，隔离体受力如图 3-25 所示。根据图 3-25 中的受力关系可以求得：

$$q_{\mathrm{b}} = \frac{8z}{L^2}T_{\mathrm{b}} \tag{3-56}$$

将结构体系中所有梁的悬链线效应能提供的承载力之和转化为整块楼板能承担的均布荷载，有：

$$q_{\mathrm{CA}} = \frac{1}{A}\sum q_{\mathrm{b}i}L_i = \frac{1}{4L_xL_y}\sum \frac{8z_i}{L_i}T_{\mathrm{b}i} \quad (3\text{-}57)$$

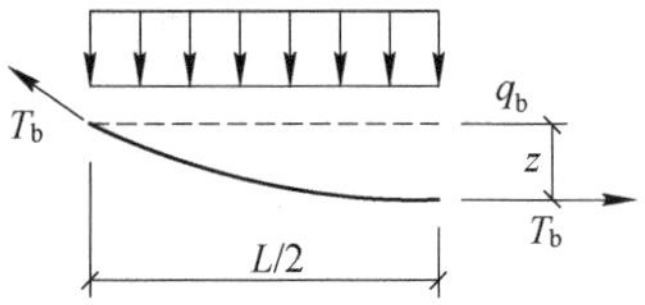

式中 q_{CA} ——楼盖结构中由梁的悬链线效应（Catenary Action）提供的承载力；

$q_{\mathrm{b}i}$ ——第 i 根梁上作用的均布荷载值，由式（3-56）计算得到；

$T_{\mathrm{b}i}$ ——第 i 根梁内的拉力；

L_i ——第 i 根梁的长度，取 $2L_x$ 或 $2L_y$；

z_i ——第 i 根梁跨中的位移，根据失效柱位移和变形协调条件求得；

A ——楼板的面积。

图 3-25 梁悬链线效应的隔离体受力图

由式（3-56）可知，欲求得梁悬链线的承载力只需求得梁内产生的拉力 T_{b} 即可。一般的结构设计中，为使结构有一定的抗侧刚度，主梁与柱的连接节点常采用强度和刚度较好的连接形式，如焊接、平端板连接等。然而，这类节点因延性有限可能会发生提前破坏导致主梁的悬链线效应无法形成，比如文献［112］的分析结果表明，平齐式端板连接的纯钢节点的极限转角为 0. 15rad，这小于 3. 2. 6 节中 δ_{m} 所对应的 0. 2rad，而组合节点中翼板的存在会降低节点的转动能力，这表明该类节点在结构位移到达 δ_{m} 前已发生破坏。对于延性较好的节点连接形式，如腹板双角钢连接，根据 3. 2. 2 节中的假定（3）可求得梁端节点区的伸长量，再结合节点的轴向荷载–位移曲线即可求得梁悬链线效应的承载力。

a 梁和节点区的伸长量

由数学知识可知，跨中竖向位移为 z，跨度为 L 的梁的抛物线长度为：

$$L_{\mathrm{c}} = L\left(1 + \frac{8z^2}{3L^2} - \frac{32z^4}{5L^4} + \cdots\right) \quad (3\text{-}58)$$

一般情况下 z/L 较小，可以省略高阶项，此时抛物线的长度为：

$$L_{\mathrm{c}} \approx L\left(1 + \frac{8z^2}{3L^2}\right) \quad (3\text{-}59)$$

图 3-26 为梁在大变形阶段的变形示意图。假定失效柱的竖向位移为 δ_{m}，根据第②轴线的抛物线变形曲线可求得 $z_{\mathrm{b1}} = z_{\mathrm{b3}} = 0.75\delta_{\mathrm{m}}$，$z_{\mathrm{b2}} = \delta_{\mathrm{m}}$。由式(3-59)可求得各梁总的伸长量 $\Delta L = L_{\mathrm{c}} - L$，并将其均分到梁端节点，则梁端节点的伸长量为 $\Delta L/4$，具体计算结果见表 3-6。

表 3-6 梁变形后的轴向伸长量

项 目	轴线编号			
	(1/A)	Ⓑ	(1/B)	②
梁总伸长量	$3\delta_{\mathrm{m}}^2/(4L_x)$	$4\delta_{\mathrm{m}}^2/(3L_x)$	$3\delta_{\mathrm{m}}^2/(4L_x)$	$4\delta_{\mathrm{m}}^2/(3L_y)$
单个节点伸长量	$3\delta_{\mathrm{m}}^2/(16L_x)$	$\delta_{\mathrm{m}}^2/(3L_x)$	$3\delta_{\mathrm{m}}^2/(16L_x)$	$\delta_{\mathrm{m}}^2/(3L_y)$

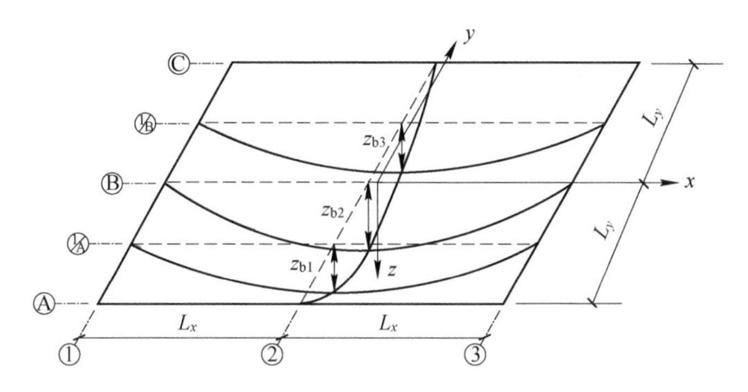

图 3-26 大变形阶段梁的变形图

b 节点的轴向抗拉承载力-位移曲线

平齐式端板连接节点可按照“组件法”将每排螺栓等效为一个“T 形连接件”，每对“T 形连接件”轴向抗拉承载力-位移曲线的计算方法可以参见 C. Faella 模型[143-144]，曲线示意图如图 3-27（a）所示；腹板双角钢连接节点的轴向抗拉承载力-位移曲线的计算方法参见 Bo Yang 模型[137]，曲线示意图如图 3-27（b）所示；剪切板连接节点则参见文献［145］中的计算方法。

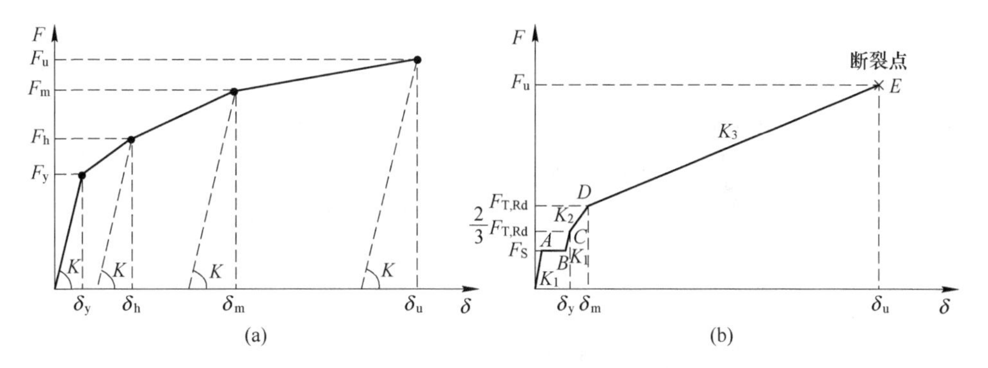

图 3-27 节点的轴向抗拉承载力-位移曲线

（a）平齐式端板连接节点[143]；（b）腹板双角钢连接节点[137]

c 梁悬链线效应承载力的计算流程

（1）根据节点形式，计算整个节点的轴向抗拉承载力-位移曲线；

（2）通过表 3-6 计算每个节点区的伸长量，并求得相应的轴向抗拉承载力；

（3）按式（3-57）计算结构中梁的悬链线效应能提供的承载力。

3.2.5.2 板受拉膜效应承载力

A 变形模式的确定

根据图 3-26 所示的变形模式，并与梁悬链线效应的变形模式相协调，假定楼板在大变形条件下为抛物面。

B 板受拉膜效应承载力的求解

板受拉膜效应（Tensile Membrane Action）为双向受力的传力机制，借助式（3-57）的形式可以求得板受拉膜效应能提供的承载力为：

$$q_{\mathrm{TMA}} = \frac{1}{A}\left(\int_x \frac{8z_{\mathrm{sy}i}}{L_{\mathrm{sy}i}}T_{\mathrm{sy}i}\mathrm{d}x + \int_y \frac{8z_{\mathrm{sx}j}}{L_{\mathrm{sx}j}}T_{\mathrm{sx}j}\mathrm{d}y\right) \tag{3-60}$$

为了简化，将板两个方向均分为几个条带来计算，如图 3-28 所示，因结构是对称的，仅作出了 1/4 结构的变形示意图。

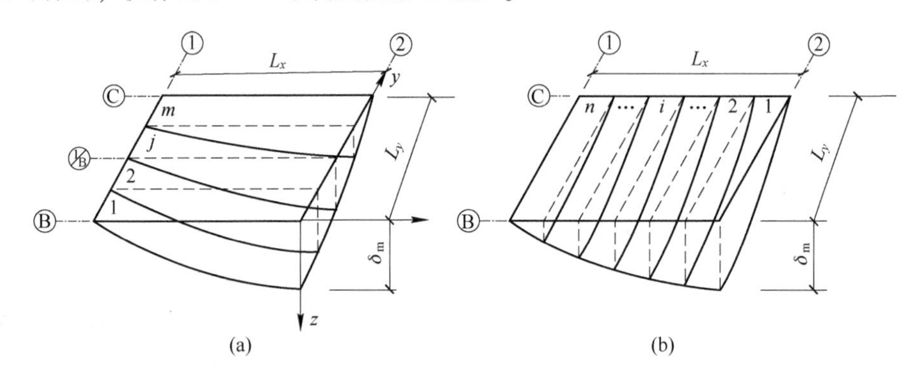

图 3-28 楼板条带划分示意图
（a）x 向条带；（b）y 向条带

a x 向条带的承载力

如图 3-28（a）所示，将 x 向划分为 m 个条带，并取每个条带中间的变形代替该条带的整体变形。每个条带跨中的竖向位移根据②轴线处 y 向条带的变形曲线来确定。假定失效柱的竖向位移为 δ_{m}，可求得整个结构 x 方向条带的承载力为：

$$\int_y \frac{8z_{\mathrm{sx}j}}{L_{\mathrm{sx}j}}T_{\mathrm{sx}j}\mathrm{d}y = 2\sum_{j=1}^{m}\left\{\frac{8}{2L_x}\delta_{\mathrm{m}}\left[1 - \left(\frac{j-0.5}{m}\right)^2\right]T_{\mathrm{sx}j}\right\} \tag{3-61}$$

式中 m ——半结构中 x 方向的总条带数，建议每个条带宽度取 0.5~1m；

$T_{\mathrm{sx}j}$ —— x 方向第 j 条带的受拉承载力，按式（3-62）计算：

$$T_{\mathrm{sx}j} = f_{\mathrm{rx}j}\frac{L_y}{m}A_{\mathrm{rx}} \tag{3-62}$$

A_{rx} ——楼板内 x 方向每延米的配筋面积，mm²/m；

$f_{\mathrm{rx}j}$ —— x 方向第 j 条带内钢筋的抗拉强度，根据 3.2.2 节中的假定（2）和式（3-59）算得的抛物线总长度来求得第 j 条带内钢筋的平均应变为 $\varepsilon_{\mathrm{rx}j}$，当该应变值未超过屈服应变时抗拉强度取 $E_{\mathrm{r}}\varepsilon_{\mathrm{rx}j}$，当该应变值超过屈服应变时抗拉强度取屈服强度 $f_{y,\mathrm{r}}$。

$$\varepsilon_{rxj} = \frac{8}{3(2L_x)^2}\left[\delta_m - \delta_m\left(\frac{j-0.5}{m}\right)^2\right]^2 \tag{3-63}$$

需要说明的是，式（3-62）是假定组合楼板的压型钢板是沿 y 向铺设的。在大变形阶段，除了边缘条带外，其他条带内的钢筋一般都会屈服，假定所有条带内钢筋屈服对于整体的计算结果影响很小。

b　y 向条带的承载力

将 y 向划分为 n 个条带，如图 3-28（b）所示，也取每个条带中间的变形作为该条带的整体变形。每个条带跨中的竖向位移根据 B 轴线处条带的变形曲线来确定。假定失效柱的竖向位移为 δ_m，则可以求得整个结构 y 方向条带的承载力为：

$$\int_x \frac{8z_{syi}}{L_{syi}}T_{syi}\mathrm{d}x = 2\sum_{i=1}^{n}\left\{\frac{8}{2L_y}\delta_m\left[1-\left(\frac{i-0.5}{n}\right)^2\right]T_{syi}\right\} \tag{3-64}$$

式中　n ——半结构中 y 方向的总条带数，建议每个条带宽度取 0.5~1m；

T_{syi} —— y 方向第 i 条带的受拉承载力，按式（3-65）计算：

$$T_{syi} = f_{ryi}\frac{L_x}{n}A_{ry} + \varphi f_{di}\frac{L_x}{n}A_d \tag{3-65}$$

A_{ry} ——楼板内 y 方向每延米的配筋面积，mm^2/m；

A_d ——楼板内 y 方向每延米压型钢板的截面面积，mm^2/m；

φ ——考虑到压型钢板与钢梁是采用抗剪栓钉连接的，在峰值荷载时可认为只有部分压型钢板达到屈服[146]，本节取 0.4；

f_{ryi} —— y 方向第 i 条带内钢筋的抗拉强度，当第 i 条带内钢筋的应变 ε_{ryi} 未超过屈服应变时取 $E_r\varepsilon_{ryi}$，否则取屈服强度 $f_{y,r}$；

$$\varepsilon_{ryi} = \frac{8}{3(2L_y)^2}\left[\delta_m - \delta_m\left(\frac{i-0.5}{n}\right)^2\right]^2 \tag{3-66}$$

f_{di} —— y 方向第 i 条带内压型钢板的抗拉强度：当第 i 条带内压型钢板的应变 ε_{di}（$\varepsilon_{di} = \varepsilon_{ryi}$）未超过屈服应变时取 $E_d\varepsilon_{di}$，否则取屈服强度 $f_{y,d}$。

简化计算中，可以将钢筋和压型钢板的抗拉强度直接取相应的屈服强度 $f_{y,r}$ 和 $f_{y,d}$。

将式（3-61）和式（3-64）代入式（3-60）即可求得结构在大变形阶段板受拉膜效应的承载力：

$$q_{TMA} = \frac{2\delta_m}{L_xL_y}\cdot\left\{\frac{1}{L_y}\cdot\sum_{i=1}^{n}\left(\left[1-\left(\frac{i-0.5}{n}\right)^2\right]\cdot T_{syi}\right) + \frac{1}{L_x}\cdot\sum_{j=1}^{m}\left(\left[1-\left(\frac{j-0.5}{m}\right)^2\right]\cdot T_{sxj}\right)\right\} \tag{3-67}$$

3.2.5.3 大变形阶段承载力的计算流程

根据前面两小节内容的叙述，中柱失效后剩余结构在大变形阶段的承载力计算过程如下：

（1）按式（3-57）计算结构中梁悬链线效应能提供的承载力 q_{CA}；

（2）按式（3-67）计算结构中板受拉膜效应能提供的承载力 q_{TMA}；

（3）将 q_{CA} 与 q_{TMA} 相加即为结构在大变形阶段的承载力 q_m。

3.2.6 大变形阶段位移值

由上一节叙述的内容可知，大变形阶段梁悬链线效应和板受拉膜效应能提供的承载力均与失效柱的竖向位移值成正相关。DoD 标准[147]中关于拉结力法提到“如果结构中梁和节点不能发生 0.2rad 的转动变形，则结构中的拉结力应该由楼盖或者屋盖系统提供”，当梁发生 0.2rad 的转动变形时，梁两端的竖向位移差为 0.2 倍的梁跨度，文献［146］中便是假定结构达到峰值荷载时对应的变形为 0.2 倍短跨方向的梁跨度。然而，C. G. Bailey 等[119]、K. A. Cashell 等[120]和张大山[123]的试验研究结果表明：当短边尺寸相同时，矩形板的变形能力要强于方形板。课题组[100]的三维整体结构试验结果也表明，矩形平面布置结构的变形能力要强于方形平面布置的结构。鉴于此，本节提出一个能考虑楼板长宽比影响的简化公式来计算结构在大变形阶段的位移值，即：

$$\delta_m = \frac{L_1}{5} + \frac{L_2 - L_1}{12.5} \tag{3-68}$$

式中 δ_m——大变形阶段下结构失效柱处的竖向位移；

L_1——结构短跨方向的梁跨度，本节中取 L_y；

L_2——结构长跨方向的梁跨度，本节中取 L_x。

3.2.7 非线性动力响应

通过 3.2.3~3.2.6 节的内容，可以计算得到静力荷载工况下结构的荷载-位移曲线。然而，爆炸、冲击等偶然荷载作用所导致结构柱的失效是一个瞬时过程，结构不可避免地要产生动力响应。由于整体结构试验成本十分昂贵以及实验室场地限制等，一般都采用有限元软件对整体结构进行非线性动力分析来获得结构在柱突然失效后的非线性动力响应。然而，非线性动力分析程序是十分复杂的，加之整体结构模型涉及各类结构构件以及构件之间的接触连接问题，这就导致计算量十分庞大、计算效率非常低下，此外有限元模拟需要采用相应的三维整体结构试验数据来进行验证。因此，试验研究和有限元分析获得结构的非线性动力响应这两种方法都不利于工程师的直接使用。

2008 年，Izzuddin 等[148]基于能量平衡原理提出了一种简化考虑结构非线性动力响应的方法，如图 3-29 所示。他将结构当成广义单自由度变形体系，认为结构的动能减小到零时结构达到最大的动力响应。图 3-29 中的动力响应计算公式为：

$$P_n = \lambda_n P_0 = \frac{1}{u_{d,n}} \int_0^{u_{d,n}} P \mathrm{d} u_s \tag{3-69}$$

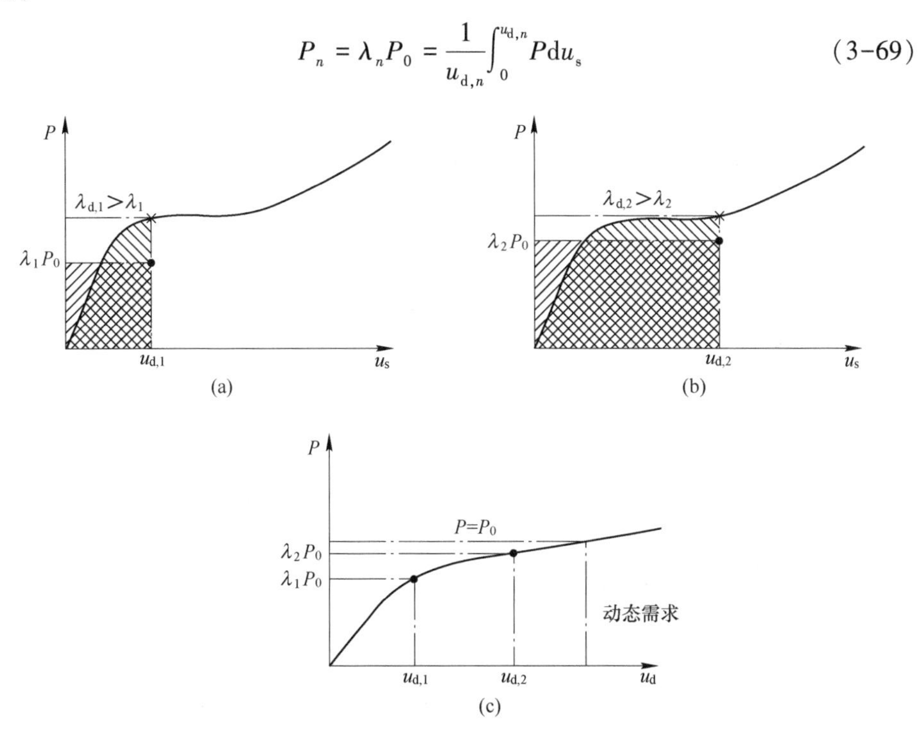

图 3-29 结构动力响应的简化求解方法[148]

(a) 动力响应 ($P = \lambda_1 P_0$)；(b) 动力响应 ($P = \lambda_2 P_0$)；(c) 拟静力响应

文献［149-150］等的有限元分析结果表明，Izzuddin 提出的简化方法有较高的准确性。基于式（3-69），结合本节方法计算得到的双折线静力荷载-位移曲线，可采用式（3-70）来计算结构考虑非线性动力效应时的承载力 q_d：

$$q_d = \frac{1}{2\delta_m} [q_y \delta_y + (q_y + q_m)(\delta_m - \delta_y)] \tag{3-70}$$

3.2.8 评估方法的计算流程

根据本节前面部分的叙述，评估方法的计算流程如图 3-30 所示。根据该流程图，结合结构尺寸、节点形式、配筋信息等便可求得中柱失效后剩余结构的抗连续倒塌承载力。

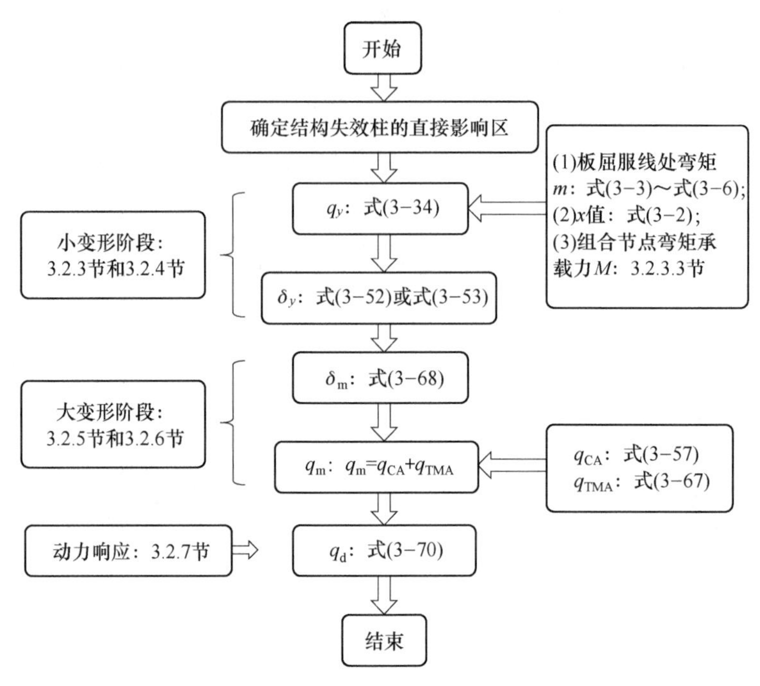

图 3-30　简化评估方法的计算流程图

3.3　试验研究及评估方法验证

3.3.1　概述

前一节详细介绍了评估方法的建立过程，本节将先介绍本书作者课题组的三维整体结构试验、抗剪栓钉推出试验及梁柱节点试验，然后将试验结果与评估方法计算的结果进行比较，以验证评估方法的可靠性。

3.3.2　整体结构试验简介

课题组[100]于 2016 年对钢框架-组合楼板三维整体结构在中柱失效下的抗连续倒塌性能进行了试验研究。试验共设计了四个试件来研究楼板长宽比、边界条件和梁板组合作用对整体结构抗连续倒塌性能的影响。四个三维整体结构试件的详细参数见表 3-7。

表 3-7　四个三维整体结构试件的参数[100]

试件编号	板块尺寸/m×m	板厚/mm	长宽比	边界条件	组合作用
2×3-S-IC	2×3	65	1：1.5	IC	强
2×3-W-IC	2×3	65	1：1.5	IC	弱

续表 3-7

试件编号	板块尺寸/m×m	板厚/mm	长宽比	边界条件	组合作用
2×3-S-PI	2×3	70	1∶1.5	PI	强
2×2-S-IC	2×2	65	1∶1	IC	强

注：IC 表示内部柱（Interior Column），PI 表示内部倒数第二根柱（Penultimate Interior Column）；组合作用“强”表示完全抗剪连接，组合作用“弱”表示部分抗剪连接。

图 3-31 为控制试件 2×3-S-IC 的加载及约束系统示意图。试验中采用 12 个点加载来模拟楼板上的均布荷载，整个加载过程采用位移控制加载的方式来获得结构从初始受力到完全破坏的全过程响应。试件四周的约束系统由具有足够刚度的水平和竖向钢管组成，用以模拟试件周围结构的约束作用。楼盖系统中，次梁沿 x 向布置；主梁沿 y 向布置，试件的其他详细信息将在后面的推出试验和节点试验中介绍，此处不再赘述。

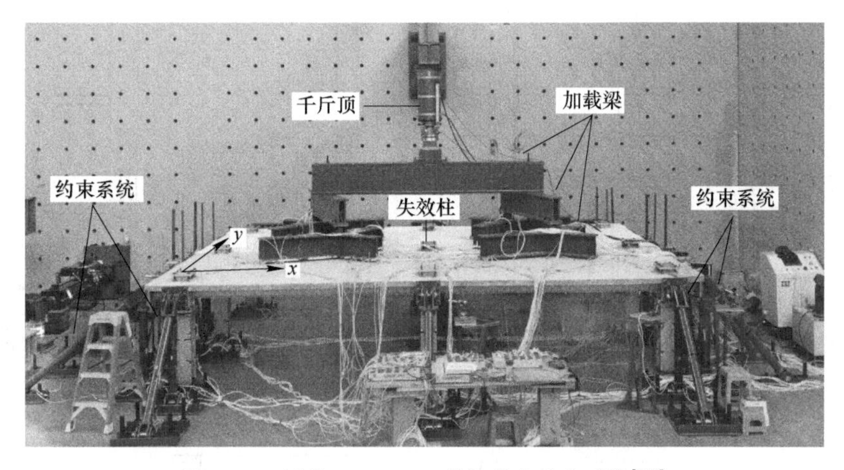

图 3-31 试件 2×3-S-IC 的加载和约束系统[100]

四个试件的试验荷载-位移曲线如图 3-32 所示。其中，荷载值由千斤顶端部的传感器测得，位移值由失效柱正下方的拉线位移计测得。

3.3.3 抗剪栓钉推出试验

3.3.3.1 试件概况

试件 2×3-W-IC 是为研究梁板组合作用对结构抗连续倒塌性能影响而设计的，试验结果表明梁板组合作用会影响组合梁的抗弯承载力及最终变形能力[100]。为了准确获得梁板之间抗剪栓钉的抗剪强度和抗剪刚度，课题组设计了四个推出试件研究栓钉的抗剪性能，其正视图和平面图分别如图 3-33（a）和（b）所示。四个试件中钢梁都采用截面为 H200mm×100mm×5.5mm×8mm 的热轧型钢；

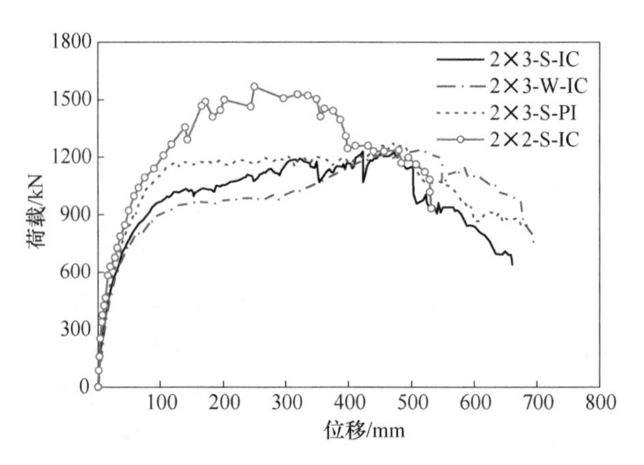

图 3-32 整体结构试验的荷载-位移曲线[100]

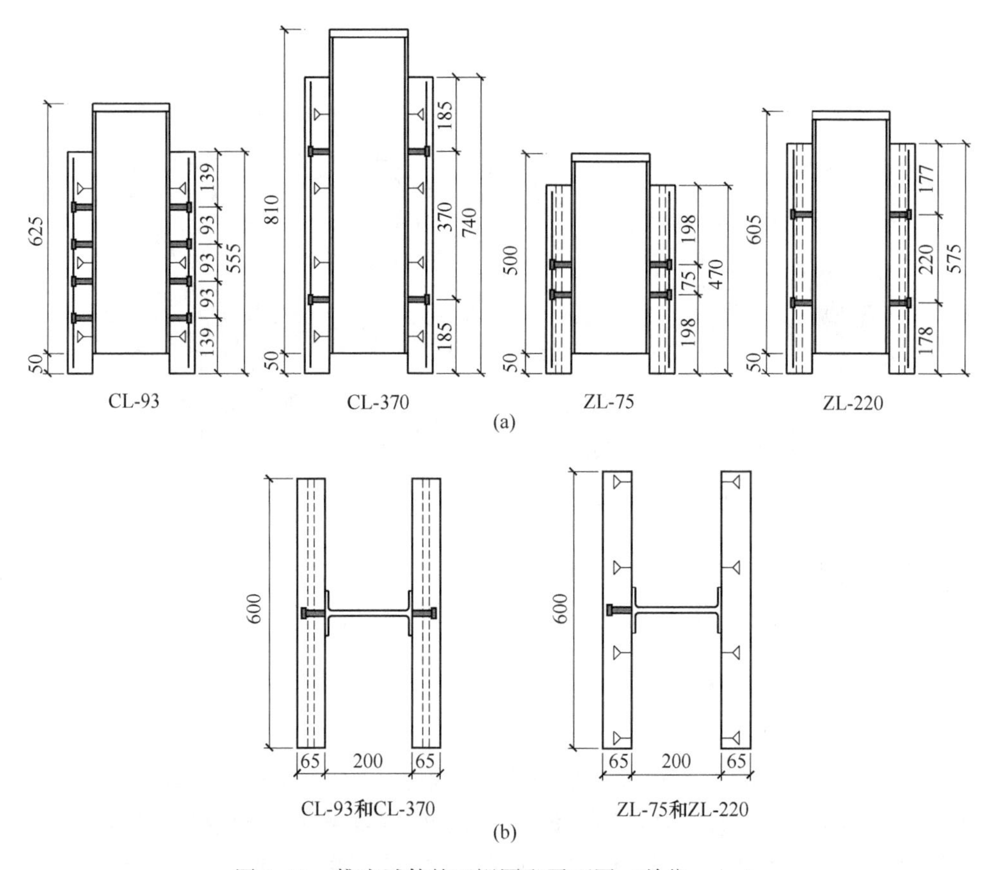

图 3-33 推出试件的正视图和平面图（单位：mm）

（a）正视图；（b）平面图

压型钢板采用 YXB40-185-740；组合楼板厚度均为 65mm、宽度为 600mm；板内钢筋网（双向 ϕ6@100）配置在压型钢板肋上部；抗剪栓钉的直径为 13mm、长度为 60mm。

试件 CL-93 和 CL-370 是为了研究次梁与组合楼板之间的组合作用而设计的，其压型钢板肋与钢梁轴线垂直。试件 CL-93 是在压型钢板的每个槽内均布置两颗栓钉，与整体结构试件 2×3-S-IC、2×3-S-PI 和 2×2-S-IC 次梁上栓钉的布置方式保持一致；试件 CL-370 是每隔一个槽布置一颗栓钉，与 2×3-W-IC 试件中次梁上栓钉的布置方式相同。

试件 ZL-75 和 ZL-220 是为了研究主梁与组合楼板之间的组合作用而设计的，其压型钢板肋与钢梁轴线平行。试件 ZL-75 中相邻栓钉的间距为 75mm，与整体结构试件 2×3-S-IC、2×3-S-PI 和 2×2-S-IC 中主梁上栓钉的间距相同；试件 ZL-220 中相邻栓钉间距为 220mm，与 2×3-W-IC 试件中主梁的栓钉间距相同。

抗剪栓钉的推出试验中，各材料的材性见表 3-8。此外，混凝土的立方体抗压强度为 43.5MPa。

表 3-8 推出试件中材料的力学性能

材料名称	f_y/MPa	f_u/MPa	E/MPa	ε_u
钢梁	378.9	531.5	206493.6	0.245
压型钢板	333.5	396.0	208454.7	0.189
钢筋	340.3	503.1	220382.0	0.227

3.3.3.2 试验装置

抗剪栓钉推出试验的装置示意图如图 3-34 所示。板的四个角部安装四个位移计，钢梁上端的钢板下面安装两个位移计，梁板界面的相对滑移量即为钢梁上端所测得位移与板四个角所测得位移的差值。钢梁上端的集中荷载 P 由千斤顶施加。试验从零开始加载，直到抗剪栓钉完全发生破坏。

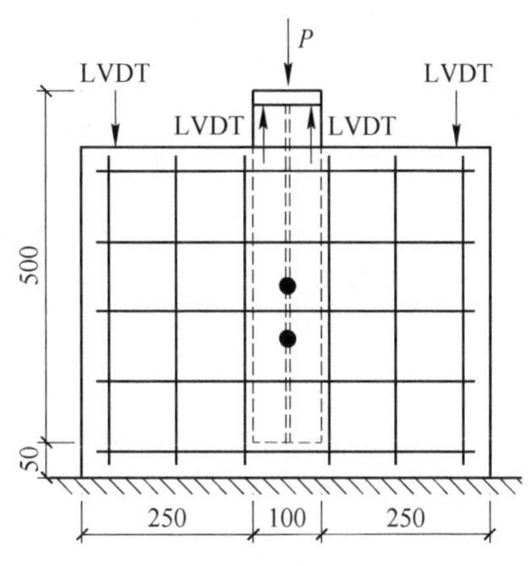

图 3-34 推出试验的装置示意图（单位：mm）

3.3.3.3 试验结果

A 荷载-滑移曲线

四个试件的荷载-滑移曲线如图 3-35（a）所示。在开始阶段试件能承担的外荷载与梁板之间的滑移量基本呈线性关系，当所施加的荷载值大约超过抗剪栓钉承载力的 70%后，抗剪栓钉的刚度开始逐渐降低，如图 3-35（b）所示，抗剪栓钉的刚度值按照 EC4 规范[140]的方法确定。

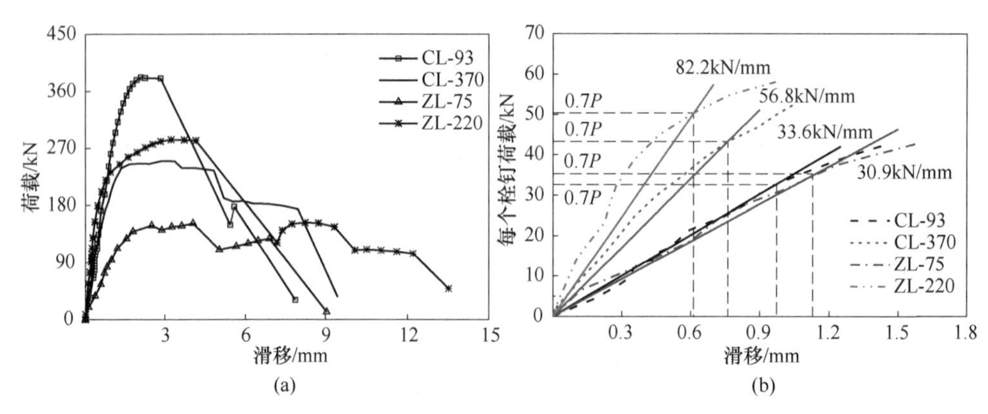

图 3-35 推出试验的荷载-滑移曲线和刚度

（a）荷载-滑移曲线；（b）抗剪栓钉的刚度

试件 CL-93 中配置有 8 颗栓钉，因而其承载力是四个试件中最高的，相应的峰值荷载为 382. 1kN，平均每颗栓钉可以承担 47. 8kN；试件 CL-370 中配置 4 颗栓钉，其能承担的最大荷载为 250kN，平均每颗栓钉的承载力为 62. 5kN。通过比较两个试件的试验结果可知，当抗剪栓钉的间距从 93mm 增加到 370mm 时，抗剪栓钉的承载力从 47. 8kN 增加了约 31%至 62. 5kN，抗剪刚度则从 33. 6kN/mm 增加了约 69%至 56. 8kN/mm。

试件 ZL-75 和 ZL-220 中均配置有 4 颗栓钉，但因栓钉间距布置不同，其试验得到的承载力差别较大。试件 ZL-220 所能承载的最大荷载为 283. 5kN，平均每个栓钉的承载力为 70. 9 kN，相应的抗剪刚度则是所有试件中最高的 82. 2kN/mm。相对而言，试件 ZL-75 的承载力较低。需要说明的是，在试验结束后将组合楼板移除时，发现试件 ZL-75 中有一颗栓钉因为焊接质量不合格而过早发生破坏，因而该试件中实际上只有 3 颗栓钉来受力，相应的每颗栓钉的承载力约为 50. 7kN，抗剪刚度约为 30. 9kN/mm。与试件 CL-93 和 CL-370 的规律类似，相邻抗剪栓钉间距越大，其抗剪承载力和抗剪刚度越高。此外，通过四个试件的对比分析可知，对于闭口型压型钢板组合楼板，压型钢板的布置方式对抗剪栓钉的受力性能影响较小。

B 破坏模式

试验后混凝土板上的裂缝分布如图 3-36 所示。裂缝分布形式与压型钢板的布置方式及栓钉相关。试件 CL-93 与 CL-370 中压型钢板肋与钢梁垂直，其混凝土板上的水平裂缝便是形成在压型钢板肋区域，这是因为压型钢板肋上部混凝土厚度太小所导致的。试件 ZL-75 和 ZL-220 中混凝土板上的竖向通长裂缝也是这种原因所致。所有试件中部位置的竖向裂缝则是由于栓钉原因导致的，当梁板产生相对滑移时，栓钉对混凝土产生的压力可能使混凝土发生类似劈裂破坏。

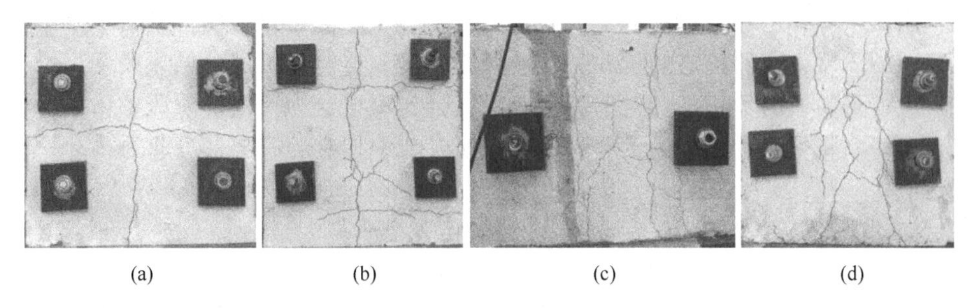

(a) (b) (c) (d)

图 3-36 试验后混凝土板上的裂缝分布

（a）CL-93；（b）CL-370；（c）ZL-75；（d）ZL-220

试验结束后将混凝土清除，可以看到抗剪栓钉和压型钢板的破坏模式如图3-37 所示。栓钉在发生断裂前在下部区域发生了明显的变形，最后在靠近钢梁翼缘处发生剪切断裂，如图 3-37（a）所示。试验中还观察到部分栓钉在发生变形后在焊接面发生根部撕裂破坏，如图 3-37（b）所示。图 3-37（c）所示为压型钢板的撕裂破坏。由于四个试件都是栓钉发生破坏，相应试件的延性较差，即当抗剪栓钉达到承载力后，随着位移的继续增加，栓钉的承载力迅速下降，这与图 3-35（a）中试件的荷载-滑移曲线相吻合。

(a) (b) (c)

图 3-37 抗剪栓钉及压型钢板的破坏模式

（a）栓钉断裂；（b）根部撕裂；（c）压型钢板撕裂

抗剪栓钉的推出试验对 3.2 节的评估方法有两点主要作用：

（1）获得了抗剪栓钉的实际受力性能。通过推出试验求得抗剪栓钉的抗剪强度和抗剪刚度后，可分别采用式（3-33）和式（3-36）求得整体结构试验试件 2×3-W-IC 组合梁的抗弯承载力及考虑滑移的折减刚度 B'，从而可以较准确地求得该试件在小变形阶段的承载力与位移值。

（2）验证了大变形阶段梁板独立受力假定的合理性。由推出试验的结果可知，当梁板界面的相对滑移量超过约 4mm 后，抗剪栓钉的承载力迅速下降；当超过 10mm 后，抗剪栓钉的承载力几乎降低为零。整体结构试验结果表明，结构进入大变形阶段时梁板的相对滑移量较大，因此可以认为大变形阶段整体结构中组合楼板和钢梁是独立受力的，这说明 3.2.5 节中相应的假定是合理的。

3.3.4 腹板双角钢节点试验

由 3.2 节可知，结构在小变形阶段的承载力与组合节点的受弯承载力有关；结构在大变形阶段的双跨梁悬链线效应与节点的轴向承载力及轴向变形有关。采用“组件法”计算半刚性连接组合节点的受弯承载力，基于节点轴向承载力-位移关系求解梁悬链线效应均要求得每个组件的抗拉承载力，即需要进行节点试验。

整体结构试验中，次梁与柱、次梁与主梁的连接均采用腹板双角钢节点，如图 3-38 所示。节点中钢柱截面为 H200mm×200mm×8mm×12mm，主梁截面为 H200mm×100mm×5.5mm×8mm，次梁截面为 H150mm×75mm×5mm×7mm，角钢为 L90mm×56mm×5mm。

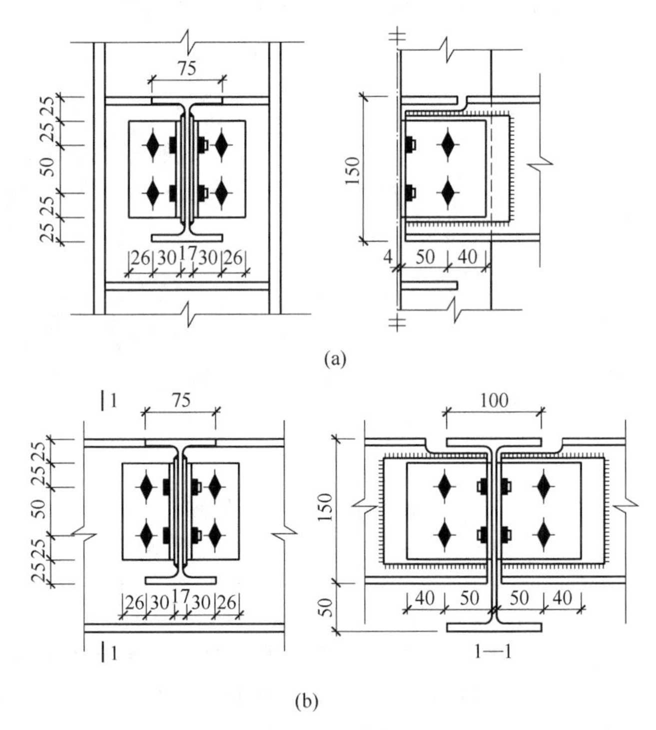

图 3-38 腹板双角钢连接节点[100]（单位：mm）

（a）次梁与柱节点；（b）次梁与主梁节点

3.3.4.1 试验概述

为了获得腹板双角钢连接节点的轴向承载力-位移关系，共设计了 6 个试件，其参数见表 3-9，包括角钢上的螺栓孔尺寸、角钢是否喷涂油漆及加载状况。6 个试件都采用极限强度为 966MPa、直径为 16mm 的高强螺栓。角钢的屈服强度和极限强度分别为 371.7MPa 和 540.5MPa。除试件 DAC-5 和 DAC-6 先进行轴心受压试验后再进行轴心受拉试验外，其他四个试件均只进行轴心受拉试验。

表 3-9 腹板双角钢节点试件的详细参数

试件编号	螺栓孔尺寸/mm	是否喷涂油漆	加载状况
DAC-1	20	是	轴拉
DAC-2*	20	否	轴拉
DAC-3	20	否	轴拉
DAC-4	18	否	轴拉
DAC-5	20	是	先轴压，后轴拉
DAC-6	20	否	先轴压，后轴拉

注：“*”表示 DAC-2 试件由于仪器故障未测得荷载-位移曲线。

腹板双角钢节点的试验装置如图 3-39 所示。试件的钢梁部分竖直地安装在柱和千斤顶之间。试件上端通过一个销轴与千斤顶连接，试件下部通过双角钢与柱端板连接，其中角钢的长肢连接次梁腹板，角钢的短肢连接柱顶的端板。试件能承担的荷载通过千斤顶施加和记录，试件的变形通过试件上端的两个位移计和试件下部的四个百分表测得。此外，柱的翼缘上还贴有 8 个应变片来测量柱反力以确保荷载测量值的准确性。

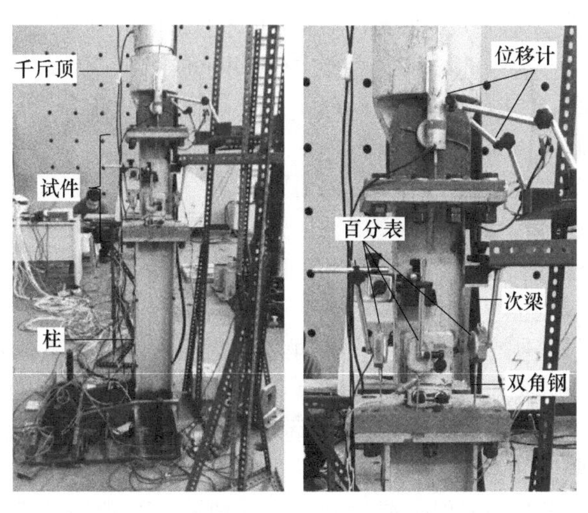

图 3-39 腹板双角钢节点的试验装置图

3.3.4.2　试验结果

A　荷载-变形曲线

腹板双角钢节点受拉的试验结果如图 3-40（a）所示。试件 DAC-1 和 DAC-5 的试验结果整体上非常接近，除了试件 DAC-5 在位移较小时产生的明显滑移效应，此滑移效应产生的原因是由于该试件先进行受压试验而导致角钢上螺栓孔发生了变形。根据试件 DAC-1 和 DAC-3 的试验结果的对比可知，角钢表面喷涂油漆会导致角钢与次梁腹板接触面的摩擦系数变小，从而减小了试件 DAC-1 的初始刚度。从试件 DAC-4 与 DAC-3、DAC-6 的结果对比可知，当螺栓孔尺寸从 18mm 增加到 20mm 时，节点的承载力从 260kN 降低 8.33%至 240kN，而对应于峰值荷载的变形则受螺栓孔影响较小，大约都为 30mm。

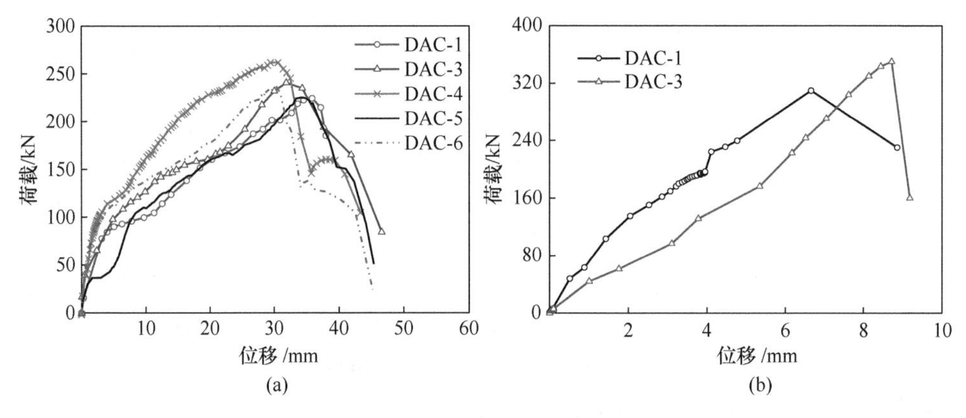

图 3-40　腹板双角钢节点的试验结果

（a）受拉；（b）受压

需要说明的是，试件达到最大承载力 260kN 时，次梁上的平均应变约为 6.95×10^{-4}，3m 跨度次梁的总伸长量约为 2.09mm。相比于双角钢达到轴向承载力时对应的变形量（约为 $30\times2=60$mm），次梁本身的伸长变形可以忽略。这表明 3.2.2 节中的假定（3）是合理的。

腹板双角钢节点受压的试验结果如图 3-40（b）所示。试验结果表明试件 DAC-6 的承载力要高于试件 DAC-5，但是两个试验的极限变形却较为接近。此外，两个试件在达到极限承载力前的刚度基本上保持不变。

B　破坏模式

受拉试验结果表明节点的破坏是由角钢失效导致的，图 3-41（a）所示为试件 DAC-6 的最终破坏模式。双角钢断裂前在根部发生了严重的塑性变形，到达最大荷载后短肢上螺栓孔位置的双角钢逐步发生断裂，节点的承载力随之逐渐下降，直到完全拉断。长肢上的螺栓孔也发生了轻微的承压变形，而节点的所有螺栓并未发生破坏，甚至仍旧保持弹性状态。其他试件受拉破坏模式与试件 DAC-6 相同，这里不再赘述。

受压试验的结果表明节点的破坏是由螺栓剪切失效导致的，如图 3-41（b）所示。节点受压时，除了螺栓本身会发生剪切变形之外，次梁腹板和双角钢长肢上的螺栓孔均还会产生明显的承压变形。因此，腹板双角钢节点的受压承载力是由螺栓的抗剪承载力决定的，而变形则是由螺栓、次梁腹板和双角钢螺栓孔的变形总和组成的。

(a)　(b)

图 3-41　腹板双角钢节点的破坏模式

（a）受拉破坏（试件 DAC-6）；（b）受压破坏（试件 DAC-5）

3.3.4.3　与理论模型结果比较

3.2.5.1 节中指出，文献［137］提出了一种计算腹板双角钢连接节点轴拉时的荷载-位移曲线的方法，其计算结果与试验结果的对比如图 3-42（a）所示。Yang 模型计算得到的最大承载力约为 233kN，为试验值 260kN 的 0.90 倍，相应的位移值为 26.9mm，比试验值约小 3mm。整体而言，Yang 模型能较好地预测腹板双角钢连接节点的轴向承载力-位移关系。

受压时采用剪切板连接节点的计算方法[145]，其结果如图 3-42（b）所示。理论模型中假定滑移时荷载值不变，而试验中荷载随着滑移量增加荷载也有所增加。理论模型计算得到的最大荷载与试验值较吻合，都接近于螺栓的抗剪承载力，计算得到的位移也在两个试件的试验值之间。因而，可以借鉴剪切板连接的理论计算方法预测腹板双角钢节点受压时的性能。

3.3.5　平齐式端板节点试验

整体结构试验中，主梁与柱的连接采用平齐式端板节点，如图 3-43 所示。各排螺栓之间的间距均为 50mm，螺栓中心到端板端部和主梁腹板中心的距离分别为 30mm 和 40mm。

3.3.5.1　试验概述

为获得平齐式端板连接节点的轴向承载力-位移的关系，共设计了 6 个试件，

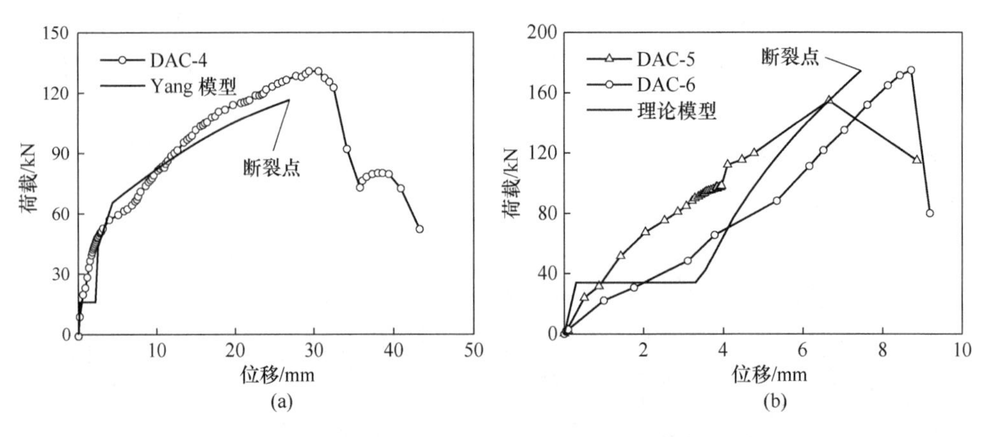

图 3-42 腹板双角钢节点的试验和理论计算结果比较

（a）受拉；（b）受压

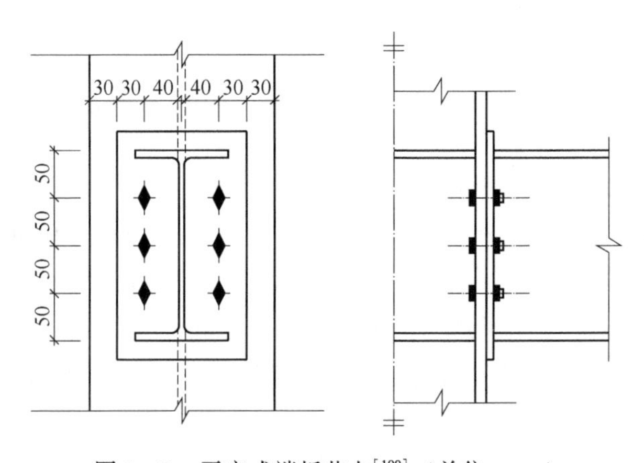

图 3-43 平齐式端板节点[100]（单位：mm）

6 个试件的端板厚度均为 8mm，其屈服强度和极限强度分别为 389.6MPa 和 578.6MPa。试件 FEP-1、FEP-2 和 FEP-3 采用极限强度为 508MPa、直径为 16mm 的螺栓；试件 FEP-4、FEP-5 和 FEP-6 采用极限强度为 966MPa、直径为 16mm 的高强螺栓。

平齐式端板节点的试验装置类似于腹板双角钢节点的试验装置，如图 3-44 所示。试件能承担的荷载仍通过试件上部的千斤顶施加和记录，试件的轴向变形则通过试件上端的 2 个位移计和试件下部的 4 个百分表测得。试件的主梁腹板和翼缘上贴有 7 个应变片来监测试件的应变值。

3.3.5.2 试验结果

A 荷载-变形曲线

平齐式端板节点的荷载-位移曲线如图 3-45 所示。后三个试件（FEP-4、

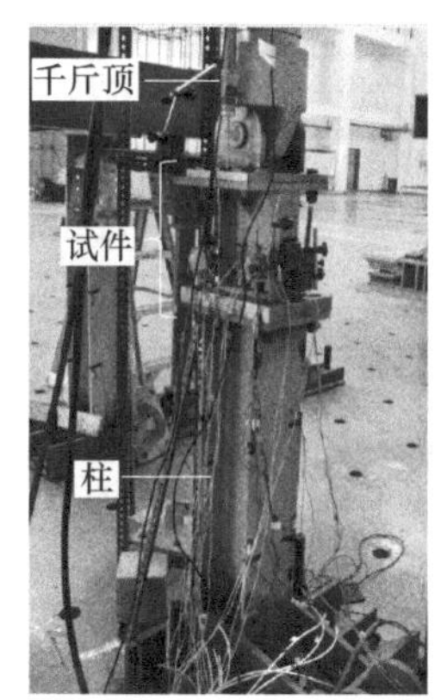

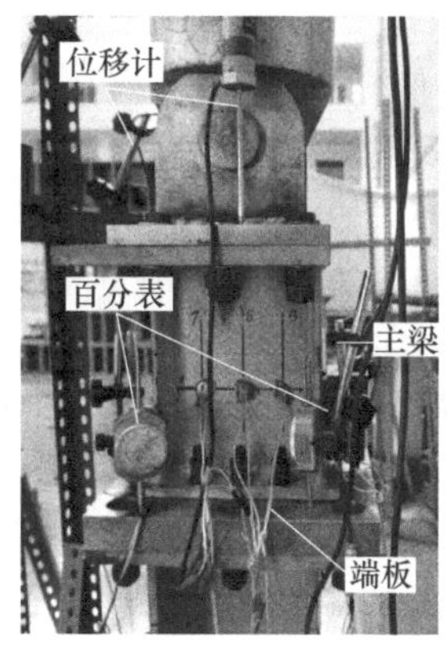

图 3-44 平齐式端板节点的试验装置图

FEP-5 和 FEP-6）的最大承载力平均值为 365.9kN，比前三个试件（FEP-1、FEP-2 和 FEP-3）最大承载力平均值 325.6kN 约高 11%，后三个试件最大承载力对应的位移也大于前三个试件。当螺栓的极限强度从 508MPa 增加到 966MPa 时，试件的极限位移从约 24mm 增加到约 40mm，见表 3-10。这是由于采用极限强度为 508MPa 的螺栓时，试件最后的破坏是螺栓拉断控制的；而当螺栓的极限强度增加到 966MPa 时，其破坏是由端板破坏控制的。

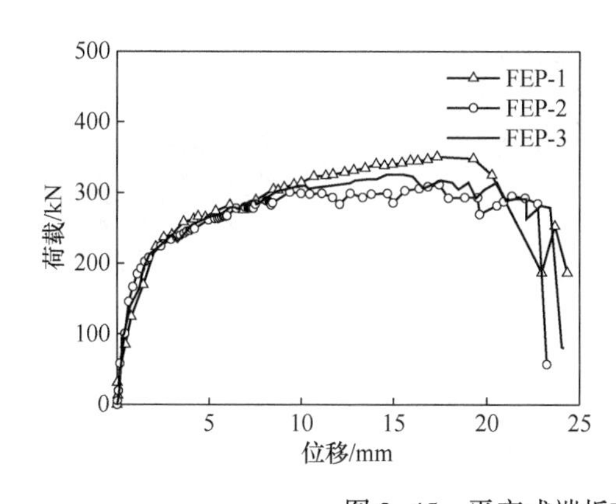

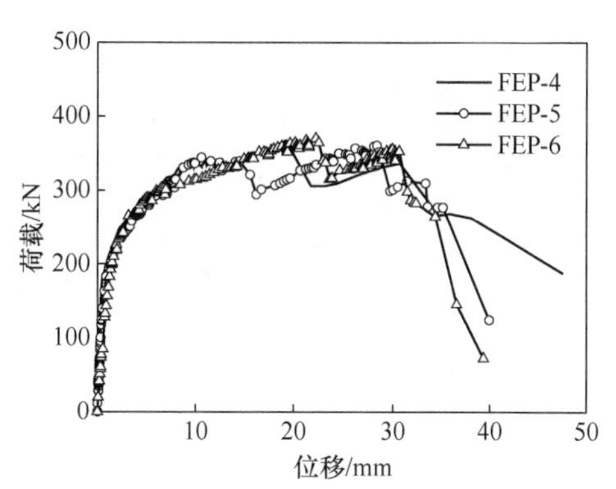

图 3-45 平齐式端板节点的荷载-位移曲线

表 3-10 平齐式端板节点的试验结果

试件编号	最大荷载/kN	最大荷载对应位移/mm	极限位移/mm	破坏模式
FEP-1	350.8	17.3	24.3	螺栓拉断
FEP-2	311.5	17.4	23.2	螺栓拉断
FEP-3	314.4	15.5	24.2	螺栓拉断

续表 3-10

试件编号	最大荷载/kN	最大荷载对应位移/mm	极限位移/mm	破坏模式
FEP-4	367.1	19.2	47.6	端板破坏
FEP-5	360.4	28.4	39.9	端板破坏
FEP-6	370.0	22.2	39.4	端板破坏

后三个试件的荷载在位移为 15～25mm 时略有下降，相应的下降值约为 50kN，这是由于试件中间排螺栓位置处的端板与主梁腹板的焊缝热影响区发生断裂导致的，随后靠近翼缘的两排螺栓承担了所有拉力，并随着位移增加，所能承担的外荷载也有所增加。

B 破坏模式

6 个试件的破坏模式见表 3-10。图 3-46（a）所示为试件 FEP-1 的最终破坏模式。在该试件中，端板在主梁翼缘和腹板的焊缝位置处发生了轻微的开裂，6 颗螺栓均被拉断。

图 3-46（b）所示为试件 FEP-4 的最终破坏模式。在该试件中，6 颗螺栓没有发生破坏甚至没有发生明显的变形，而端板在主梁翼缘及腹板焊缝位置则被彻底拉断。图 3-46（b）中的端板变形明显大于图 3-46（a）中的端板变形，因此当螺栓有足够的强度而不发生破坏时，平齐式端板节点将能获得良好的延性。

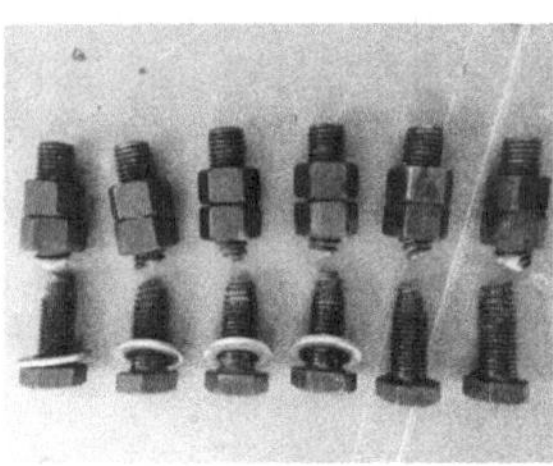

(a)

(b)

图 3-46 平齐式端板节点的破坏模式

（a）螺栓拉断（试件 FEP-1）；（b）端板破坏（试件 FEP-4）

3.3.5.3 T 形连接件试验

A 试验概述

3.2 节中计算平齐式端板节点的弯矩采用“组件法”，需要计算每排螺栓的抗拉承载力，而 3.3.5.2 节只得到了整个节点的轴向抗拉承载力。为了获得每排螺栓的承载力，假定靠近主梁翼缘的两排螺栓受力性能相同，其承载力等于整个节点总的承载力与中间排螺栓承载力之差的一半。因此，需要求得中间排螺栓的承载力。

将中间排螺栓从节点试件中取出并做成一对T形连接件，相应的尺寸如图3-47（a）所示。采用材料性能试验机对每对T形连接件进行单调拉伸试验，如图3-47（b）所示，便可获得中间排螺栓的受力性能。

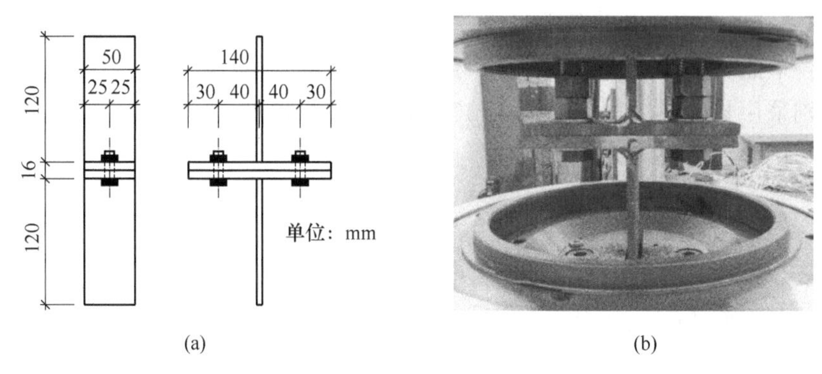

图3-47 T形连接件的尺寸及试验装置
（a）试件尺寸；（b）试验装置

B 试验结果

共设计3个T形连接试件，分别命名为TS-1、TS-2和TS-3。试件TS-2在试验过程中因为夹持过短而发生了打滑，仅获得试件TS-1和TS-3的荷载-位移曲线，如图3-48（a）所示。

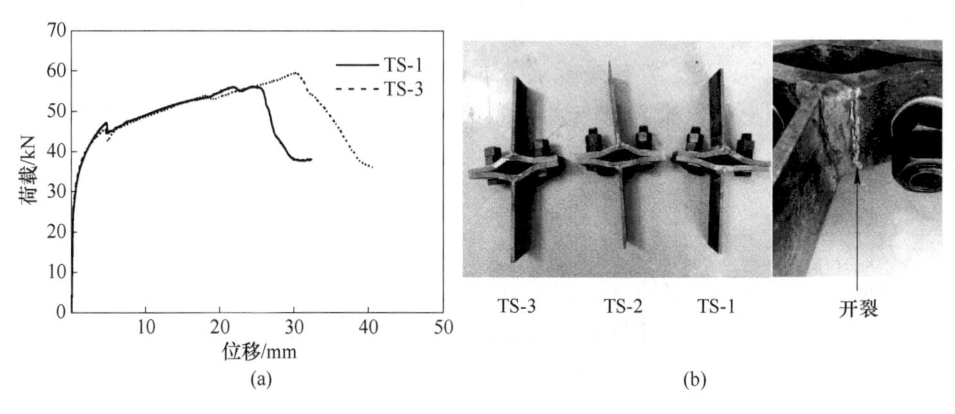

图3-48 T形连接件的试验结果
（a）荷载-位移曲线；（b）试验后的变形图

试件TS-1和TS-2中螺栓的极限强度为508MPa，而试件TS-3中螺栓的极限强度为966MPa。从试验得到的荷载-位移曲线可知，试件TS-1和TS-3的初始刚度、后期刚度都十分接近。试件TS-3的承载力为59.6kN，比试件TS-1的承载力55kN高约4.6kN。试件TS-3的最终变形量为40mm，比试件TS-1的约大 8mm。两个试件在试验后期都出现了荷载下降段，这是由于随着变形的增加在腹板与端板焊缝热影响区发生开裂并最终断裂，随后试验终止。两个试件的最终承载力均约为 35kN，最后变形如图 3-48（b）所示。

3.3.5.4 与公式计算结果比较

综合节点的整体试验结果和 T 形连接件的试验结果，可求得每排螺栓的承载力。分别采用式（3-16）和式（3-17）计算外排和内排螺栓的承载力，并将计算结果与试验结果进行比较，如图 3-49 所示。

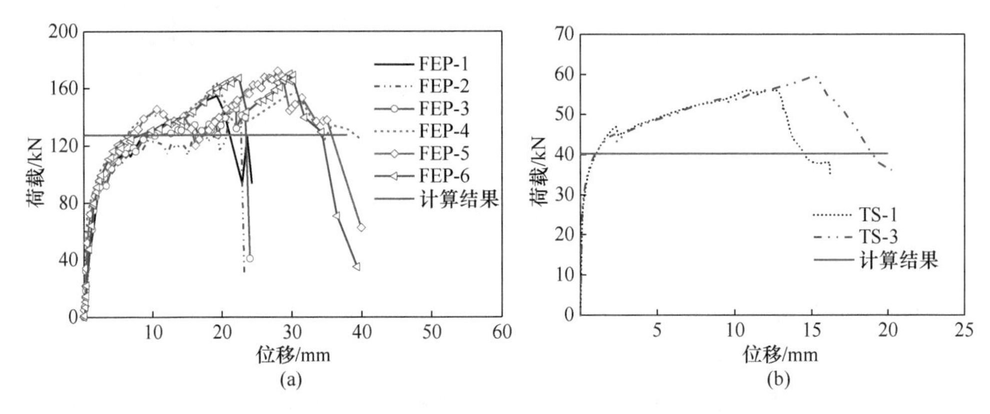

图 3-49 各排螺栓的试验值与计算值比较

（a）外排螺栓；（b）内排螺栓

根据比较可知，内、外排螺栓的公式计算结果与试验结果较为接近，且都是偏于保守的，因此可以采用式（3-16）和式（3-17）来计算内外排螺栓的承载力。

3.3.6 评估方法验证

根据 3.2 节推导的评估方法，即可计算三维整体结构在中柱失效情况下的抗连续倒塌承载力。本节将简化评估方法的计算结果与试验结果及有限元分析结果进行比较，验证此评估方法的准确性。

3.3.6.1 试验验证

A 课题组试验

根据 3.2.3.1 节中组合楼板抗弯矩承载力计算公式以及 3.2.3.3 节中组合节点弯矩承载力计算公式，可以求得四个试件中组合楼板的塑性铰线正负弯矩值和组合节点的正负弯矩值，结果见表 3-11。采用相应公式可求得小变形阶段的承载力和位移、大变形阶段的承载力和位移以及结构的动力响应承载力，结果见表 3-12。

表 3-11 组合楼板和组合节点的弯矩承载力值

试件编号	组合楼板/kN·m·m^{-1}				组合节点/kN·m			
	m_x	m'_x/m''_x	m_y	m'_y/m''_y	M_{x1}/M'_{x2}	M_{x2}/M'_{x2}	M_y	M'_y
2×3-S-IC	17.32	3.77/3.77	2.24	0/0	14.2/13.4	14.2/13.4	55.8	70.3
2×3-W-IC	17.32	3.77/3.77	2.24	0/0	12.9/11.1	12.9/11.1	46.2	56.2
2×3-S-PI	18.76	4.32/4.32	2.79	0/0	15.3/14.5	15.3/14.5	58.7	71.2
2×2-S-IC	17.32	3.77/3.77	2.24	0/0	14.2/11.4	14.2/11.4	55.8	70.3

表 3-12 整体结构的计算结果

试件编号	小变形阶段		大变形阶段		动力响应
	q_y/kN·m^{-2}	δ_y/mm	q_m/kN·m^{-2}	δ_m/mm	q_d/kN·m^{-2}
2×3-S-IC	35.7	99.6	52.8	480.0	38.8
2×3-W-IC	31.8	106.2	52.8	480.0	36.5
2×3-S-PI	38.0	106.0	52.8	480.0	39.6
2×2-S-IC	52.7	50.5	64.1	480.0	54.4

将计算得到的两个结果及坐标原点用直线相连即可得到简化的双折线形荷载-位移曲线，将该双折线与试验得到的荷载-位移曲线进行比较，如图 3-50 所示。图 3-50 中试验曲线的均布荷载值为试验得到的总荷载值与结构直接影响区面积的比值，相应曲线称为“静力响应-试验值”。基于试验得到的荷载-位移曲线，采用式（3-69）可计算得到结构的非线性动力响应，其荷载-位移曲线称为“动力响应-能量法”。

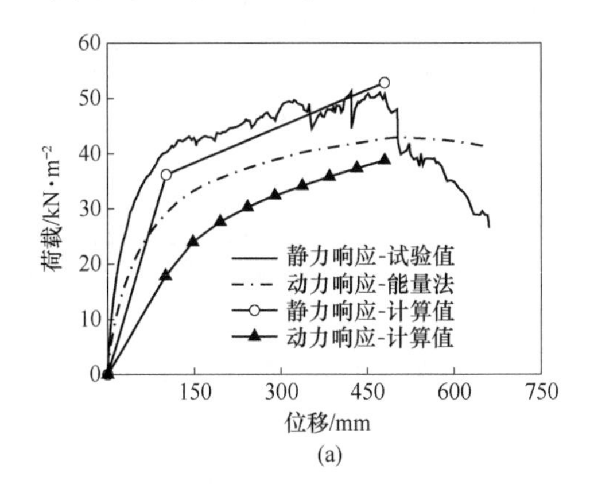

(a)

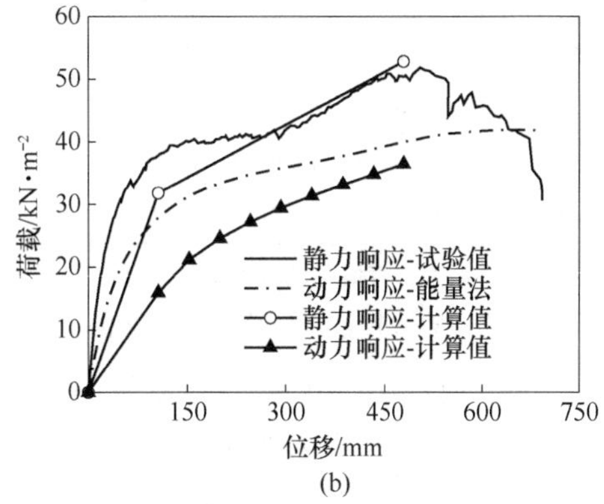

(b)

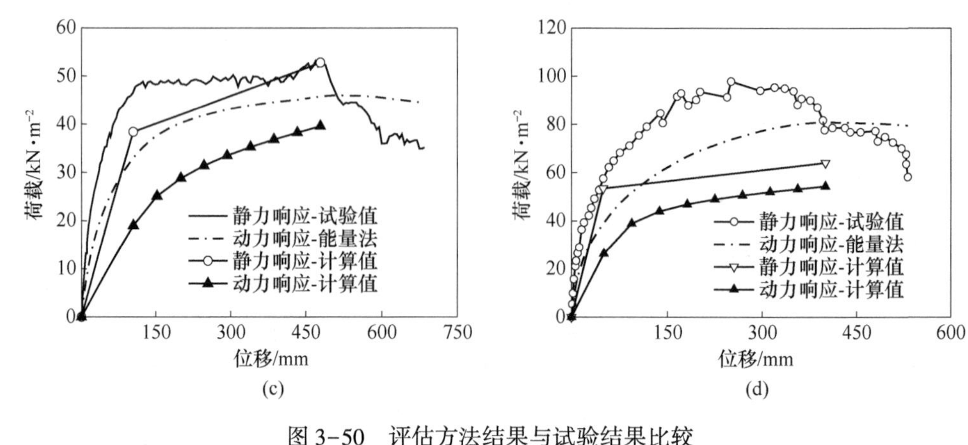

图 3-50 评估方法结果与试验结果比较

（a）2×3-S-IC；（b）2×3-W-IC；（c）2×3-S-PI；（d）2×2-S-IC

根据比较结果可知，评估方法计算得到的试件 2×3-S-IC 的静力荷载-位移曲线与试验结果比较吻合。小变形阶段的承载力比试验结果的试验值要低，约为试验值的 0.83 倍，结果见表 3-13。大变形阶段计算得到的承载力稍微偏高，约为试验值的 1.03 倍。此外，在失效柱位移达到约 480mm 时，结构的承载力开始下降，试件 2×3-W-IC 和 2×3-S-PI 最大荷载时对应的失效柱位移也在 480mm 左右，这表明式（3-68）能较好地预测结构在大变形阶段的位移。基于计算得到的双折线形荷载-位移曲线求得的非线性动力响应也低于相应的试验结果，约为试验值的 0.91 倍。整体而言，评估方法是偏于保守的。

表 3-13 整体结构的计算结果与试验结果比较

试件编号	小变形阶段承载力			大变形阶段承载力			动力响应值		
	计算值 (1)/kN·m^{-2}	试验值 (2)/kN·m^{-2}	(1)/(2)	计算值 (3)/kN·m^{-2}	试验值 (4)/kN·m^{-2}	(3)/(4)	计算值 (5)/kN·m^{-2}	试验值 (6)/kN·m^{-2}	(5)/(6)
2×3-S-IC	35.7	43.1	0.83	52.8	51.2	1.03	38.8	42.6	0.91
2×3-W-IC	31.8	40.6	0.78	52.8	51.8	1.02	36.5	40.0	0.91
2×3-S-PI	38.0	48.9	0.78	52.8	53.1	0.99	39.6	45.8	0.87
2×2-S-IC	52.7	90.3	0.58	64.1	97.9	0.65	54.4	80.9	0.67

注：承载力计算值和试验值的单位为 kN/m^2；小变形阶段的承载力试验值约定取失效柱主梁与柱连接节点的最下排螺栓断裂时的荷载值。

试件 2×3-W-IC 的计算结果与试验结果在大变形阶段吻合较好，在小变形阶段偏差稍大。试件 2×3-W-IC 中钢梁和组合楼板为部分抗剪连接，相应计算得到的组合节点的弯矩承载力要比完全抗剪连接时小，进而求得的组合框架部分的承载力要减小。试件 2×3-W-IC 在小变形阶段承载力的计算值和试验值都比控制试件 2×3-S-IC 的要稍小。在计算大变形阶段承载力时，忽略了梁板组合作用，因此大变形阶段的承载力计算值与试件 2×3-S-IC 相同。

至于试件 2×3-S-PI，其板厚为 70mm，板厚的增加使得次梁和主梁的抗弯刚度都有所增加，因此小变形阶段时楼盖结构的抗弯刚度会有所提高；随着板厚的增加，板的受压膜效应、双跨组合梁的压拱效应也会在一定程度上提高楼盖结构的承载力，如图 3-32 所示。然而虽然板厚增加，但组合楼板内钢筋力臂变化较小，组合节点的弯矩承载力计算值基本保持不变，因而计算得到的组合框架部分的承载力增加较小。评估方法中并未考虑板的受压膜效应和梁的受压拱效应，因此计算得到的小变形阶段的承载力并未随着板厚增加而明显提高。虽然上述两个试件（2×3-W-IC 和 2×3-S-PI）在小变形阶段时的承载力计算值与试验值稍有偏差，但这是偏于安全的，况且这对结构动力响应值的影响不是特别明显，可以接受。

试件 2×2-S-IC 的计算结果与试验结果相差较大。这是由于该试件在加载时两侧的加载点与 y 向主梁轴线的间距只有 250mm，加载梁上的大部分荷载由两侧主梁承担，从而导致试验得到的结果偏大。因此该试件需要进一步的试验和有限元模拟来得到准确的荷载-位移响应。

通过前三个试件的试验结果与计算结果的比较可知，计算得到的小变形阶段承载力约为试验值的 0.80 倍；计算得到的大变形阶段承载力约为试验值的 1.01 倍；计算得到的考虑动力响应的承载力值约为试验结果的 0.90 倍。因此，这表明评估方法有较好的精度且是偏于保守的。

B 其他学者试验

2015 年，王帅[138]采用试验方法研究了一空间三维组合框架结构在中柱失效情况下的抗连续倒塌性能。试验对象为两层的钢框架-混凝土楼板结构，该结构的双向跨度均为 2m，试验得到的荷载-位移曲线如图 3-51 所示。

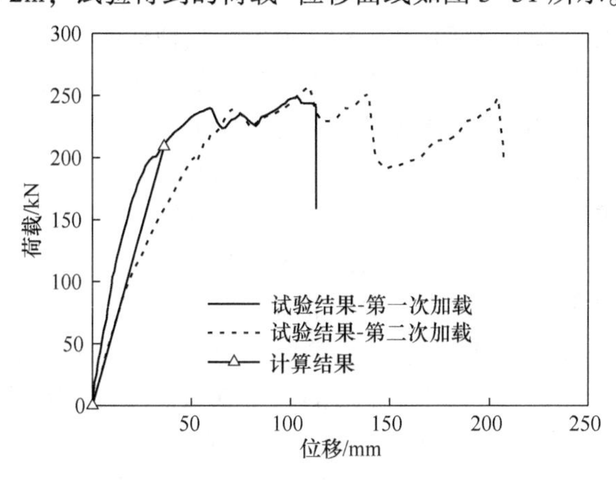

图 3-51 计算结果与试验结果比较

由于该试验是直接在失效柱上进行加载的，在节点破坏后便无法继续加载，因此该试验结束时的位移比结构实际能达到的位移要小，这点从 Alashker 的分析结果可以看出[149]。鉴于此，本节只计算该试验在小变形阶段的承载力和位移。

采用 3.2 节的相关计算公式可求得组合节点的抗弯承载力和混凝土楼板的塑性铰线弯矩值见表 3-14。根据表 3-14 中混凝土板的弯矩值，采用式（3-1）和式（3-2）可求得 q_1 等于 0.8kN/m^2。因为该试件设计有 2 根次梁，而 3.2 节推导计算公式是针对只有一根次梁的情况，借鉴式（3-46）的推导方法，可得该结构中组合框架部分的承载力按式（3-71）计算。

$$F = \frac{2(M_{x1} + M'_{x1}) + 4(M_{x2} + M'_{x2})}{L_{xn}} + 2\frac{M_y + M'_y}{L_{yn}} \tag{3-71}$$

表 3-14 混凝土楼板和组合节点的弯矩承载力值

试件	组合楼板/kN · m · m^{-1}				组合节点/kN · m			
	m_x	m'_x/m''_x	m_y	m'_y/m''_y	M_{x1}/M'_{x1}	M_{x2}/M'_{x2}	M_y	M'_y
组合框架	0.16	0.27/0.27	0.32	0.32/0.32	54.42/36.69	2.05/0.52	54.42	36.69

将表 3-14 中组合节点的弯矩值代入式（3-71）可求得 F 为 197.22kN，加上板的承载力 11.52kN 即可得到结构小变形阶段总的承载力为 208.74kN。根据已求得的荷载值，采用式（3-53）即可求得小变形阶段的位移值为 36.2mm。

根据图 3-51 可知，评估方法计算得到的承载力 208.74kN 约为试验值 239.7kN 的 87%，计算得到的位移值也与试验结果十分接近。综合两组的试验验证结果可知，3.2 节推导的评估方法有较好的精度。

3.3.6.2 有限元验证

由于三维整体结构抗连续倒塌的试验成本昂贵且试验复杂，相应的试验数据较少，为了获得更多关于三维整体结构抗连续倒塌性能的数据，常需借助有限元模拟方法来进行分析。为了进一步确定本节提出的简化评估方法的准确性，本节将采用已有的限元模拟结果对该评估方法进行验证。

基于三维整体结构试验结果，课题组还采用有限元模拟来研究三维整体结构在中柱失效下的抗连续倒塌性能[151]。本节取出部分结果，相应的试件编号见表 3-15。表 3-15 中，试件 FD-D0.9-R3-H65 中的“FD”表示节点形式为平齐式端板节点和腹板双角钢节点，节点详细信息见 4.4 节和 4.5 节；“D0.9”表示压型钢板的厚度为 0.9mm；“R3”表示钢筋的配筋面积为 321.7mm^2/m；“H65”表示组合楼板的厚度为 65mm；组合楼板的压型钢板型号及配筋方式与试验相同，详见 4.3 节。其他试件中的“D0.0”“D0.6”和“D1.2”分别表示压型钢板的厚度为 0mm、0.6mm 和 1.2mm；“H50”和“H80”分别表示组合楼板的厚度为

50mm 和 80mm（即压型钢板肋高 40mm，压型钢板肋上部混凝土厚度分别为 10mm 和 40mm）。根据结构的平面布置、配筋信息及节点构造即可按 3.2 节的计算公式求得结构的抗连续倒塌承载力，计算结果见表 3-15。

表 3-15 计算结果及与有限元值对比

试件编号	小变形阶段		大变形阶段		动力响应		
	q_{yA}/kN	δ_y/mm	q_{mA}/kN	δ_m/mm	q_{dA}(1)/kN	有限元值(2)/kN	(1)/(2)
FD-D0.0-R3-H65	534.5	74.0	838.5	480.0	621.9	621.6	1.00
FD-D0.6-R3-H65	776.9	90.1	1142.2	480.0	852.3	984.1	0.87
FD-D0.9-R3-H65	869.1	101.9	1294.1	480.0	944.2	1049.9	0.90
FD-D1.2-R3-H65	966.5	110.1	1445.9	480.0	1040.4	1106.8	0.94
FD-D0.9-R3-H50	840.2	87.8	1294.1	480.0	948.8	966.7	0.98
FD-D0.9-R3-H80	1026.1	113.4	1294.1	480.0	1007.2	1133.5	0.89
B3-D0.5-R1	629.6	334.0	963.2	1463.2	686.5	702.5	0.98
B3-D1-R0	734.8	290.9	1033.7	1463.2	781.5	776.4	1.01
B4-D1-R1	953.2	365.2	1480.8	1463.2	1032.2	995.6	1.04
B5-D1-R1	1043.7	304.9	1480.8	1463.2	1109.5	1066.9	1.04

注：动力响应有限元值取图 3-52 中“动力响应-能量法”曲线上 δ_m 对应的荷载值。

为了验证评估方法的通用性，本节还采用其他学者的有限元分析结果来进行验证。Y. Alashker 等[146,149]曾对一足尺钢框架-组合楼板结构在中柱失效下的抗连续倒塌性能进行了分析。该结构所有节点均采用剪切板连接形式，组合楼板的压型钢板为开口形槽口，详细的结构信息参见文献 [146]。表 3-15 中，试件 B3-D0.5-R1 的“B3”表示剪切板节点中有 3 排螺栓；“D0.5”表示压型钢板的厚度为 0.45mm；“R1”表示钢筋的配筋面积为 60mm^2/m。其他试件中，“B4”表示剪切板节点中有 4 排螺栓；“B5”表示剪切板节点中有 5 排螺栓；“D1”表示压型钢板的厚度为 0.9mm；“R0”表示没有配置钢筋。根据评估方法的计算公式便可求得这些试件的抗倒塌承载能力，相应计算结果见表 3-15。

图 3-52 所示为评估方法计算得到的荷载-位移曲线与有限元分析得到的荷载-位移曲线的对比。评估方法计算得到的小变形阶段承载力 q_y 及位移 δ_y 与有限元结果吻合较好；大变形阶段计算得到的承载力 q_m 要普遍高于有限元结果，相应的位移值 δ_m 比有限元分析的最大承载力所对应的位移值稍大。在本节所提出的计算大变形阶段承载力的简化公式（3-67）中，承载力与位移是正相关的，即位移越大承载力越大。大变形阶段的位移值 δ_m 是根据结构的尺寸计算得到的，没有考虑材料特性，而在有限元分析中不同学者所采用的材料塑性性能的不同会

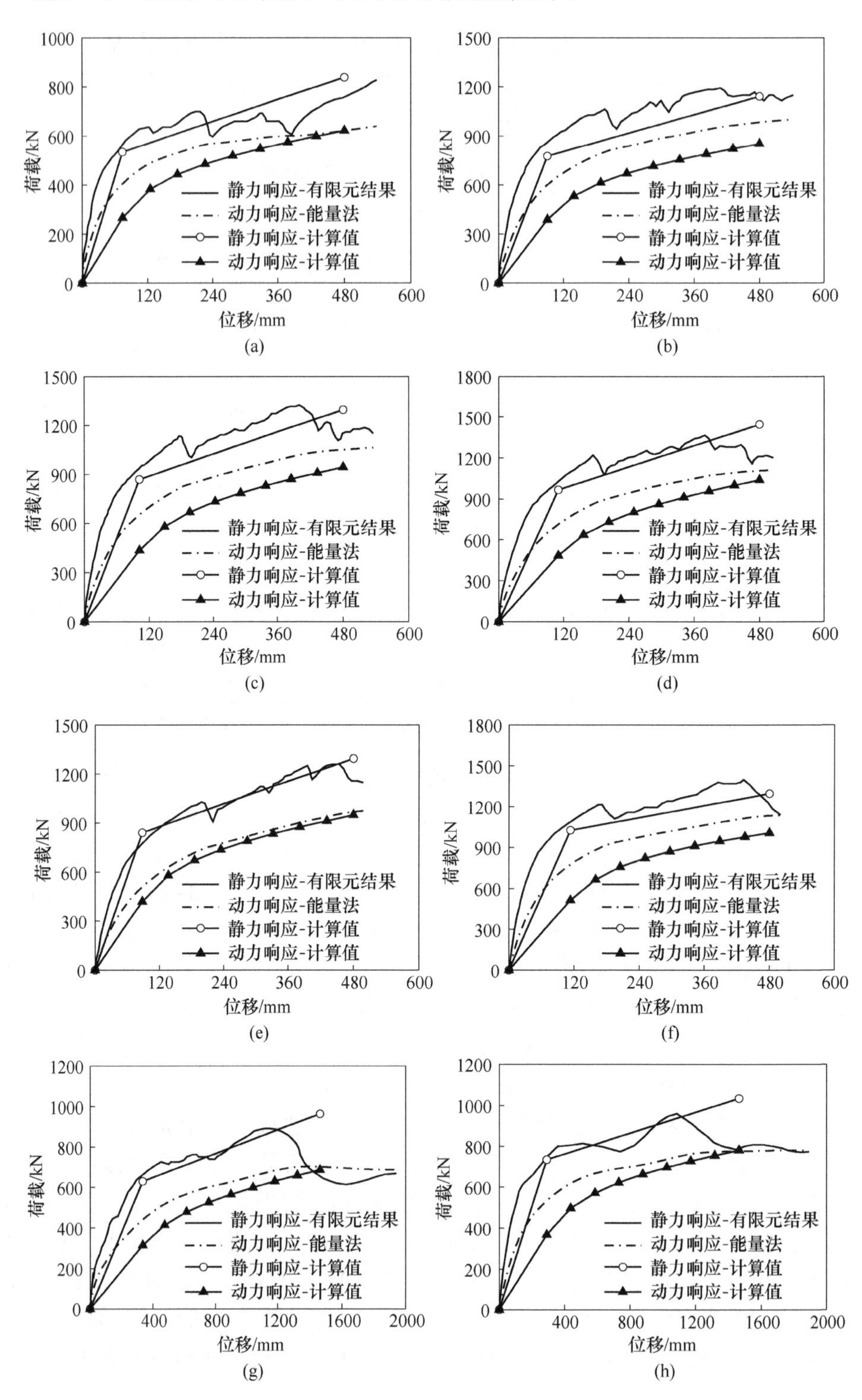
荷载/kN
位移/mm
静力响应-有限元结果
动力响应-能量法
静力响应-计算值
动力响应-计算值
(a)
(b)
(c)
(d)
(e)
(f)
(g)
(h)

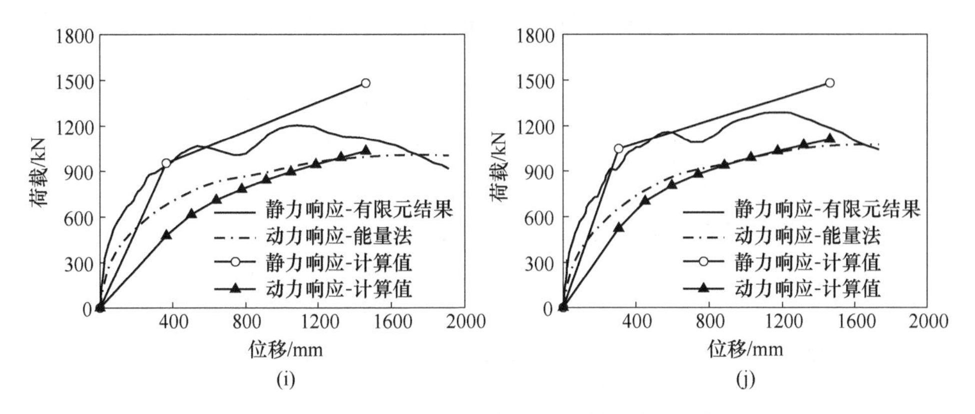

图 3-52 评估方法结果与有限元模拟结果比较

(a) FD-D0.0-R3-H65；(b) FD-D0.6-R3-H65；(c) FD-D0.9-R3-H65；(d) FD-D1.2-R3-H65；(e) FD-D0.9-R3-H50；(f) FD-D0.9-R3-H80；(g) B3-D0.5-R1；(h) B3-D1-R0；(i) B4-D1-R1；(j) B5-D1-R1

影响大变形阶段结构的承载力及对应的位移。考虑到结构动力响应承载力 q_d 是由结构小变形阶段的承载力 q_y 与位移 δ_y 和大变形阶段承载力 q_m 与位移 δ_m 共同决定的，其中一个结果的偏大并不会对动力响应承载力 q_d 产生显著的影响，因此大变形阶段计算得到的承载力高于有限元结果也是可以接受的。

根据上述 10 个试件对比结果可知，按照简化评估方法求得的动力响应值约为有限元值的 0.97 倍，其中最大值为 1.04、最小值为 0.87。因此，这表明本节的简化评估方法是保守的且有较高的准确度。

3.3.6.3 本节小结

本节首先简要地介绍了课题组的三维整体结构试验，随后详细叙述了抗剪栓钉推出试验和梁柱节点试验，并根据试验结果验证了评估方法的相应假设以及节点计算模型，最后根据三维整体结构的试验结果以及收集到的有限元分析结果对简化评估方法进行了验证。本节的主要内容如下：

(1) 简要地介绍了课题组的三维整体结构抗连续倒塌试验，为简化评估方法的验证提供了基础；

(2) 抗剪栓钉的推出试验表明，抗剪栓钉的抗剪强度和抗剪刚度随着栓钉间距的增加而提高，试件最终的破坏模式均为抗剪栓钉断裂；

(3) 腹板双角钢节点受拉试验结果表明，当双角钢的螺栓孔直径增加 2mm 时，其承载力约降低 8.33%，但最大承载力对应的位移基本不变，最终破坏模式为栓孔位置的双角钢螺被拉断，Bo Yang 模型计算结果与试验结果吻合较好；

(4) 腹板双角钢节点受压试验的承载力由螺栓抗剪承载力决定，最终破坏模式为螺栓剪断，相应变形为螺栓的剪切变形、双角钢及钢梁腹板螺栓孔承压变形总和，剪切板节点的理论计算模型能较好地预测腹板双角钢节点受压时的性能；

（5）平齐式端板节点试验结果表明提高螺栓的强度，节点的最大承载力稍有提高，而变形能力则提高较多，对比结果表明 3.2 节的内外排螺栓承载力计算公式是保守的且有较好的精度；

（6）课题组试验验证结果表明，评估方法计算得到的小变形阶段承载力约为试验值的 0.80 倍，大变形阶段承载力约为试验值的 1.01 倍，考虑动力效应的承载力值约为试验结果的 0.90 倍；

（7）王帅的试验验证结果表明，评估方法求得的小变形阶段承载力约为试验值 0.87 倍；

（8）有限元模拟的验证结果表明，简化评估方法求得的动力响应值约为有限元值的 0.97 倍，该简化评估方法是保守的且有较高的准确度。

3.4 评估方法应用及讨论

3.4.1 概述

前一节的试验及有限元验证结果表明，该节提出的简化评估方法能较为准确地评估钢框架-组合楼板结构在中柱失效情况下的抗连续倒塌性能。本节将根据 3.2 节的评估流程演示两个试件的详细计算过程，以便于工程设计人员参考。此外，本节将对评估方法作进一步简化，同时还为结构设计提出两点建议。

3.4.2 评估方法应用

3.4.2.1 试件 2×3-S-IC

2×3-S-IC 试件的 x 向跨度为 3m，y 向跨度为 2m。主梁与柱节点采用平齐式端板连接，次梁与主梁及次梁与柱节点采用腹板双角钢连接，节点详图如图 3-38 和图 3-43 所示。组合楼板的压型钢板为闭口形槽口，板厚为 65mm，混凝土立方体强度为 54MPa，结构其他参数详见文献［100］。根据图 3-30 所示的计算流程便可计算结构的抗连续倒塌承载力。

A 小变形阶段承载力 q_y

a 板的塑性绞线弯矩承载力

根据式（3-4）可求得顺压型钢板肋方向板的正弯矩承载力为：

$$m_x = 333.5 \times 850 \times \left(65 - 0.5 \times \frac{333.5 \times 850}{36.2 \times 1000}\right) = 17.32\text{kN} \cdot \text{m} \quad (3\text{-}72)$$

根据式（3-3）可求得顺压型钢板肋方向板的负弯矩承载力为：

$$m'_x = m''_x = 340 \times 321.7 \times \left(36 - 0.5 \times \frac{340 \times 321.7}{36.2 \times 1000}\right) = 3.77\text{kN} \cdot \text{m} \quad (3\text{-}73)$$

根据式（3-3）可求得垂直压型钢板肋方向板的正弯矩承载力为：

$$m_y = 340 \times 321.7 \times \left(22 - 0.5 \times \frac{340 \times 321.7}{36.2 \times 1000}\right) = 2.24\text{kN} \cdot \text{m} \quad (3\text{-}74)$$

垂直压型钢板肋方向板的负弯矩承载力 $m'_y = m''_y = 0$。

b 平齐式端板组合节点弯矩承载力

（1）正弯矩承载力。根据式（3-10）可求得组合楼板翼板的有效宽度：

$$b_e = 100 + 333.3 + 333.3 = 766.7\text{mm} \quad (3\text{-}75)$$

根据式（3-16）可求得端板节点外排螺栓的抗拉承载力为：

$$F_{\text{eff,o}} = \min\begin{cases} 1.0 \times (4.32 - 0.039 \times 23.2 + 0.0116 \times 30 + 0.009 \times 50) \times \\ \quad 12^2 \times 347 \\ (5.5 - 0.021 \times 29.33 + 0.017 \times 30) \times 7.8^2 \times 387.8 \\ 2 \times 157 \times 508 \end{cases} = 127266\text{N} \quad (3\text{-}76)$$

根据式（3-17）可求得端板节点内排螺栓的抗拉承载力为：

$$F_{\text{eff,i}} = \min\begin{cases} 1.0 \times (4.32 - 0.039 \times 23.2 + 0.0116 \times 30 + 0.009 \times 50) \times \\ \quad 12^2 \times 347 \\ 1.0 \times 50 \times 12^2 \times 347/23.2 \\ 50 \times 7.8^2 \times 387.8/29.33 \\ 2 \times 157 \times 508 \end{cases} = 40221\text{N} \quad (3\text{-}77)$$

根据式（3-19）可求得压型钢板的抗拉承载力为：

$$F_d = 333.5 \times 482 = 160747\text{N} \quad (3\text{-}78)$$

采用式（3-20）计算得到的楼板受压区高度 x_c 为：

$$x_c = \frac{127266 \times 2 + 40211 + 160747}{766.7 \times 36.2} = 16.4\text{mm} \quad (3\text{-}79)$$

采用式（3-21）即可计算得到齐式端板组合节点正弯矩承载力 $M_s = 55.8\text{kN} \cdot \text{m}$。

（2）负弯矩承载力。根据式（3-22）可求得钢筋的抗拉承载力为：

$$F_r = 340 \times 246.7 = 83878\text{N} \quad (3\text{-}80)$$

根据式（3-23）可求得钢梁翼缘的抗压承载力为：

$$F_c = 7.8 \times 100 \times 367 = 286260\text{N} \quad (3\text{-}81)$$

根据式（3-24）可判断上两排螺栓完全受拉，此时钢梁腹板受压区高度为：

$$x_{bw} = \frac{83878 + 160747 + 127266 + 40221 - 286260}{5.4 \times 390.0} = 59.8\text{mm} \quad (3\text{-}82)$$

采用式（3-27）即可计算平得到齐式端板组合节点负弯矩承载力 $M_s = 70.3\text{kN} \cdot \text{m}$。

c 腹板双角钢组合节点弯矩承载力

(1) 正弯矩承载力。由图 3-45 (a) 可知，按 Bo Yang 模型计算得到的双角钢最大轴向承载力约为 230kN。根据式 (3-28) 可求得腹板双角钢组合节点的正弯矩承载力为：

$$M_{dac} = 0.45 \times 230 \times (150/2 + 0.95 \times 65) = 14.2\text{kN} \cdot \text{m} \tag{3-83}$$

(2) 负弯矩承载力。根据式 (3-10) 可求得次梁上组合楼板翼板的有效宽度：

$$b_e = 75 + 390 + 390 = 855.0\text{mm} \tag{3-84}$$

钢筋的抗拉承载力根据式 (3-22) 可求得：

$$F_r = 340 \times 275.1 = 93534\text{N} \tag{3-85}$$

采用式 (3-29) 判断钢筋抗拉承载力与螺栓抗剪承载力相对大小，即：

$$93534\text{N} < \min\{140742;\ 150880;\ 106672\} = 106672\text{N} \tag{3-86}$$

采用式 (3-30) 可求得腹板双角钢组合节点的负弯矩承载力为 $M'_{dac} = 13.4\text{kN} \cdot \text{m}$。

将上述楼板的塑性弯矩值和组合节点的弯矩值代入式 (3-34) 即可求得结构在小变形阶段的承载力。

$$\begin{aligned} q_y &= 0.9 \times \frac{2/2 \times [2 \times 17.32 \times 3 + (3.77 + 3.77) \times 3] + 2/2 \times [2 \times 2.24 \times 2 + (0 + 0) \times 2]}{2 \times 2/3 \times (3 \times 3 - 2)} + \\ &\quad \frac{3}{4 \times 3 \times 2}\left(2 \times \frac{14.2 + 13.4 + 14.2 + 13.4}{3} + 2 \times \frac{55.8 + 70.3}{1.8}\right) \\ &= 35.7\ \text{kPa} \end{aligned} \tag{3-87}$$

B 小变形阶段位移 δ_y

根据结构布置形式可知，y 向双跨组合梁为主要受力构件，采用式 (3-52) 来求得小变形阶段位移值 δ_y，其中需要确定刚性连接时组合节点的弯矩值、组合梁的抗弯刚度及外荷载值。

a 刚性连接时组合节点弯矩值

y 向刚性连接组合节点的正弯矩承载力采用式 (3-11) 和式 (3-12) 计算，有：

$$M_r = 766.7 \times \frac{378.9 \times 2612}{766.7 \times 36.2} \times 36.2 \times \left(165 - 0.5 \times \frac{378.9 \times 2612}{766.7 \times 36.2}\right) = 145.7\text{kN} \cdot \text{m} \tag{3-88}$$

式 (3-88) 中，考虑压型钢板的贡献时混凝土受压区高度超过了板厚的一半，认为压型钢板离中和轴太近，可能不会发生屈服，因而不考虑压型钢板的贡献。

y 向刚性连接组合节点的负弯矩承载力采用式（3-15）计算，可得 $M'_{r,y}=$ 96.5kN·m。

b 组合梁抗弯刚度

y 向组合梁正弯矩区段的弹性抗弯刚度 $EI_{eq,y}=11122.25\text{kN}\cdot\text{m}^2$，负弯矩区段的弹性抗弯刚度 $EI'_{eq,y}=5192.53\text{kN}\cdot\text{m}^2$，则 $\alpha=0.9\times11122.25/5192.553=1.93$。

采用式（3-37）可求得同时考虑弹塑性和梁板界面滑移的抗弯刚度：

$$B=0.45\times11122.25=5005.01\text{kN}\cdot\text{m}^2 \tag{3-89}$$

c 外荷载值

采用式（3-11）和式（3-12）可计算得到 x 向刚性连接组合节点的正弯矩承载力 $M_{r,x}=64.8\text{kN}\cdot\text{m}$。$x$ 向正弯矩区段的弹性抗弯刚度 $EI_{eq,x}=5073.62\text{kN}\cdot\text{m}^2$。根据式（3-55）计算外荷载值，有：

$$F_y=\frac{1}{\dfrac{1}{(3/2)^3}\times\dfrac{3\times\dfrac{14.2}{64.8}\times5073.62}{\dfrac{55.8}{145.7}\times11122.25}+1}\times\left(35.7\times\frac{3\times2}{2}\right)=86.75\text{kN} \tag{3-90}$$

采用式（3-52）来求得小变形阶段位移值 δ_y，有：

$$\begin{aligned}\delta_y&=\frac{145.7}{55.8}\times\frac{86.75\times4^3}{20\times5005.01}\times[1+0.056\times(1.93-1)]-\frac{70.3}{55.8}\times\\&\quad\frac{96.5\times4^2}{8\times5005.01}\times[1+0.090\times(1.93-1)]\\&=99.6\text{mm}\end{aligned} \tag{3-91}$$

C 大变形阶段位移 δ_m

根据式（3-68）可计算得到大变形阶段位移值：

$$\delta_m=\frac{2000}{5}+\frac{3000-2000}{12.5}=480\text{mm} \tag{3-92}$$

D 大变形阶段承载力 q_m

a 钢梁悬链线效应承载力 q_{CA}

节点伸长量根据表 3-6 计算。如图 3-26 所示，Ⓐ轴、Ⓑ轴、ⒷB 轴和两轴单个节点的伸长量分别为 14.4mm、25.6mm、14.4mm 和 38.4mm。腹板双角钢节点及平齐式端板节点的轴线荷载-位移曲线按相应理论模型计算，不再赘述。这里采用试验得到的荷载-位移曲线，分别见图 3-40（a）的试件 DAC-1 和图 3-45 的前三个试件，相应的 1/A 轴、Ⓑ轴、1/B 轴和两轴的节点轴向承载力分别为 133. 23kN、177. 50kN、133. 23kN 和 0kN。根据式（3-57）即可求得悬链线效应承载力为：

$$q_{CA}=\frac{1}{4\times 2\times 3}\times\left(2\times\frac{8\times 360}{6}\times 133.23+\frac{8\times 480}{6}\times 177.50\right)=10.06\text{kPa} \tag{3-93}$$

b　板受拉膜效应承载力 q_{TMA}

根据结构尺寸，取 $m=4$、$n=6$。采用式（3-63）可计算 x 向条带内钢筋的平均应变来判断其是否屈服，各条带编号如图 3-28 所示。经过计算可知，除了边缘条带的 $f_{rx4}=E_r\varepsilon_{rx4}=220382.0\times 0.0009375=206.61\text{MPa}$，其他条带内钢筋均发生屈服。根据式（3-62）可以计算单个条带内的钢筋抗拉承载力，即有：

$$T_{sx1}=T_{sx2}=T_{sx3}=340\times 2/4\times 321.7=54.69\text{kN} \tag{3-94}$$

$$T_{sx4}=206.61\times 2/4\times 321.7=33.23\text{kN} \tag{3-95}$$

采用式（3-66）可计算 y 向钢筋及压型钢板应变。经过计算可知，除了边缘条带 $f_{ry6}=E_r\varepsilon_{ry6}=215.89\text{MPa}$ 和 $f_{d6}=E_d\varepsilon_{d6}=204.21\text{MPa}$，其他条带内钢筋和压型钢板发生屈服。根据式（3-65）可以计算单个条带内的钢筋抗拉承载力，即有：

$$T_{sy1}\sim T_{sy5}=340\times\frac{3}{6}\times 321.7+0.4\times 333.5\times\frac{3}{6}\times 850=111.38\text{kN} \tag{3-96}$$

$$T_{sy6}=215.89\times\frac{3}{6}\times 321.7+0.4\times 204.21\times\frac{3}{6}\times 850=69.44\text{kN} \tag{3-97}$$

根据式（3-67）计算板受拉膜效应承载力 q_{TMA} 为：

$$\begin{aligned}q_{TMA}=\frac{2\times 0.48}{3\times 2}\times\Big[&\frac{1}{2}\times(0.9931\times 111.38+0.9375\times\\&111.38+0.8264\times 111.38+0.6597\times 111.38+\\&0.4375\times 111.38+0.1597\times 69.44)+\frac{1}{3}\times\\&(0.9844\times 54.69+0.8594\times 54.69+0.6094\times\\&54.69+0.2344\times 33.23)\Big]\\=42.78\text{kPa}&\end{aligned} \tag{3-98}$$

大变形阶段承载力 $q_m=q_{CA}+q_{TMA}=52.8\text{kN/m}^2$。

E　非线性动力响应 q_d

采用式（3-70）计算结构考虑动力效应的承载力 q_d 为：

$$q_d=\frac{1}{2\times 480}\times[35.7\times 99.6+(35.7+52.8)\times(480-99.6)]=38.8\text{kPa} \tag{3-99}$$

因为 q_d 值大于设计荷载及非线性动力分析时的荷载，因此判定结构不发生连续倒塌。

3.4.2.2 试件 B5-D1-R1

B5-D1-R1 试件 x 向跨度为 9.14m，y 向跨度为 6.10m。主梁（W16×26）沿 y 向布置，次梁（W14×22）沿 x 向布置，压型钢板沿 y 向铺设。结构的节点均采用剪切板连接节点，每个节点中均有 5 颗螺栓，螺栓直径为 22mm，相邻螺栓的竖向间距为 67mm。剪切板厚 9.5mm，屈服强度为 248.2MPa。组合楼板的压型钢板为开口形槽口，压型钢板厚 0.9mm，肋高 76.2mm，肋上部的混凝土板厚为 82.5mm，混凝土抗压强度为 20.7MPa，结构其他参数详见文献［146］。根据图 3-30 所示的计算流程便计算结构在中柱失效时的抗连续倒塌性能。

A 小变形阶段承载力 q_y

a 板的塑性绞线弯矩值

根据式（3-5）可求得顺压型钢板肋方向板的正弯矩承载力为：

$$m_x = 248 \times 1269 \times \left(120.6 - 0.5 \times \frac{248 \times 1269}{20.7 \times 1000}\right) = 35.56\text{kN} \cdot \text{m} \tag{3-100}$$

根据式（3-6）可求得顺压型钢板肋方向板的负弯矩承载力为：

$$m'_x = m''_x = 448 \times 60 \times \left(130.7 - 0.5 \times \frac{448 \times 60}{20.7 \times 450}\right) = 3.47\text{kN} \cdot \text{m} \tag{3-101}$$

根据式（3-3）可求得垂直压型钢板肋方向板的正弯矩承载力为：

$$m_y = 448 \times 60 \times \left(28 - 0.5 \times \frac{448 \times 60}{20.7 \times 1000}\right) = 0.74\text{kN} \cdot \text{m} \tag{3-102}$$

垂直压型钢板肋方向板的负弯矩承载力：

$$m'_y = m''_y = 448 \times 60 \times \left(54.5 - 0.5 \times \frac{448 \times 60}{20.7 \times 1000}\right) = 1.45\text{kN} \cdot \text{m} \tag{3-103}$$

采用式（3-2）可以求得 $x = 2.28$m。

b 主梁节点弯矩承载力

（1）正弯矩承载力。根据式（3-10）可求得组合楼板的有效翼缘宽度：

$$b_e = 140 + 952.2 + 952.2 = 2044.4\text{mm} \tag{3-104}$$

（2）抗拉承载力。根据式（3-19）可求得压型钢板的抗拉承载力为：

$$F_d = 248 \times 2137.5 = 530100\text{N} \tag{3-105}$$

每排螺栓的承载力取螺栓抗剪承载力、梁腹板抗剪承载力和梁腹板局部承压承载力三者之间的最小值，相应的承载力为 87.38kN。借鉴式（3-28）可求得组合节点的正弯矩承载力为：

$$M_{fp,y} = 5 \times 87.38 \times (399/2 + 0.90 \times 158.7) + 0.9 \times 530.1 \times (158.7 - 38.1) = 207.10\text{kN} \cdot \text{m} \tag{3-106}$$

根据式（3-22）可求得钢筋的抗拉承载力为：

$$F_r = 448 \times 122.7 = 54970\text{N} \tag{3-107}$$

钢筋和压型钢板的抗拉承载力之和 $F_r + F_d = 585.07\text{kN}$，大于螺栓的抗剪承载力 87.38*kN*，满足式（3-31）条件，按式（3-32）计算负弯矩承载力值：

$$M'_{fp,y} = 54.97 \times 330.2 + (5 \times 87.38 - 54.97) \times 237.6 = 108.90\text{kN} \cdot \text{m} \tag{3-108}$$

c　次梁节点弯矩承载力

（1）正弯矩承载力。采用式（3-28）计算组合节点的正弯矩承载力：

$$M_{fp,x} = 5 \times 87.38 \times (349/2 + 0.95 \times 158.7) = 142.11\text{kN} \cdot \text{m} \tag{3-109}$$

（2）负弯矩承载力。根据式（3-10）可求得组合楼板的有效翼缘宽度：

$$b_e = 127 + 952.2 + 952.2 = 2034.1\text{mm} \tag{3-110}$$

根据式（3-22）可求得钢筋的抗拉承载力为：

$$F_r = 448 \times 121.9 = 54611.2\text{N} \tag{3-111}$$

钢筋和压型钢板的抗拉承载力之和 $F_r + F_d = 54.61\text{kN}$，小于螺栓的抗剪承载力 87.38kN，满足式（3-29）条件，按式（3-30）计算负弯矩承载力值：

$$M'_{fp,x} = 54611.2 \times 439.2 = 23.99\text{kN} \cdot \text{m} \tag{3-112}$$

将上述楼板的塑性弯矩值和组合节点的弯矩值代入式（3-34）即可求得结构在小变形阶段的承载力：

$$\begin{aligned} q_y &= 0.9\frac{2/6.1[2 \times 35.56 \times 9.14 + (3.47 + 3.47) \times 9.14] + 2/2.28[2 \times 0.74 \times 6.1 + (1.45 + 1.45) \times 6.1]}{2 \times 6.1/3 \times (3 \times 9.14 - 2.28)} + \\ &\quad \frac{3}{4 \times 9.14 \times 6.1} \times \left(2 \times \frac{142.11 + 23.99 + 142.11 + 23.99}{8.78} + 2 \times \frac{207.10 + 108.90}{6.1}\right) \\ &= 4.68\text{kPa} \end{aligned} \tag{3-113}$$

B　小变形阶段位移 δ_y

根据结构布置形式可知，y 向双跨组合梁为主要受力构件，采用式（3-52）来求得小变形阶段位移值 δ_y，其中需要确定刚性连接时组合节点的弯矩值、组合梁的抗弯刚度及外荷载值。

a　刚性连接时组合节点弯矩值

y 向刚性连接组合节点的正弯矩承载力采用式（3-11）和式（3-12）计算，有：

$$x_c = \frac{344.8 \times 4806 + 248 \times 2137.5}{2044.4 \times 20.7} = 51.68\text{mm} < 0.5 \times (158.7 - 38.1) = 60.3\text{mm} \tag{3-114}$$

$$M_{r,y} = 344.8 \times 4806 \times 332.36 + 248 \times 2137.5 \times 94.76 = 600.98\text{kN} \cdot \text{m} \tag{3-115}$$

y 向刚性连接组合节点的负弯矩承载力采用式（3-15）计算，有 $M'_{r,y} = 347.67\text{kN} \cdot \text{m}$。

b 组合梁抗弯刚度

y 向组合梁正弯矩区段的弹性抗弯刚度 $EI_{eq,y} = 111495.22\text{kN} \cdot \text{m}^2$，负弯矩区段的弹性抗弯刚度 $EI'_{eq,y} = 57579.62\text{kN} \cdot \text{m}^2$，则 $\alpha = 0.9 \times 111495.22/57579.62 = 1.74$。

采用式（3-37）可求得同时考虑弹塑性和梁板界面滑移的抗弯刚度：

$$B = 0.45 \times 111495.22 = 50172.85\text{kN} \cdot \text{m}^2 \tag{3-116}$$

c 外荷载值

采用式（3-11）和式（3-12）可计算得到 x 向刚性连接组合节点的正弯矩承载力 $M_{r,x} = 465.00\text{kN} \cdot \text{m}$。$x$ 向正弯矩区段的弹性抗弯刚度 $EI_{eq,x} = 84035.35\text{kN} \cdot \text{m}^2$。根据式（3-55）计算外荷载值，有：

$$F_y = \frac{1}{\dfrac{1}{(9.14/6.1)^3} \times \dfrac{3 \times \dfrac{142.11}{465.00} \times 84035.35}{\dfrac{207.10}{600.98} \times 111495.22} + 1} \times \left(4.68 \times \frac{9.14 \times 6.1}{2}\right) = 80.89\text{kN} \tag{3-117}$$

采用式（3-52）求得小变形阶段位移值 δ_y，有：

$$\begin{aligned} \delta_y &= \frac{600.98}{207.1} \times \frac{80.89 \times 12.2^3}{20 \times 50172.85} \times [1 + 0.056 \times (1.74 - 1)] - \\ &\quad 1.0 \times \frac{347.67 \times 12.2^2}{8 \times 50172.85} \times [1 + 0.090 \times (1.74 - 1)] \\ &= 304.9\text{mm} \end{aligned} \tag{3-118}$$

C 大变形阶段位移 δ_m

根据式（3-68）可计算得到大变形阶段位移值：

$$\delta_m = \frac{6100}{5} + \frac{9140 - 6100}{12.5} = 1463.2\text{mm} \tag{3-119}$$

D 大变形阶段承载力 q_m

a 钢梁悬链线效应承载力 q_{CA}

节点伸长量根据表 3-6 计算。如图 3-26 所示，1/A 轴、B 轴、1/B 轴和两轴单个节点的伸长量分别为 43.9mm、78.1mm、43.9mm 和 117.0mm。因节点中螺栓中心线至剪切板端部和钢梁端部的距离均为 38.1mm，节点的伸长量达到上述值时，节点已经发生破坏，这与有限元分析结果是吻合的。因此，大变形阶段钢梁悬链线效应承载力 q_{CA} 为 0。

b 板受拉膜效应承载力 q_{TMA}

根据结构尺寸，取 $m=6$、$n=9$。采用式（3-63）可计算 x 向条带内钢筋的平均应变来判断其是否屈服，各条带编号如图 3-28 所示。经过计算可知，除了边缘条带的 $f_{rx6}=E_r\varepsilon_{rx6}=206000\times 0.0004359=89.79\text{MPa}$，其他条带内钢筋均发生屈服。根据式（3-62）可以计算单个条带内的钢筋抗拉承载力，即有：

$$T_{sx1}=T_{sx2}=T_{sx3}=T_{sx4}=T_{sx5}=448\times 6.1/6\times 60=27.33\text{kN} \quad (3\text{-}120)$$

$$T_{sx6}=89.79\times 6.1/6\times 60=5.48\text{kN} \quad (3\text{-}121)$$

采用式（3-66）可计算 y 向钢筋及压型钢板应变。经过计算可知，除了边缘条带 $f_{ry9}=E_r\varepsilon_{ry9}=92.21\text{MPa}$ 和 $f_{d9}=E_d\varepsilon_{d9}=92.21\text{MPa}$，其他条带内钢筋和压型钢板发生屈服。根据式（3-65）可以计算单个条带内的钢筋抗拉承载力，即有：

$$T_{sy1}\sim T_{sy8}=448\times 9.14/9\times 60+0.4\times 248\times 9.14/9\times 900=117.97\text{kN} \quad (3\text{-}122)$$

$$T_{sy9}=92.21\times 9.14/9\times 60+0.4\times 92.21\times 9.14/9\times 900=39.33\text{kN} \quad (3\text{-}123)$$

根据式（3-67）计算板受拉膜效应承载力 q_{TMA} 为：

$$\begin{aligned} q_{TMA}=&\frac{2\times 1.4632}{9.14\times 6.1}\times\left[\frac{1}{6.1}\times(0.9969\times 117.97+0.9722\times 117.97+0.9228\times\right.\\ &117.97+0.8488\times 117.97+0.7500\times 117.97+0.6265\times 117.97+\\ &0.4784\times 117.97+0.3056\times 117.97+0.1080\times 39.33)+\\ &\frac{1}{9.14}\times(0.9931\times 27.33+0.9375\times 27.33+0.8264\times 27.33+\\ &\left.0.6597\times 27.33+0.4375\times 27.33+0.1597\times 5.48)\right]\\ =&6.64\text{kPa} \end{aligned} \quad (3\text{-}124)$$

大变形阶段承载力 $q_m=q_{CA}+q_{TMA}=6.64\text{kPa}$。

E 非线性动力响应 q_d

采用式（3-70）计算结构考虑动力效应的承载力 q_d 为：

$$q_d=\frac{1}{2\times 1463.2}\times[4.68\times 304.9+(4.68+6.64)\times(1463.2-304.9)]=4.97\text{kPa} \quad (3\text{-}125)$$

该结构在中柱失效后的抗连续倒塌承载能力 q_d 大于结构非线性动力分析时的荷载值（$1.2D+0.5L=3.94\text{kPa}$），因此该结构应不会发生连续倒塌。

3.4.3 评估方法简化

根据上述两个示例的计算可知，该评估方法仍可进一步简化来适当地减少计算量，从而便于实际工程适用。简化部分包括三个方面：

（1）计算板的塑性铰线荷载时，斜向塑性铰线交点到短边的距离 x 可以近似取 $0.5l_y$，计算结果表明 $x=0.5l_y$ 时求得的 q_1 值与精确值差别较小，满足工程要求。

（2）计算小变形阶段位移时，需要计算变截面组合梁跨中考虑滑移效应的折减刚度与支座两侧梁截面抗弯刚度的比值 α，前两节提到的试验组合框架及有限元分析中的 α 值在 1.59~2.22 之间，因此可以近似地取 α 为 2.0，这样就无需计算支座两侧梁截面的抗弯刚度，从而适当地减少了计算量。

（3）计算板受拉膜效应承载力时，需要判断各条带内钢筋及压型钢板的抗拉强度，而计算表明除了边缘条带外，其他条带内的钢筋一般都会屈服，因此简化计算中，可以将钢筋和压型钢板的抗拉强度直接取相应的屈服强度，这对整体计算结果影响很小。此时，式（3-60）可以简化成式（3-126）：

$$q_{\mathrm{TMA}}=\frac{4\delta_{\mathrm{m}}}{3}\left(\frac{T_{\mathrm{s}x}}{L_x^2}+\frac{T_{\mathrm{s}y}}{L_y^2}\right) \tag{3-126}$$

式中 $T_{\mathrm{s}x}$——x 向单位宽度楼板的受拉承载力，取 $T_{\mathrm{s}x}=f_{y,\mathrm{r}}A_{\mathrm{r}x}$；

$T_{\mathrm{s}y}$——y 向单位宽度楼板的受拉承载力，取 $T_{\mathrm{s}y}=f_{y,\mathrm{r}}A_{\mathrm{r}y}+\varphi f_{\mathrm{y,d}}A_{\mathrm{d}}$，各参数详见 3.2.5.2 节。

按式（3-126）计算的试件 2×3-S-IC 在大变形阶段的板受拉膜效应承载力 q_{TMA} 为 43.42kPa，与式（3-67）的计算结果 42.78kPa 相差很小；对于试件 B5-D1-R1，式（3-126）的计算结果 6.72kPa 与式（3-67）的计算结果 6.64kPa 同样差别很小。因此采用式（3-126）计算 q_{TMA} 可以减少计算量。

3.4.4 结构设计建议

为了使结构获得较好的抗连续倒塌性能，结构设计时可以考虑从以下两个方面着手：

（1）提高主梁与柱连接节点的强度，从而提高结构在小变形阶段的承载力及刚度，而次梁与柱及次梁与主梁节点则采用延性较好的连接形式，如腹板双角钢连接，以提高梁在大变形阶段的悬链线效应的承载力；

（2）楼板内钢筋和压型钢板尽可能布置成具有连续性的，这样既能提高组合节点的抗弯承载力，又有利于楼板受拉膜效应的形成，从而同时提高了结构在小变形阶段和大变形阶段的抗连续倒塌承载力。

3.5 结论与展望

3.5.1 结论

本章基于课题组的钢框架-组合楼板三维整体结构在中柱失效情况下的抗连续倒塌试验研究成果，提出了一种适用于工程实际的简化评估方法，试验及有限元验证结果表明该简化评估方法有较高的准确性，最后还进行了算例演示，以便于工程设计师参考。本章主要结论概括如下：

（1）通过对连续倒塌工况下结构破坏过程和传力机理的阐述，确定了小变形条件下考虑梁抗弯机制和板屈服承载力，以及大变形条件下考虑梁悬链线机制和板受拉膜机制的原则；

（2）将板的屈服承载力和组合框架的受弯承载力作为中柱失效后剩余结构在小变形阶段的承载力，并推导了一种简化计算大变形阶段下板受拉膜效应和梁悬链线效应承载力的算法；

（3）提出了计算半刚性连接组合框架结构在小变形阶段和大变形阶段变形值的简化公式，该公式可操作性强且有较好的精度；

（4）基于本节评估方法求得的静力荷载-位移曲线，采用 Izzuddin 提出的能量法考虑结构非线性动力响应承载力；

（5）腹板双角钢节点的试验结果表明已有的理论计算模型能很好地预测节点轴向承载力与变形性能，平齐式端板节点试验结果表明“组件法”中各排螺栓的承载力计算公式精度较好；

（6）课题组的试验验证结果表明，按本节评估方法计算得到的小变形阶段承载力约为试验值的 0.80 倍，大变形阶段承载力约为试验值的 1.01 倍，考虑动力响应的承载力值约为试验结果的 0.90 倍，有限元模拟的验证结果表明，按本节评估方法求得的考虑动力效应的抗连续倒塌承载力约为有限元值的 0.97 倍；

（7）在评估方法中，取 $x=0.5l_y$、$\alpha=2.0$ 及楼板内钢筋和压型钢板均达到屈服对整体结果影响很小，建议在一般的钢框架-组合楼板结构抗连续倒塌性能简化评估时采用这样的简化计算。

3.5.2 展望

本章提出的简化评估方法是针对钢框架-组合楼板结构的中柱失效工况，边柱及角柱失效工况没有考虑。此外为了简化，本章的评估方法作了诸多假定，可能有不符合实际情况之处，可以加以改进。鉴于此，今后研究内容可以从以下几个方面考虑：

（1）收集更多不同尺寸、不同类型的三维整体结构的试验和有限元模拟数据对本节评估方法作进一步验证，以确定该评估方法的通用性；

（2）将评估方法拓展到结构的边柱和角柱失效的情况；

（3）将评估方法延伸到钢框架-组合楼板结构体系之外的其他体系结构；

（4）探索小变形阶段楼板受压膜效应承载力、梁压拱效应承载力的简化计算方法，从而更准确地获得结构在小变形阶段的承载力；

（5）定量研究边界条件对板受拉膜效应承载力和梁悬链线效应承载力的影响，以获得不同边界条件下楼盖结构在大变形阶段的承载力。

4　钢框架组合楼板结构在中柱失效下抗连续倒塌三维整体效应研究

4.1　试验概况与节点组件模型的建立

4.1.1　概述

钢结构关于抗连续倒塌性能相关的试验研究相对混凝土较少，尤其是考虑楼板作用的三维整体结构试验研究更少。本课题组依托国家自然科学基金《钢框架-组合楼板结构抗连续倒塌的三维整体效应研究》（51408077）在重庆大学振动台实验室完成了全部四个试件。在试验方法上，该试验不同于传统的堆载加载方法，仅能获得一个固定荷载下的结构响应，而是采用位移控制的多点加载方式来模拟均布荷载，通过一次结构测试获得了钢框架组合楼板结构从小变形阶段到大变形阶段的全部力学性能指标、传力机理、各个构件与连接的破坏顺序以及最终的破坏模式。本节将对试验的概况进行介绍，试验结果将与下一节有限元计算结果做全面对比，并验证有限元模型的有效性和可靠性。

在中柱失效方案情况下，钢框架在大变形阶段进入悬链线受力阶段，钢梁的内部产生较大的轴向力，构件不再是单纯以受弯为主的构件。节点区是钢框架较薄弱的区域，其承载力和延性的大小对悬链线效应的发展起关键作用。本节将采用欧洲规范 3-1-8[152] 和欧洲规范 4-1-1[153] 中给出的组件法来模拟节点的力学性能，因此本节还将介绍基本组件力学性能的研究方法和结果。

4.1.2　试验概况

试验以多层钢框架组合楼板结构的子结构为主要研究对象，如图 4-1 所示红色部分，采用拆除构件法模拟中柱失效工况下剩余结构在静力荷载下的力学性能，再通过能量法将准静态力学性能指标转化成考虑动力效应的伪静态响应。

为了得到结构在大量构件破坏后荷载下降的过程，试验采用位移加载的方式，通过三级分配梁将荷载平均分在 12 个点，近似模拟均布加载，如图 4-2 所示。

受课题经费和试验场地限制，试验共设计了 4 个 1/3 缩尺试件，其中一个为标准试件，另外三个试件分别改变楼板长宽比、抗剪键数量以及边界约束条件，

图 4-1 试验子结构单元的选取

图 4-1 彩图

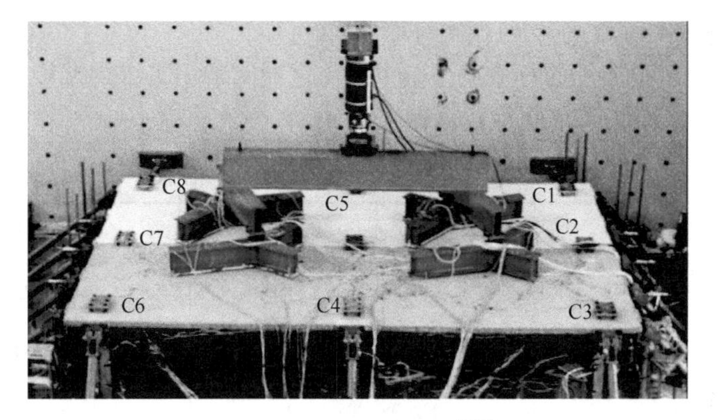

图 4-2 试验加载系统[154]

结果见表 4-1。表 4-1 中 IC 代表主梁和次梁梁端两边都布置水平和竖向约束装置，PC 代表次梁梁端两边都布置约束，主梁只有一边布置约束。

表 4-1 四个试件的参数

试件编号	楼板跨度/m×m	楼板厚度/mm	边界条件	组合作用
2×2-S-IC	2×2	65	IC	强
2×3-S-IC	2×3	65	IC	强
2×3-W-IC	2×3	65	IC	强
2×3-S-PC	2×3	70	PC	弱

标准试件层高 1.4m，主梁方向跨度 2m，次梁方向跨度 3m，梁端向外悬挑 500mm 用来考虑周边跨的影响，其平面布置图如图 4-3 所示。

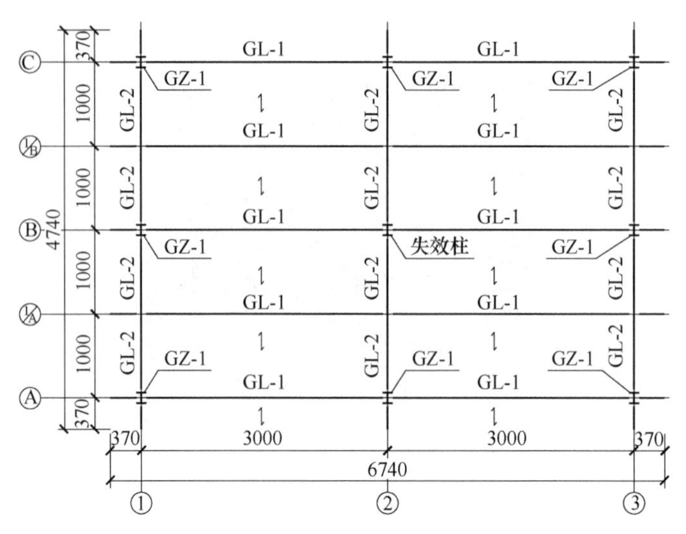

图 4-3 结构平面布置图[155]（单位：mm）

表 4-2 列出了构件的具体类型。主梁与柱之间采用平齐式端板连接，次梁与柱以及次梁与主梁均采用腹板双角钢连接。

表 4-2 试验结果与有限元模拟结果对比

构件类别	截面类型/mm×mm×mm×mm	材料种类
GL-1	H150×75×5×7	Q235
GL-2	H200×100×5.5×8	Q345
GZ-1	H200×200×8×12	Q345

组合楼板中压型钢板采用常见的闭口式压型钢板，钢板厚 0.9mm，波高 40mm，如图 4-4 所示。

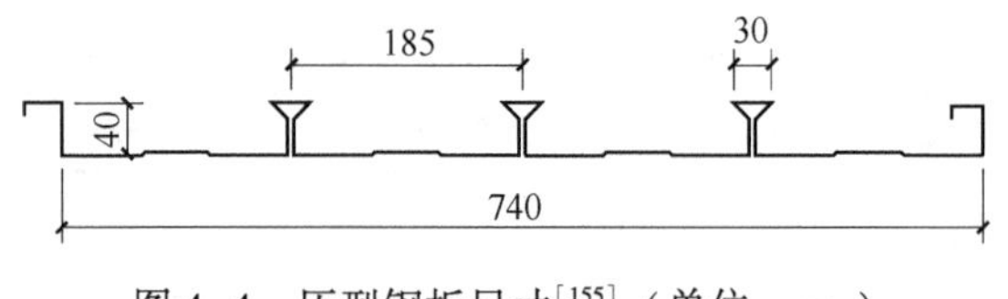

图 4-4 压型钢板尺寸[155]（单位：mm）

课题组在整体结构试验之前完成了钢材的单轴拉伸试验和混凝土立方体抗压强度试验，钢材拉伸试验的结果见表 4-3，混凝土在养护 28d 后立方体抗压强度平均值 54MPa。

表 4-3 材料性能试验结果

构件类别	弹性模量/GPa	屈服强度/MPa	抗拉强度/MPa	伸长率/%
次梁	197.17	283.69	426.00	20.7
主梁	202.13	378.93	531.52	16.6
柱	200.87	353.19	507.25	16.0
角钢	202.90	371.12	540.46	16.0
端板	204.48	387.76	578.59	15.7
钢筋	220.4	340.3	503.1	21.3
压型钢板	208.46	333.5	396	12.7

更多试验的细节在文献［154］中有更多叙述，本节不再赘述。

4.1.3 节点组件模型的建立和验证

4.1.3.1 组件法简介

欧洲规范 3（EC3）中提出了一种预测钢结构节点性能的研究方法，即将复杂的节点区简化为三个区域：受拉区、受压区和受剪区，每个区域由一系列基本组件构成，通过确定这些基本组件的性能来表达整个节点的受力性能，这种方法称为组件法。欧洲规范 4（EC4）又增加了考虑楼板作用的方法。组件法主要有三个基本步骤[156]：（1）划分节点域，确定节点域中的有效力学组件；（2）通过试验、分析或理论计算确定每一个基本组件的刚度和承载力；（3）将所有基本组件进行组合，通过组合成的节点组件模型来表达此节点在拉力、压力及弯矩作用下的力学性能。

目前，已有很多研究人员采用组件法对各种节点形式进行了研究。石永久等[157]运用组件法对平齐式端板连接节点和栓焊连接节点进行分析，提出了考虑包括钢梁柱屈曲、混凝土局部受压、腹板抗剪、栓钉剪切等因素的组合节点在正负弯矩作用下抗弯承载力计算公式。对于 H 形钢梁与柱子通过角钢或者端板相连，按照欧洲规范的方法常常会被分为一系列 T 形连接件组件。V. Piluso 等[158]提出了计算 T 形连接件力和位移关系的理论方法，此法中提到 T 形有三种不同的破坏模式，分别是翼缘屈服后撕裂螺栓未破坏破坏、翼缘屈服后螺栓破坏、翼缘未屈服螺栓直接破坏，如图 4-5 所示。

4.1.3.2 双角钢节点组件模型

三维整体结构中次梁与主梁、柱的连接均采用腹板双角钢的节点形式连接，此类节点的组件模型被分为一系列等效的弹簧，这些等效弹簧组合可以预测节点

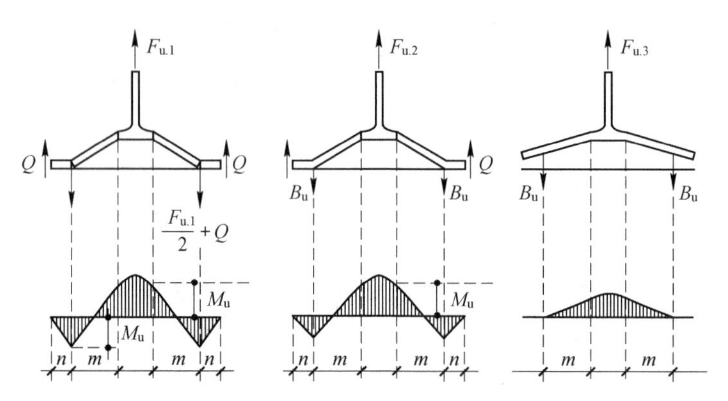

图 4-5　受拉 T 形连接件的三种破坏模式[158]

同时承受拉力和弯矩时的力学性能，如图 4-6 所示，图中“abb”代表角钢受压，“bs”代表螺栓受剪，“bwbb”代表梁腹板受弯，“bt”代表螺栓受拉，“wab”代表角钢受弯、“bsm”代表螺栓滑移。每一排的等效弹簧均与螺栓孔中心对齐，这样会使结果更有效[159]。这种组件的方法在文献［160，161］中使用过，取得了较好的效果。

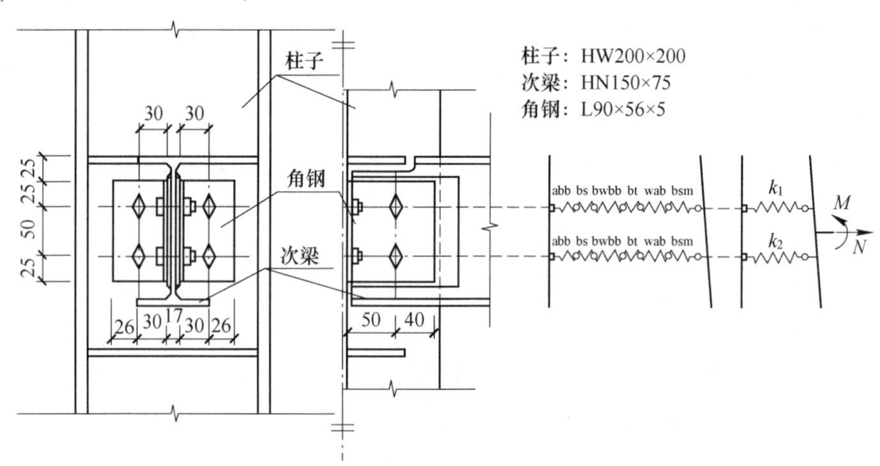

图 4-6　梁柱节点中双角钢连接的组件模型（单位：mm）

为了得到此类节点受拉等效弹簧的力学模型，课题组采用了较为直接的试验的方法，如图 4-7 所示，对 5 组双腹板角钢节点（A-1，A-3～A-6）进行了轴向拉伸试验（A-2 试验中加载设备出现问题，未采用），试验中所有的基本构件均与三维整体试验相同。由于组成该节点的两个受拉等效弹簧关于中轴对称，弹簧刚度相同，因此可取一半的刚度作为单个受拉等效弹簧的刚度。图 4-8 给出了 5 个试件（A-1，A-3～A-6）1/2 荷载与位移的关系曲线，并对曲线进行拟合，得到了本节中使用的双角钢节点受拉等效弹簧的力学模型。

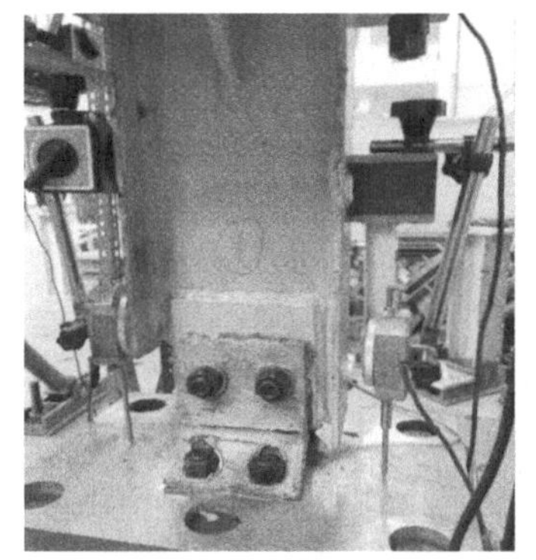
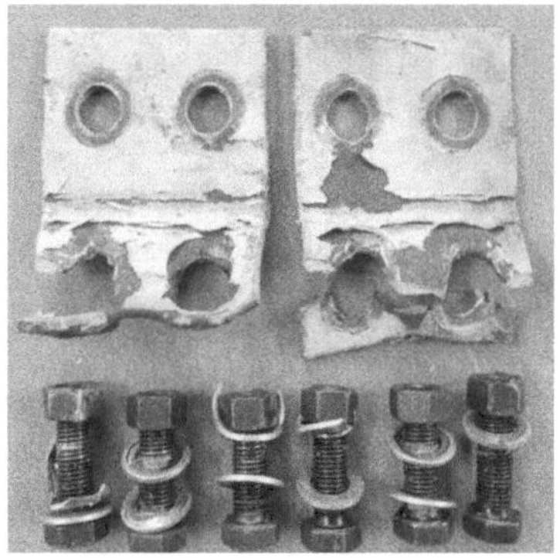

图 4-7 双腹板角钢节点轴向拉伸试验[156]

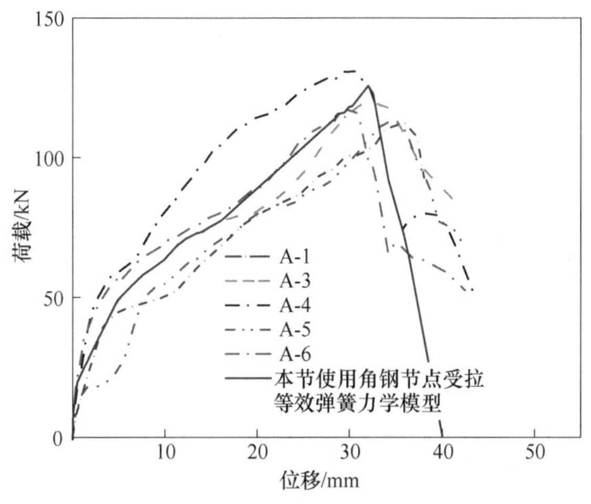

图 4-8 彩图

图 4-8 双角钢节点受拉等效弹簧力学模型

为了得到双角钢节点的受压等效弹簧的力学模型，课题组同样完成了两组（AC-1，AC-2）轴向压缩试验；同样由于对称，对试验结果 1/2 荷载与位移的关系曲线进行拟合，作为本节中使用的双角钢节点受压等效弹簧的力学模型，如图 4-9 所示。

4.1.3.3 平齐式端板组件模型

平齐式端板连接是主梁与柱子的连接形式，其主要组件包括了柱腹板受拉（cwt），柱翼缘受弯（cfb），螺栓受拉（bt），梁端板受弯（epb），梁腹板受拉（bwt）以及梁翼缘受压（bfc），梁腹板受压（bwc）、柱翼缘受压（cfc）[162]，如图 4-10 所示。

本节试验构件中柱子的翼缘和腹板较厚，在试验中测量到的变形较小，因此本节重点考虑螺栓受拉（bt），梁端板受弯（epb），梁翼缘受压（bfc），梁腹板

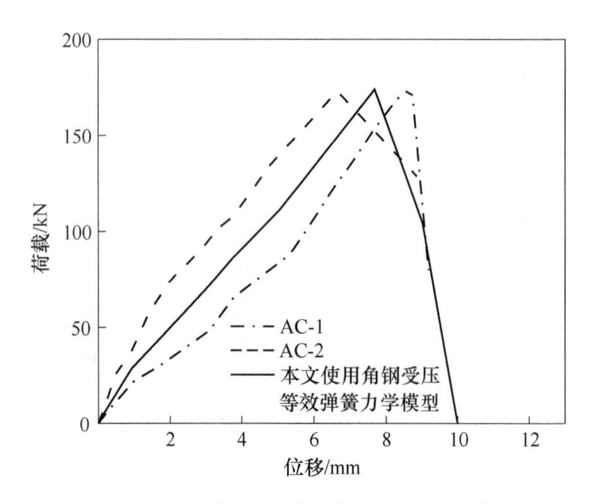

图 4-9 双角钢节点受压等效弹簧力学模型

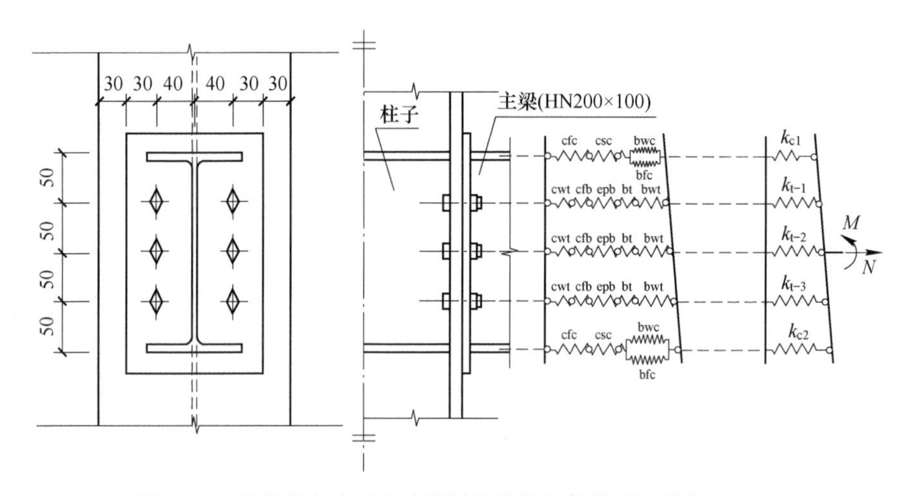

图 4-10 梁柱节点中平齐式端板连接的组件模型（单位：mm）

受压（bwc），如图 4-10 所示，组件模型共有五排等效弹簧，中间与螺栓对齐的三排等效弹簧仅起受拉作用，最上排和最下排等效弹簧分别在正负弯矩作用时承担压力。

A 受拉等效弹簧刚度研究

根据欧洲规范 3（EC3）中提出的组件法，三排等效弹簧的刚度相当于三个以端板为 T 形连接件轴向受拉的刚度，其中取端板作为 T 形连接件的翼缘，梁腹板作为 T 形连接件的腹板，如图 4-11 所示。

中间的 T 形连接件离翼缘较远，根据 EC3 中 45°扩散理论选取有效翼缘宽度的方法，可取 50mm 作为这类 T 形连接件有效翼缘宽度。如图 4-12 所示为两组

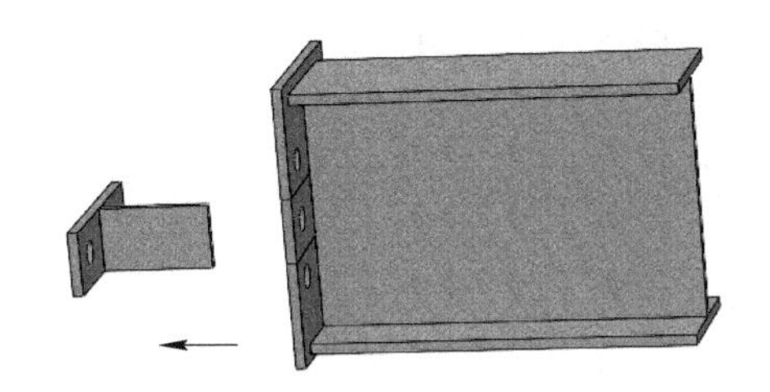

图 4-11 平齐式端板连接节点中的 T 形连接件

尺寸相同 T 形连接件（T-stub-1，T-stub-2）的轴向拉伸试验，试验结果以及本节中使用的中间排等效受拉弹簧力学模型如图 4-13 所示。

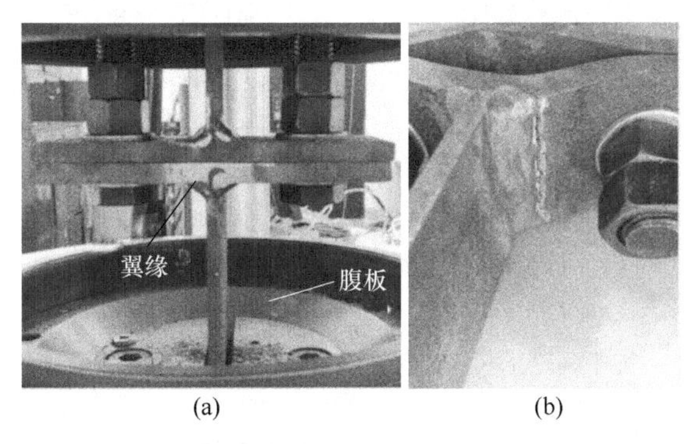

图 4-12 T 形连接件轴向拉伸试验[155]
（a）拉伸前；（b）拉伸后

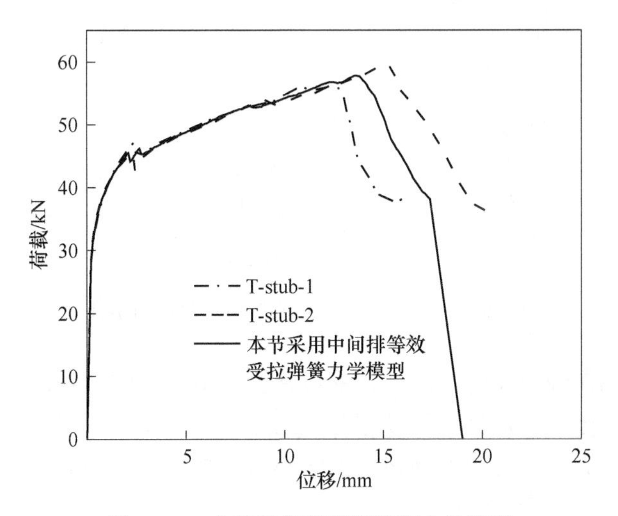

图 4-13 中间排等效受拉弹簧力学模型

而靠近翼缘的两个 T 形连接件受梁翼缘影响，欧洲规范 3 中的 45°扩散理论不能直接使用，而本节将采用间接的方法确定此类 T 形连接件的力学模型。

图 4-14 所示是为了靠近加劲肋的等效受拉弹簧刚度所做的三组平齐式端板连接节点轴向拉伸试验（EP-1～ EP-3），通过对三条试验曲线的拟合得到了平齐式端板节点整体轴向拉伸力学模型，如图 4-15 所示。

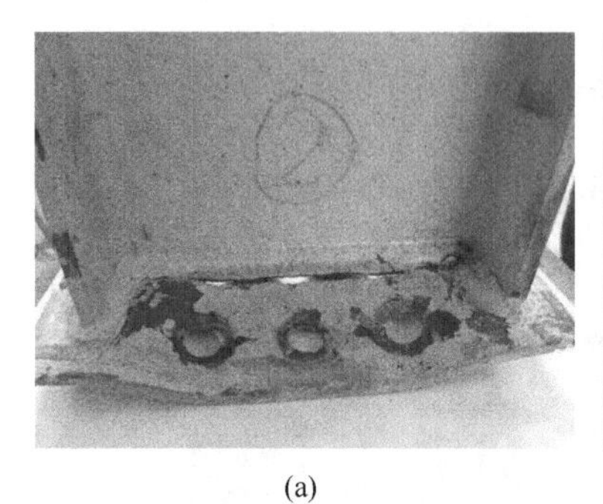

(a)

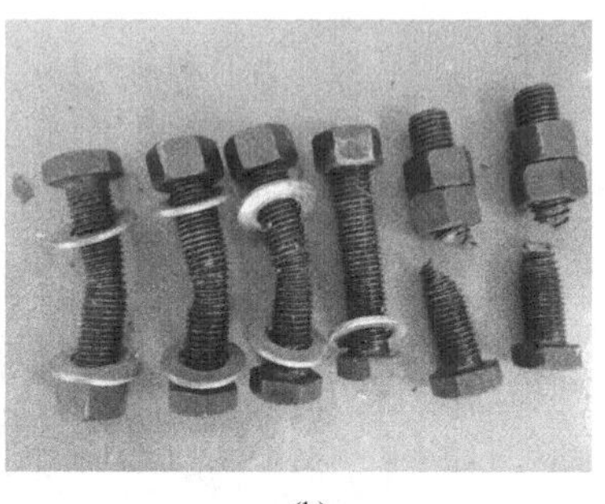

(b)

图 4-14 平齐式端板节点轴向拉伸试验[155]

（a）端板破坏结果；（b）螺栓破坏结果

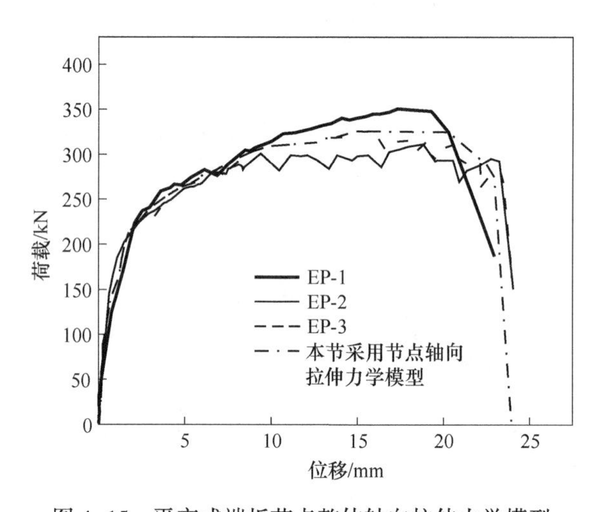

图 4-15 平齐式端板节点整体轴向拉伸力学模型

该节点可视作轴向拉伸中间三排受拉弹簧。由于中间弹簧的力学模型已经确定，另外两排受拉弹簧对称，刚度相等，用三个弹簧总刚度减去中间排弹簧的刚度差的一半作为靠近翼缘等效弹簧的力学模型，如图 4-16 所示。

B 受压等效弹簧刚度研究

在端板连接节点中，翼缘在负弯矩区承担主要的受压作用，因此假定受压等效弹簧与主梁翼缘对齐，如图 4-10 所示。为了得到受压翼缘等效弹簧的刚度，

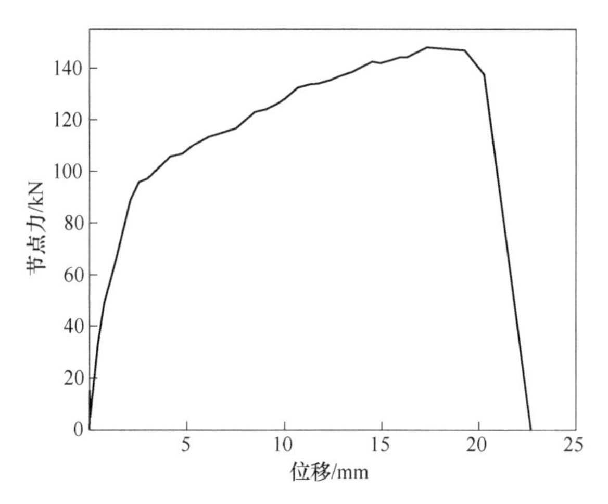

图 4-16 靠近梁翼缘受拉等效弹簧力学模型

课题组对试件 EPC-1 进行了翼缘受压屈曲试验，如图 4-17（a）所示。压力中心作用在翼缘上，采用位移加载的方法加至试件受压承载力大幅下降，节点试件的破坏模式与整体试验类似，如图 4-17（b）所示。对试验结果荷载与位移的关系曲线进行拟合，作为本节中使用的平齐式端板节点受压等效弹簧的力学模型，如图 4-18 所示。

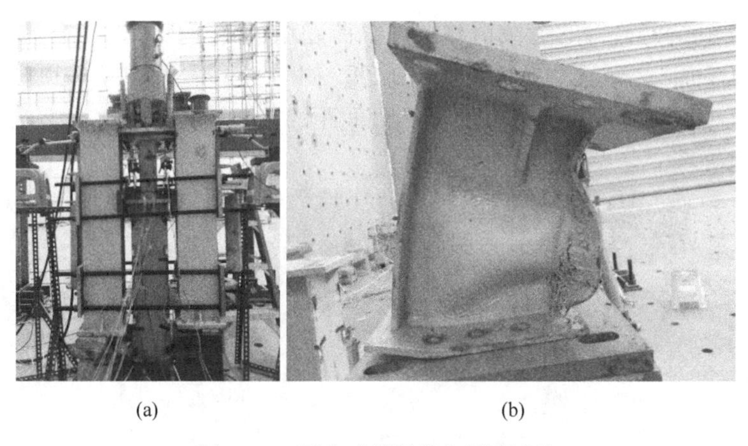

(a) (b)

图 4-17 平齐式端板节点受压试验

（a）试件加载前；（b）试件加载后

4.1.3.4 抗剪键荷载滑移力学模型

在钢框架-组合楼板结构中，钢梁与梁上的组合楼板形成组合梁，共同抵抗荷载。在正弯矩区，钢梁承担拉应力，楼板或楼板和钢梁共同承担压应力。在负弯矩区，钢梁下翼缘和部分腹板承担压应力，钢筋、压型钢板、上翼缘和部分腹板

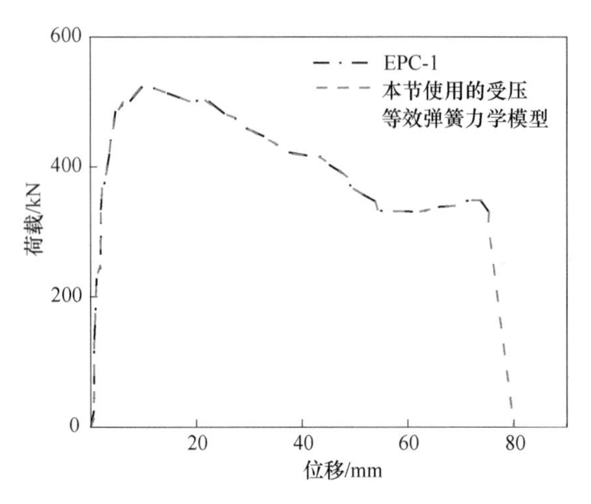

图 4-18 平齐式端板节点受压等效弹簧力学模型

承担主要拉应力。但是，这类组合梁发挥作用的前提是楼板和梁有可靠的黏结。

组合楼板和钢梁的黏结力主要包括两方面，一方面是抗剪栓钉的作用，另一方面是摩擦力。整体试验四个试件中，2×2-S-IC、2×3-S-IC、2×3-S-PC 三个试件主梁方向抗剪键间距 75mm，次梁方向间距 93mm；2×3-W-IC 主梁方向抗剪键间距 220mm，次梁方向间距 370mm，间距大概是其他试件的 3 倍。

为了得到抗剪栓钉的荷载滑移关系，课题组设计了四个间距分别为 75mm、93mm、220mm、370mm 的抗剪键推出试件。如图 4-19 所示，千斤顶对准梁的中心向下压，直到抗剪键断裂，得到了四种间距的抗剪键荷载滑移力学模型，如图 4-20 所示。

(a)

(b)

图 4-19 抗剪键推出试验[155]

(a) 试件浇筑过完成；(b) 试件受压过程

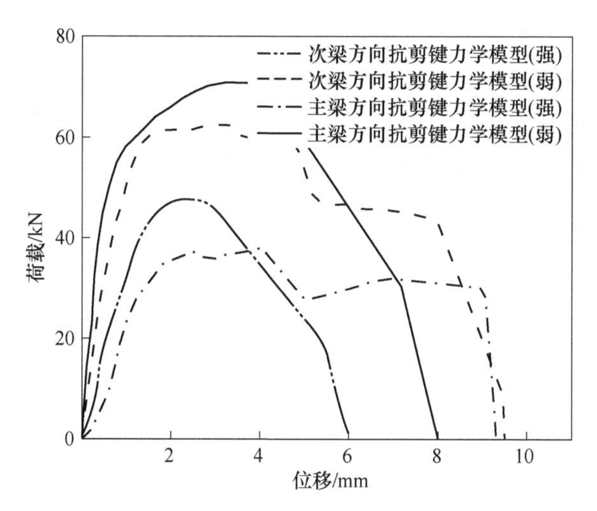

图 4-20 抗剪键荷载滑移力学模型

具体节点试验的过程在文献［155］中有更详细的介绍。

4.2 三维钢框架组合楼板结构有限元模型建立和验证

4.2.1 概述

试验是土木工程科学研究方法中最直接最可靠的方法，但是需要大量财力和人力投入，很难将所有工况和各种不同参数的结构都进行试验。因此工程领域常使用试验-有限元结合的研究方法，即采用有限元的方法建立分析模型，并通过与试验结果的对比验证正确性，之后再做更广泛的参数分析。

ABAQUS 软件是美国 HKS 公司推出的大型通用有限元软件，已在全球学术界和工程界被广泛使用和认可，拥有非常强大的非线性分析功能和十分丰富的单元库，如梁单元、壳单元、连接单元、弹簧单元、实体单元、膜单元等。

ABAQUS 软件中通常有 ABAQUS/Standard 和 ABAQUS/Explicit 两个求解模块，ABAQUS/Explicit 模块没有收敛问题，但相对 ABAQUS/Standard 模块耗时较长，精度较差。

本节将使用 ABAQUS/CAE 模块进行有限元建模，克服有限元中收敛问题，求解钢框架组合楼板结构三维模型从小变形阶段受弯机制、受压拱机制阶段到大变形阶段悬链线机制、薄膜机制完整的力学响应，并和试验结果的荷载位移响应与破坏模式进行全面的对比，验证有限元模型的有效性。

4.2.2 材料的本构关系

4.2.2.1 钢材材料模型

课题组在三维楼板整体试验前预先进行了材料性能试验，得到了材料的弹性模量、屈服点、抗拉强度与伸长率，为有限元模型中材料属性的可靠性提供了重要保证。但以上材料性能试验得到的并不是真实应力和真实应变，而是工程应变和工程应力，因此在 ABAQUS 中并不能直接使用。通常在弹性阶段，两种应力应变关系曲线基本重合；在超过屈服点之后，试件逐渐被拉长，出现颈缩现象，真实应力会大于工程应力。这时可采用公式（4-1）~式（4-4）进行转换。

$$\varepsilon_{\text{nom}} = \frac{\Delta l}{l_0} \tag{4-1}$$

$$\sigma_{\text{nom}} = \frac{F}{A_0} \tag{4-2}$$

$$\varepsilon_{\text{true}} = \int_{l_0}^{l} \frac{\mathrm{d}l}{l} = \ln\left(\frac{l}{l_0}\right) = \ln(1 + \varepsilon_{\text{nom}}) \tag{4-3}$$

$$\sigma_{\text{true}} = \frac{F}{A} = \frac{F}{A_0 \dfrac{l_0}{l}} = \sigma_{\text{nom}}(1 + \varepsilon_{\text{nom}}) \tag{4-4}$$

式中 Δl——试件长度变化量，$\Delta l = l - l_0$；

l_0——试件初始长度；

l——试件拉伸后长度；

F——荷载；

A_0——试件的初始截面面积；

A——试件拉伸后的截面面积。

主梁、次梁、柱以及压型钢板和钢筋的应力-应变曲线关系采用常见的弹塑性模型（双折线强化模型），相应特征值根据相关材料性能试验获得的数据，见表 4-3。

在整体结构试验中，有压型钢板撕裂和少量钢筋断裂的现象，因此需要给这两种材料的材料性能定义断裂。本节使用 ABAQUS 中提供的延性金属断裂准模型来预测钢材的断裂。如图 4-21 所示，$a \sim b$ 为弹性段，$b \sim c$ 为塑形强化段，c 点为材料出现渐进损伤的起始点，$c \sim d'$段为开始损伤后材料真实的应力应变关系。$c \sim d$ 段是为材料损伤的过程，d 点时材料完全失效。该准则为金属材料设置了断裂应变"Fracture Strain"，当金属材料达到断裂应变后则发生断裂，该失效准则要结合金属材料的塑性性能"Plasticity"共同使用。当金属材料达到断裂应变后，程序会删除达到断裂应变的单元以实现金属材料的连续性断裂失效的模拟。该断裂模型需要定义损

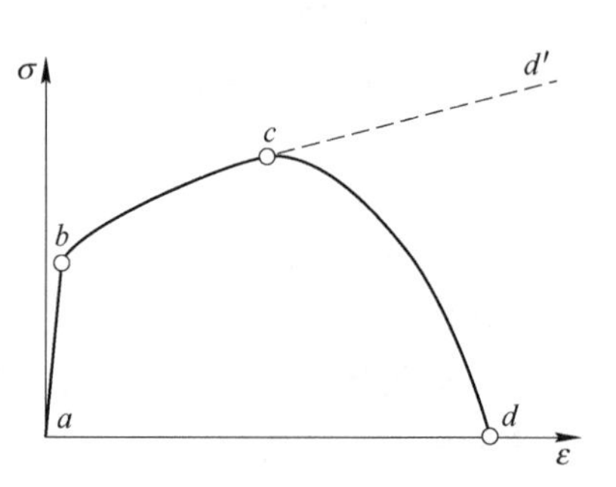

图 4-21 延性金属断裂准模型[163]

a—原点；b—屈服点；c—材料渐进损伤起始点；d—最终破坏点

伤起始点的应变，该值在材料性能试验中未测到，因此采用试算的方法得到。

4.2.2.2　混凝土材料模型

ABAQUS 中比较常用的两种混凝土本构关系模型有两种，一种是弥散开裂模型，另一种是塑性损伤模型。弥散开裂模型使用弥散裂纹和各向同性压缩塑性来表示混凝土的非弹性行为。与宏观裂纹不同的是，弥散裂纹在压缩力的作用下仍然可以闭合，而且产生裂纹后，单元还可以承受一定的应力，在 ABAQUS 中无法将开裂的单元从结构中移除。

Lubliner 等[164]提出了塑性损伤模型，并在 Lee 和 Fenves[165]改进和发展后，开始用于模拟混凝土砂浆、岩石等准脆性材料的力学行为。这种模型有两个主要的失效机制，一种是由于拉伸开裂而失效，另一种是由于压缩破碎而失效。本节采用这种塑形损伤模型，它不仅可用于单向或循环加载、静力或动力加载，并具有较好的收敛性，对于结构发生倾倒这一动态过程有一定优越性。这一模型需要定义混凝土的受拉和受压的本构关系，本节采用混凝土结构设计规范[78]中给出的方法确定，并通过试验获得了混凝土在养护 28d 后立方体抗压强度平均值为 54MPa。

4.2.3　模型的建立

4.2.3.1　单元的选取

试验中试件的荷载和结构布置均具有对称性，为了提高计算效率，分析中采用半结构模型。为了兼顾结果的准确性和计算效率，本节中节点组件模型的等效弹簧采用仅可轴向变形的 CONN3D2 单元来模拟，如图 4-22 所示。这种模拟方法在文献［166-169］中使用过，拟合结果都与试验结果较为吻合。节点单元的基本力学属性采用 4.1 节中得到的等效弹簧单元的力学模型。另外，由于在试验中梁节点主要发生拉弯破坏，因此节点的抗侧、抗剪、抗扭等效弹簧用近似刚性的 SPRING2 单元来模拟。

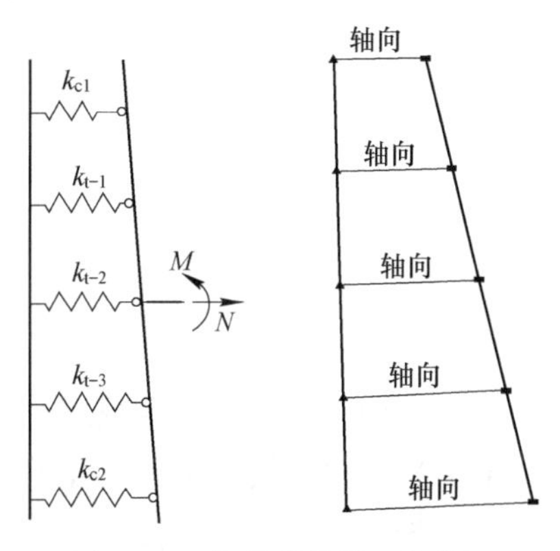

图 4-22　等效弹簧单元的模拟

梁柱以及抗剪栓钉则用 B31 单元来模拟，B31 单元允许剪切变形，并考虑有限轴向应变，适合模拟细长梁及短梁。模拟抗剪栓钉梁单元的力学模型采用 4.2 节中抗剪键推出试验的结果。

钢筋混凝土楼板和压型钢板均采用 S4R 单元，这种单元既可以模拟厚壳，也可以模拟薄壳，同时也可以允许较大的薄膜应变。对于混凝土板中的钢筋，则使用可直接在“Shell”单元截面定义中进行设置的“Rebar layer”单元。

4.2.3.2　楼板模型的建立方法

常见的组合楼板模拟方法主要有实体模型、双壳模型和单壳模型三种。实体模型精度较高，但耗时过长，对电脑性能要求较高，计算代价大。而单壳模型有以下两个缺陷：一是假设混凝土和压型钢板紧密黏结，不发生滑移，而这与实际不符，在试验中可观察到混凝土和压型钢板出现了大面积脱离的现象；二是假设抗剪键先传递剪力给压型钢板，再由压型钢板传递到混凝土板，而实际中混凝土板既可直接传力给抗剪键，也可以通过压型钢板传力到抗剪键。本节借鉴文献[170]中给出的“双壳模型”，在保证计算精度的前提下提高计算效率。双壳模型是建立两层壳单元来分别模拟压型钢板和混凝土楼板，如图 4-23 所示，采用的“Shell”单元并无截面方向的尺寸，通过使用 Abaqus 软件的渲染功能虚化显示出了截面形状。由于压型钢板为各向异性板，力主要沿顺肋方向传递[171-172]，因此建立模型时将板划分为薄弱区和正常区，薄弱区和正常区在每米板宽中的比例与实际尺寸相同，有较高的可靠性。

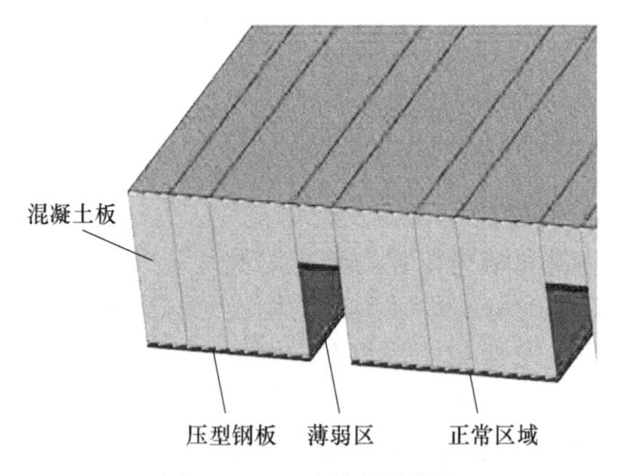

图 4-23　组合楼板的模拟

为了模拟实际情况中混凝土板和压型钢板都可直接传力给抗剪键的情况，两层壳分别与模拟抗剪键的梁单元用“Tie”单元连接。两层壳之间的接触为硬接触，这种接触在接触面之间能够传递压力，当接触面的压力小于零时，就表示两个接触面发生分离。

4.2.3.3　荷载的施加与边界条件

为了得到三维整体结构模型在大变形阶段荷载位移曲线的下降过程，分析采用了位移控制的加载方法。加载点选在一级分配梁的中点，通过两级加载梁将荷载均分为六个点施加在组合楼板上，加载位置如图 4-24 所示。

模型中的边界条件在保证较高计算效率的情况下尽可能与试验中的实际情况保持一致。柱脚刚度较大，近似固结，因此约束所有平动和转动。梁端竖向位移较小，约束竖向位移，而水平向的位移较大，且对结构中小变形阶段的压拱效应与

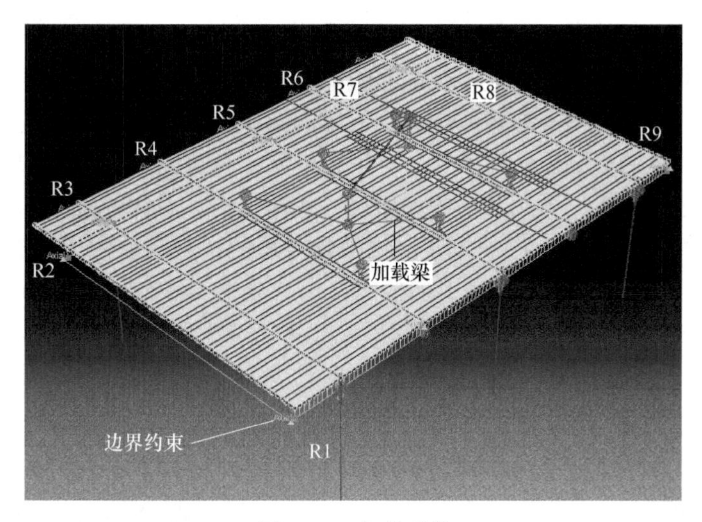

图 4-24　加载系统

大变形阶段的悬链线效应有较大影响较大。因此采用弹簧约束，弹簧的力学模型也从试验中测得，结果如图 4-25 所示，图中约束 R1～R9 的位置如图 4-24 所示。

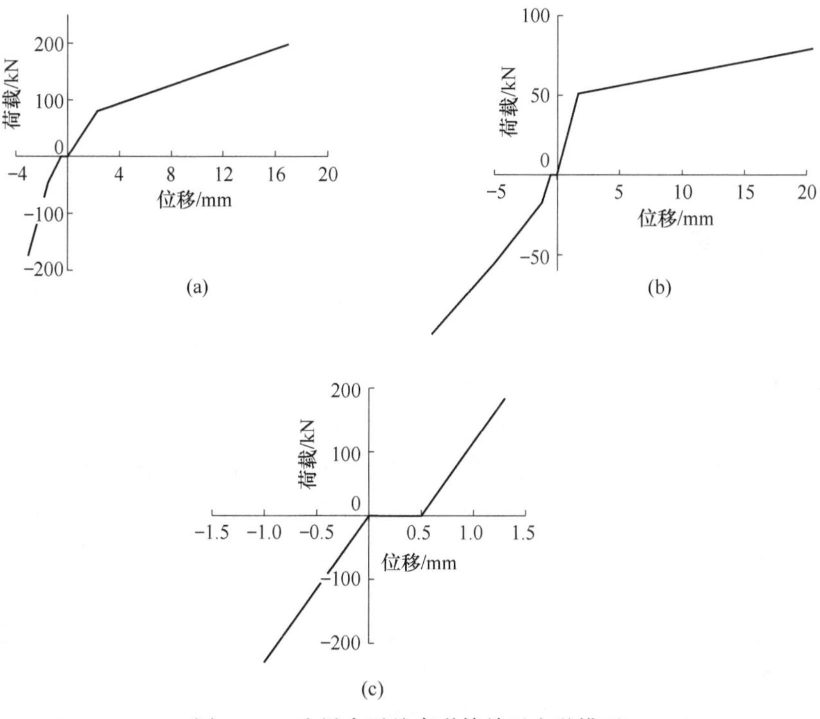

图 4-25　边界水平约束弹簧单元力学模型

(a) R1，R2 边界约束等效弹簧力学模型；(b) R3～R7 边界约束等效弹簧力学模型；(c) R8，R9 边界约束等效弹簧力学模型

4.2.3.4 网格划分

模型的网格如果划分得过于粗糙会影响结果的准确性，如果网格过于细致又会花费过多的计算时间。在整体模型中一维的梁单元对计算时间影响较小，因此梁单元采用较小的20mm网格尺寸。对于壳单元，则首先执行一个较为合理的初始网格尺寸进行分析，再用两倍的网格尺寸重新分析。对比两者的结果，若相差较小（如计算差别小于1%），则说明网格是合适的；若相差大于1%，则继续细化网格[173]。图4-26（a）给出了楼板网格尺寸分别为40mm、80mm、160mm的荷载位移曲线，网格尺寸160mm与网格尺寸40mm和80mm相差较大，因此取网格尺寸为80mm，如图4-26（b）所示。

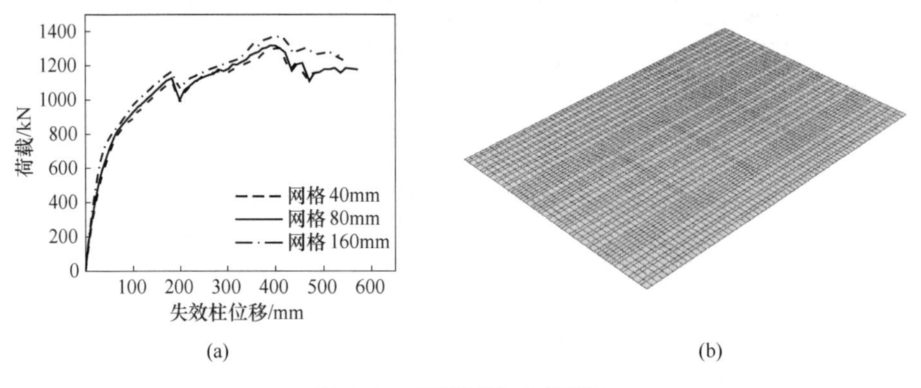

图4-26 楼板网格尺寸研究

（a）不同网格尺寸荷载位移曲线；（b）楼板网格划分示意图

4.2.4 分析结果与试验结果对比

本节将对2×2-S-IC、2×3-S-IC、2×3-W-IC、2×3-S-PC四个试件的试验结果和有限元结果的荷载位移曲线以及破坏模式进行全面的对比，验证有限元模型的有效性。

4.2.4.1 2×2-S-IC试件试验结果与有限元结果对比

如图4-27所示为2×2-S-IC试件试验结果和有限元分析结果的荷载位移响应的对比。从图4-27中可以看出，试验结果和有限元分析两条荷载位移曲线在楼板失效柱位移达到100mm之前非常接近，之后两条曲线均在185mm左右达到小变形阶段的峰值点，试验和有限元分析的结果分别为1477kN、1415kN，仅相差4%。

在失效柱位移达到160mm时，试验结构一侧的中柱-主梁连接节点最下排螺栓发生断裂，如图4-28（a）所示，造成结构刚度下降。在失效柱位移达到300mm之前，观察到中柱-主梁连接的端板已被撕裂，六颗螺栓全部断裂，如图4-28（b）所示。

在有限元模型中，最下排等效受拉弹簧在失效柱位移150mm时失效，原本

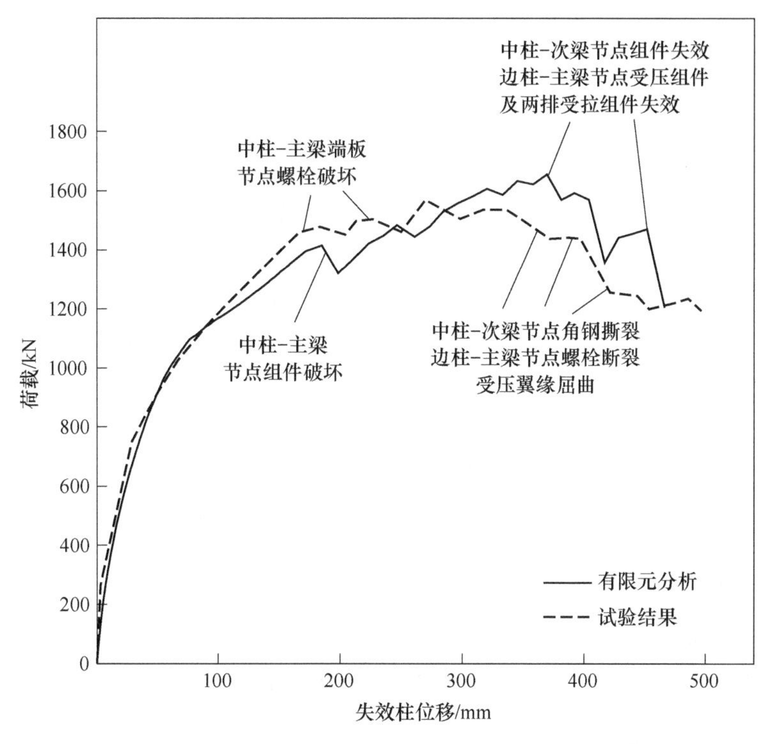

图 4-27　2×2-S-IC 试件试验结果和有限元分析荷载位移响应对比

由三个等效弹簧共同承担拉力的组件模型突然转为两个等效弹簧承担，因此剩余两个等效弹簧承担的拉力骤增，分别在失效柱位移达到 150mm 和 200mm 时达到其极限承载力而失效，如图 4-28（c）所示。

可见，有限元分析中中柱-主梁组件模型与试验结构在破坏顺序以及破坏模式均较为接近，存在差异的因素有以下几方面：（1）构件的材料性能、尺寸都

(a)

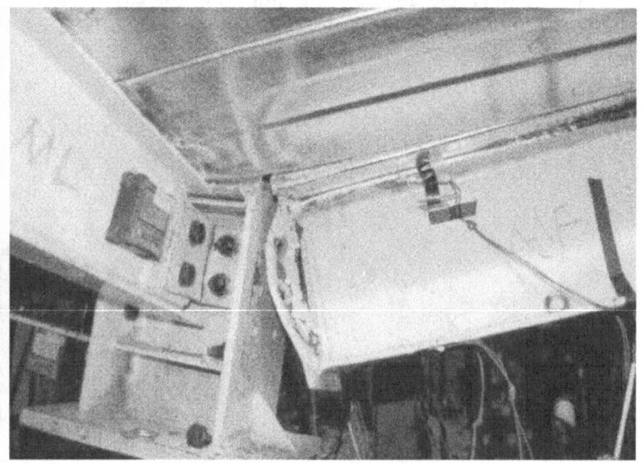

(b)

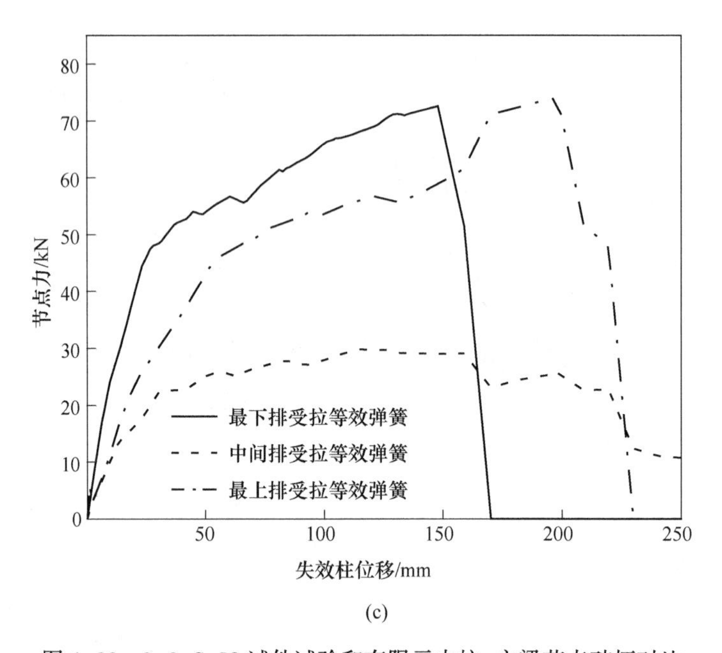

(c)

图 4-28　2×2-S-IC 试件试验和有限元中柱-主梁节点破坏对比

（a）试验中第一颗螺栓断裂；（b）试验中三排螺栓全部断裂；（c）有限元中中柱-主梁节点组件模型破坏

略有差别，以及不同的安装过程会产生一定的误差；（2）有限元分析采用半模型，组件数量为全结构的一半，而在试验中节点开始破坏后结构向一边倾斜，对称轴两边存在一定的差异性；（3）组件法中将节点分为多个 T 形连接件的方法存在一定误差。但通过对比可知，总体来说差距很小，EC3 中的组件法可以较好拟合结构中节点的性能。

三维整体试验中，结构在与中柱连接的端板节点破坏后，主梁形成的“悬链线”失效；但由于负弯矩区端板节点还能承担一定的弯矩，主梁像“悬臂梁”一样可以继续承担一定荷载，如图 4-29 所示。此时边柱-主梁节点承担较大的负

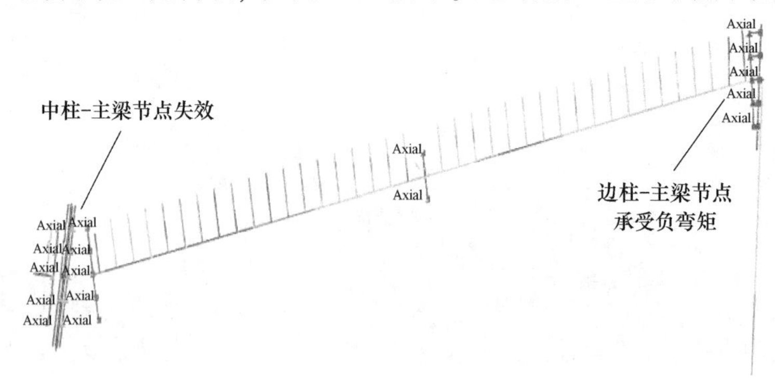

图 4-29　主梁在中柱-主梁节点破坏后受力示意图

弯矩，受压翼缘首先出现屈曲，接着最上排受拉螺栓出现断裂，如图 4-30（a）所示。有限元模型中在失效柱位移达到 400mm 时也可以观测到负弯矩区边柱-主梁节点最上排等效弹簧失效以及最下排受压等效弹簧荷载下降，如图 4-30（b）所示。

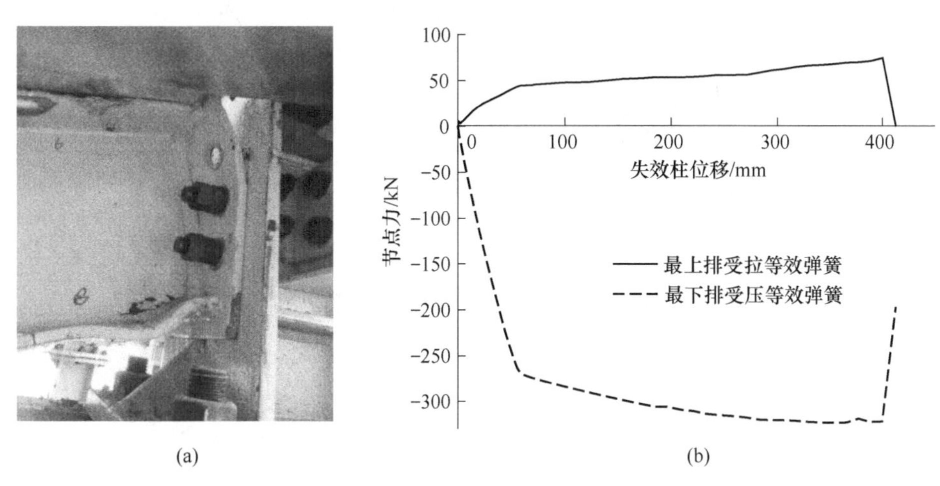

图 4-30 2×2-S-IC 试件试验和有限元边柱-主梁节点破坏对比
（a）试验中最上排螺栓断裂；（b）最上排等效弹簧单元失效

试验中次梁节点在失效柱位移 300～350mm 的过程中，随着角钢逐渐撕裂而破坏，如图 4-31（a）所示。在有限元模拟中，次梁节点最下排受拉等效弹簧在失效柱位移 245mm 时失效，最上排受拉弹簧在失效柱位移 350mm 时破坏，如图 4-31（b）所示。

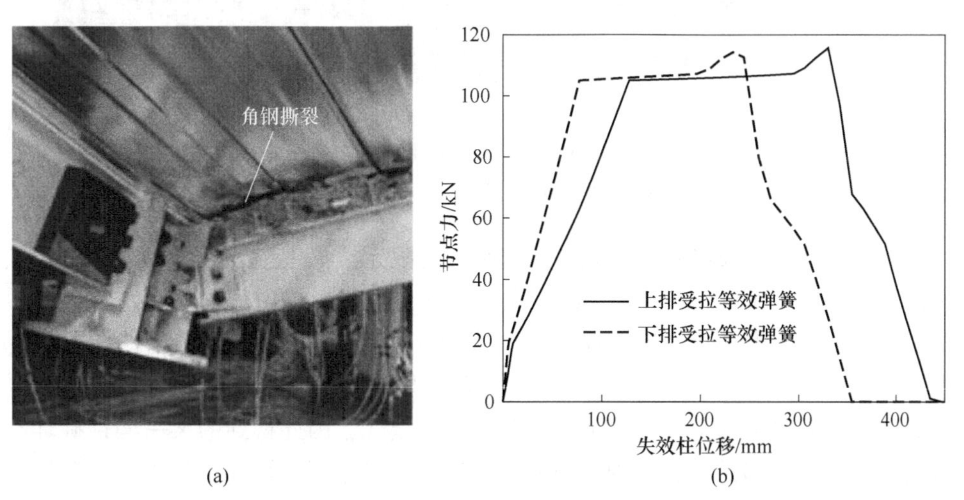

图 4-31 2×2-S-IC 试件试验和有限元中柱-次梁节点破坏对比
（a）试验中角钢撕裂；（b）有限元中中柱-次梁等效弹簧单元失效

在失效柱位移达到 300~500mm 的过程中，试验和有限元分析都出现了跨中压型钢板的撕裂，如图 4-32 所示。由于压型钢板对大变形阶段的薄膜效应受力机制起较大作用，压型钢板的破坏造成结构承载力下降。

(a)

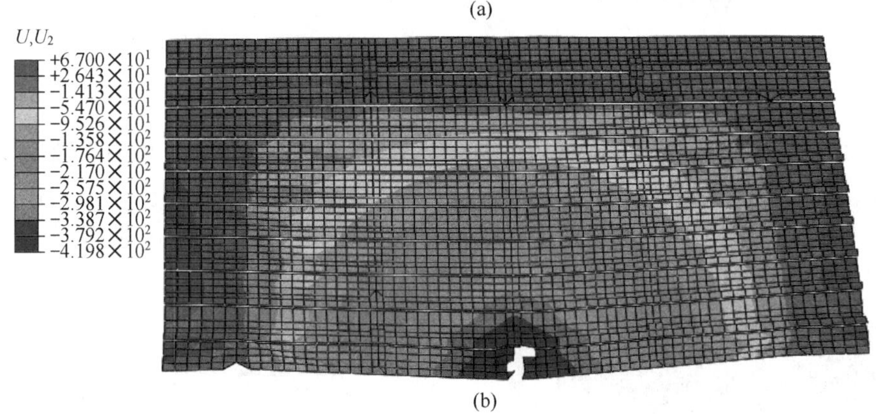

(b)

图 4-32　2×2-S-IC 试件压型钢板试验和有限元破坏模式对比

（a）试验中压型钢板断裂；（b）有限元中压型钢板

表 4-4 列出了 2×2-S-IC 试件在试验和有限元模拟中主要破坏模式和破坏顺序，通过对比，可知 2×2-S-IC 试件在试验和有限元模拟中的破坏顺序和破坏模式相同。有限元模拟可以完全反映结构从初始弯曲效应到大变形悬链线阶段的受力机制的开展和破坏。需要说明的是，试验过程中，2×2-S-IC 试件在位移控制加载到某一规定位移值时停止加载，观察破坏模式，因此得到的某一构件破坏时对应的失效柱位移是一个范围，而后三个试件试验过程中增加了人力，准确记录到每个构件破坏时所对应的失效柱位移。

表 4-4 2×2-S-IC 试件破坏模式对比

破坏区域	试验结果		有限元模拟结果	
	破坏类型	失效柱位移/mm	破坏类型	失效柱位移/mm
中柱主梁节点	下排螺栓断裂	160	下排等效弹簧失效	150
	端板撕裂	160~300	中排等效弹簧失效	200
	六颗螺栓全部断裂	160~300	上排等效弹簧失效	225
边柱主梁节点	受压翼缘屈服	50~160	受压等效弹簧失效	100
	最上排螺栓断裂	350~400	上排等效弹簧失效	400
中柱次梁节点	角钢撕裂	300~350	下排等效弹簧失效	245
			上排等效弹簧失效	350
压型钢板	压型钢板撕裂 400mm	350~500	壳单元删除 400mm	420

如图 4-33 给出了 2×2-S-IC 试件试验结果和有限元结果的整体结构最终破坏模式。从图 4-33 中可以看出，失效柱位置是整个结构位移最大的地方，达到 500mm 左右，楼板约束间距较大的两侧边缘向上翘起 50mm 左右。

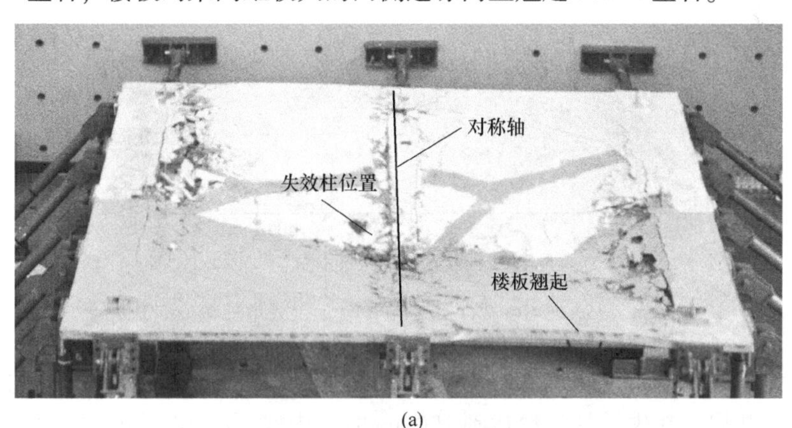

(a)

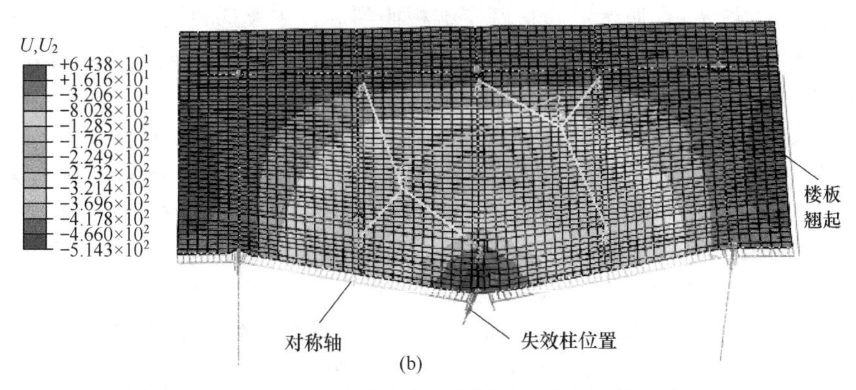

(b)

图 4-33 2×2-S-IC 试件试验和有限元整体破坏模式对比

(a) 试验中整体结构破坏模式；(b) 有限元中整体结构破坏模式

4.2.4.2 2×3-S-IC 试件试验结果与有限元结果对比

如图 4-34 所示为 2×3-S-IC 试件试验结果和有限元分析结果荷载位移曲线的对比。同 2×2-S-IC 试件类似，两条曲线在楼板失效柱位移达到 100mm 之前较为接近，在失效柱位移达到 180mm 时有限元结果达到峰值点 1126kN，此时主梁节点组件失效，荷载突然下降；而在试验中未出现此峰值点，试验中主梁节点的破坏，包括所有螺栓破坏和端板撕裂，是一个较长的过程。

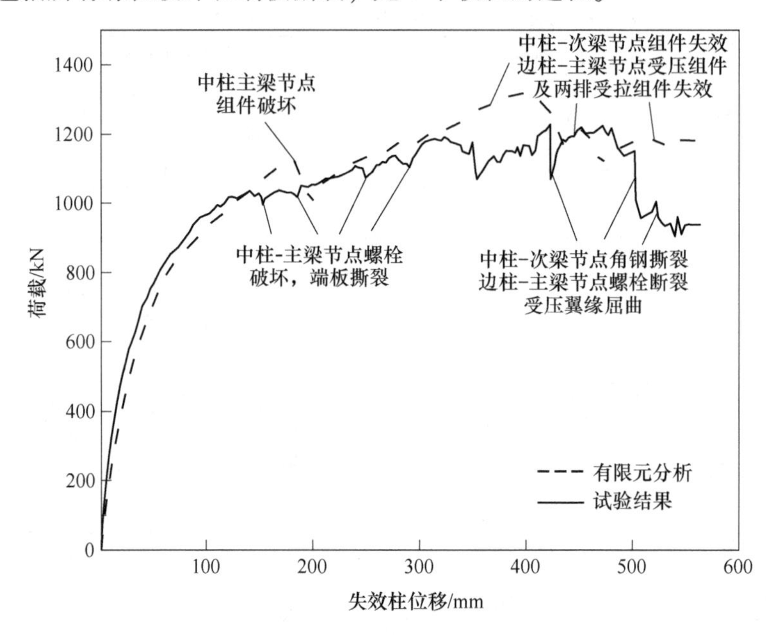

图 4-34 2×3-S-IC 试件试验和有限元荷载位移响应对比

在失效柱位移达到 173mm 时，试验结构一侧的中柱-主梁连接节点最下排螺栓开始发生断裂，在失效柱位移达到 190mm 时，中柱-主梁连接的端板逐渐被撕裂，如图 4-35（a）所示；腹板两层端板撕裂后，主梁通过翼缘内侧端板分别在 220mm 和 258mm 时将中间排螺栓拉断，到 270mm 时，六颗螺栓全部断裂，如图 4-35（b）所示。

在有限元模型中，最下排等效受拉弹簧在失效柱位移 180mm 时达到最大承载力并失效，中间排等效受拉弹簧紧接着失效，与试验中 150mm 螺栓断裂和 190mm 端板撕裂十分接近。最上排的受拉等效弹簧在失效柱位移达到 295mm 时失效，与试验中最上排螺栓断裂时的 335mm 仅相差 7mm，如图 4-35（c）所示。

在试验中，边柱-主梁节点在失效柱位移 100mm 时可观察到翼缘发生出现屈曲的现象。试验中失效柱位移在 360mm 时，一侧负弯矩区端板节点最上排两颗螺栓均断裂；在 447mm 和 464mm 时，中间排断裂一颗螺栓，端板被撕裂，如图 4-36（a）所示。在有限元模型中，受压等效弹簧在 80mm 后刚度大幅降低，在 365mm 时最上排等效弹簧失效，如图 4-36（b）所示。

(a)

(b)

最下排受拉等效弹簧
中间排受拉等效弹簧
最上排受拉等效弹簧
荷载/kN
失效柱位移/mm

(c)

图 4-35 2×3-S-IC 试件试验和有限元中柱-主梁节点破坏对比

（a）试验中第一颗螺栓断裂；（b）试验中三排螺栓全部断裂；（c）有限元中中柱-主梁节点组件模型破坏

试验中一侧中柱-次梁双角钢节点在失效柱位移达到 423mm 时断裂，如图4-37（a）所示；在有限元模型中最下排等效弹簧单元失效柱位移 395mm 时失效，最上排等效弹簧单元到 452mm 时失效，均与试验结果接近，如图 4-37（b）所示。

与 2×2-S-IC 试件类似，2×3-S-IC 试件也出现了压型钢板撕裂的现象，试验中在失效柱位移 400mm 时裂开约 130mm；在有限元半结构模型中失效柱位移 450mm 时尺寸为 100mm 的压型钢板单元被删除，等同于全结构开裂了 200mm，与试验结果接近。

表 4-5 列出了 2×3-S-IC 试验结果和有限元结果中主要破坏模式和破坏顺序，通过对比，可知 2×3-S-IC 试件在试验和有限元模拟中的破坏顺序和破坏模式相同。有限元可以完全反映结构从初始弯曲效应到大变形悬链线阶段的受力机制的开展和破坏。

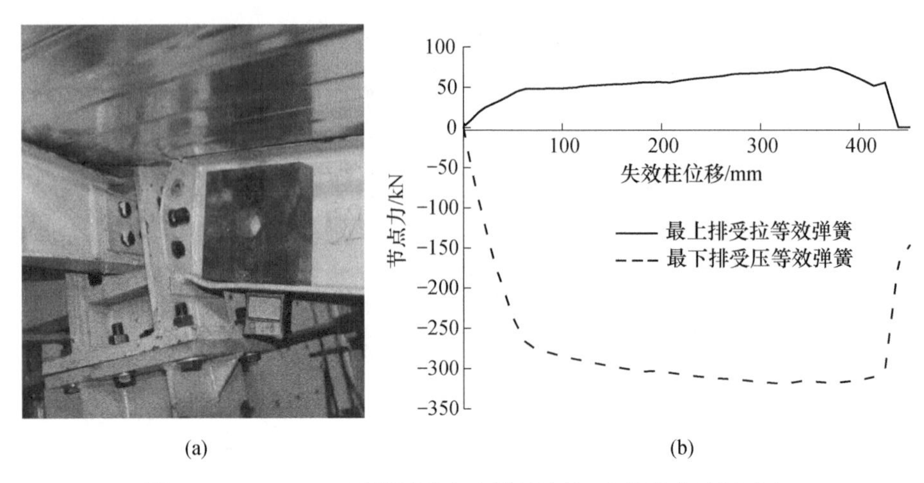

(a) (b)

图 4-36　2×2-S-IC 试件试验和有限元边柱-主梁节点破坏对比
（a）试验中最上排螺栓断裂；（b）最上排等效弹簧单元失效

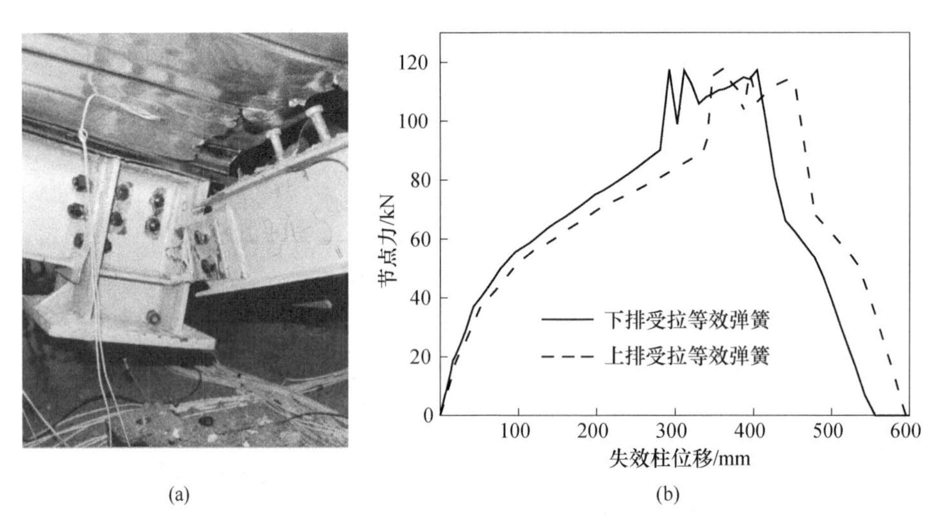

(a) (b)

图 4-37　2×3-S-IC 试件试验和有限元中柱-次梁节点破坏对比
（a）试验中角钢撕裂；（b）有限元中中柱-次梁等效弹簧单元失效

表 4-5　2×3-S-IC 试件破坏模式对比

破坏区域	试验结果		有限元结果	
	破坏类型	失效柱位移/mm	破坏类型	失效柱位移/mm
中柱主梁节点	下排螺栓断裂	150	下排等效弹簧失效	180
	端板撕裂	190	中排等效弹簧失效	182
	六颗螺栓全部断裂	295	上排等效弹簧失效	335

续表 4-5

破坏区域	试验结果		有限元结果	
	破坏类型	失效柱位移/mm	破坏类型	失效柱位移/mm
边柱主梁节点	受压翼缘屈服	100	受压等效弹簧屈服	80
	最上排螺栓断裂	360	下排等效弹簧失效	365
中柱次梁节点	角钢撕裂	423	上排等效弹簧失效	395
			下排等效弹簧失效	452
压型钢板	压型钢板撕裂 130mm	400	壳单元删除 200mm	450

4.2.4.3 2×3-W-IC 试件试验结果与有限元结果对比

如图 4-38 所示为 2×3-W-IC 试件试验和有限元分析荷载位移曲线的对比。

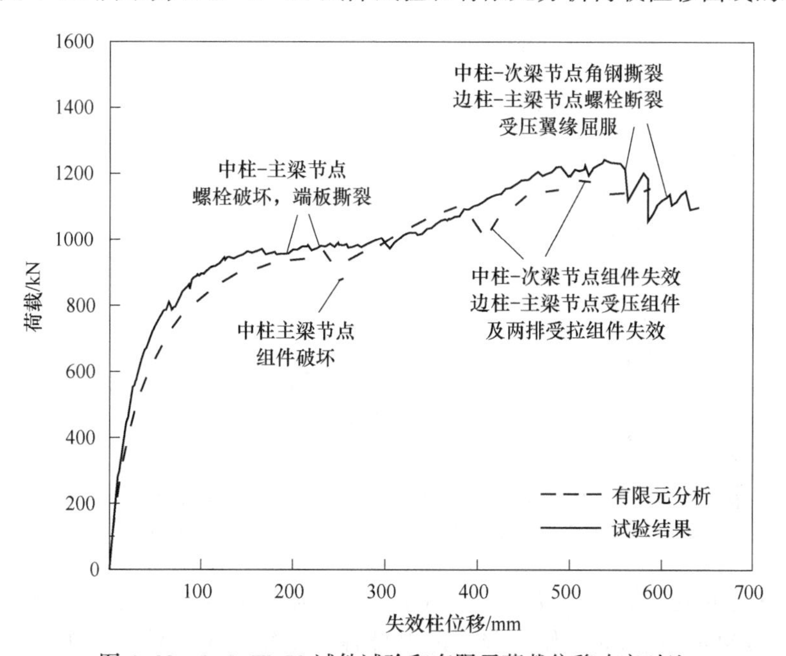

图 4-38 2×3-W-IC 试件试验和有限元荷载位移响应对比

在失效柱位移达到 173mm 时，试验结构一侧的中柱-主梁连接节点最下排两颗螺栓全部断裂，如图 4-39（a）所示。在失效柱位移到 258mm 时，主梁腹板焊缝两侧的端板撕裂；到 297mm 时，最上排两颗螺栓断裂，如图 4-39（b）所示。在有限元模型中，最下排和中间排等效受拉弹簧在失效柱位移 236mm 时达到最大承载力并失效，最上排的受拉等效弹簧在失效柱位移达到 307mm 时失效，与试验结果接近，如图 4-39（c）所示。

在试验中，边柱-主梁节点在失效柱位移 100mm 时可观察到翼缘发生出现屈曲的现象，试验中负弯矩区端板节点最上排两颗螺栓分别在失效柱位移 333mm

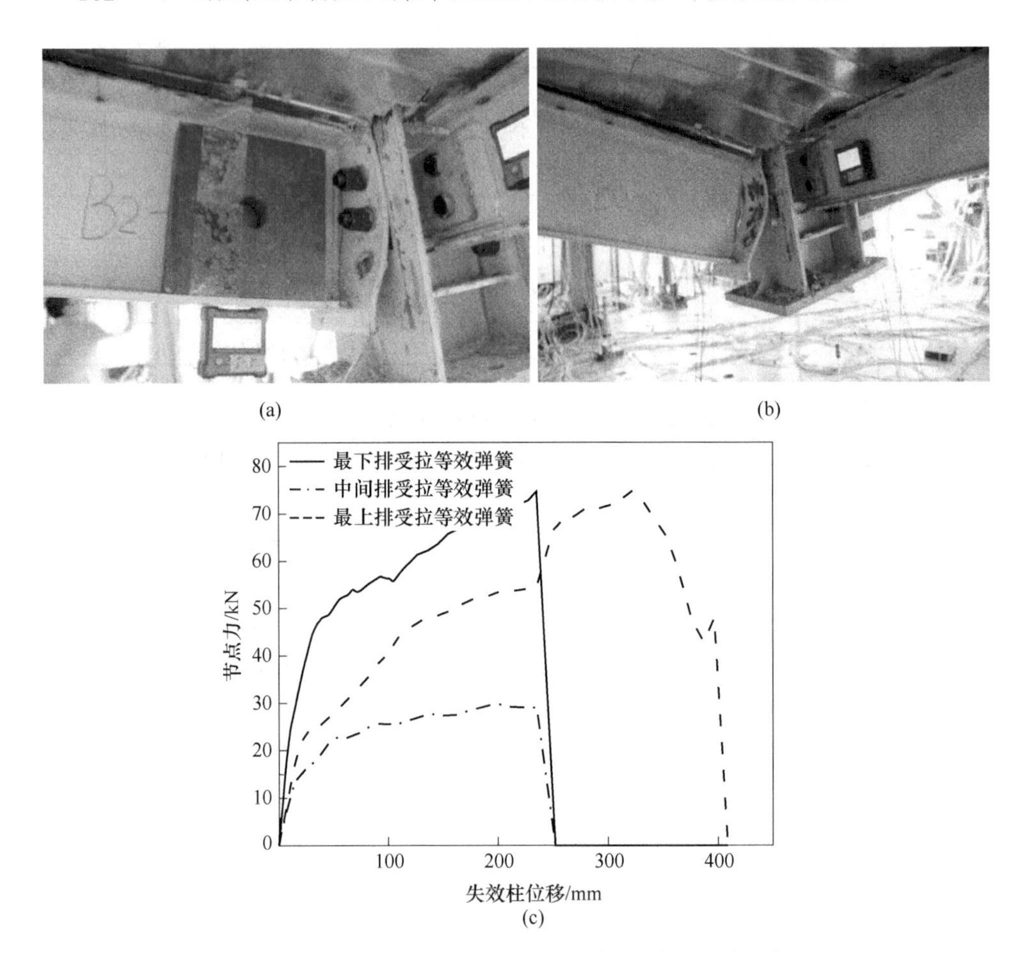

图 4-39　2×3-W-IC 试件试验和有限元中柱-主梁节点破坏对比

（a）试验中第一颗螺栓断裂；（b）试验中三排螺栓全部断裂；（c）有限元中中柱-主梁节点组件模型破坏

和 370mm 时断裂，如图 4-40（a）所示。在有限元模型中，受压等效弹簧在失效柱位移 100mm 左右时开始屈服，最上排等效受拉弹簧等效弹簧单元在失效柱位移 372mm 时完全失效，如图 4-40（b）所示。

试验中一侧中柱-次梁双角钢节点在失效柱位移达到 500mm 时断裂，如图 4-41（a）所示。在有限元模型中最下排等效弹簧单元失效柱位移 546mm 时失效，最上排等效弹簧单元在 501mm 时失效，如图 4-41（b）所示。

与前两个试件类似，该试件在失效柱位移 400mm 时裂开约 80mm；在有限元中失效柱位移 465mm 时尺寸为 100mm 的压型钢板单元被删除，同样考虑到有限元为半模型结构，等同于全结构开裂了 200mm，与试验结果相符。

表 4-6 列出了 2×3-W-IC 试验和有限元中主要破坏模式和破坏顺序。同 2×3-W-IC 试验一样，改变楼板抗剪键数量后有限元结果同样与试验结果接近。

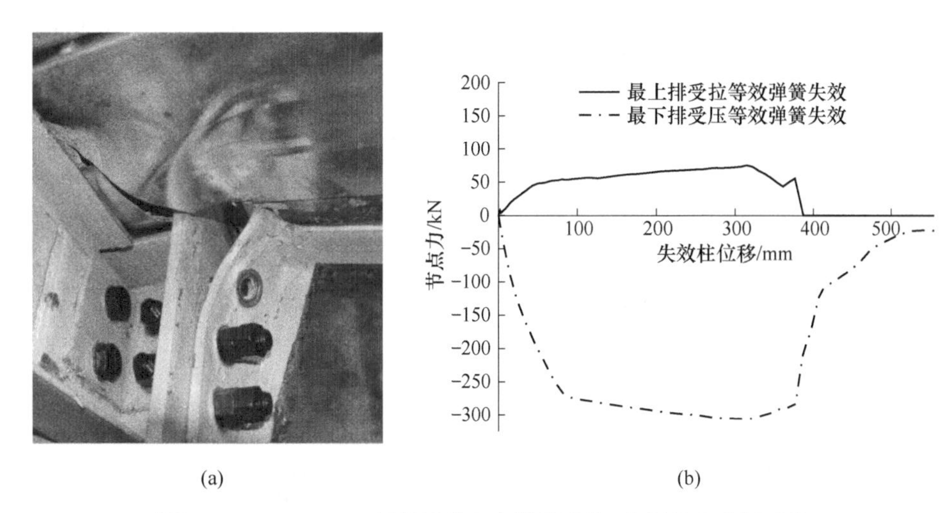

图 4-40　2×3-W-IC 试件试验和有限元边柱-主梁节点破坏对比

（a）试验中最上排螺栓断裂；（b）最上排等效弹簧单元失效

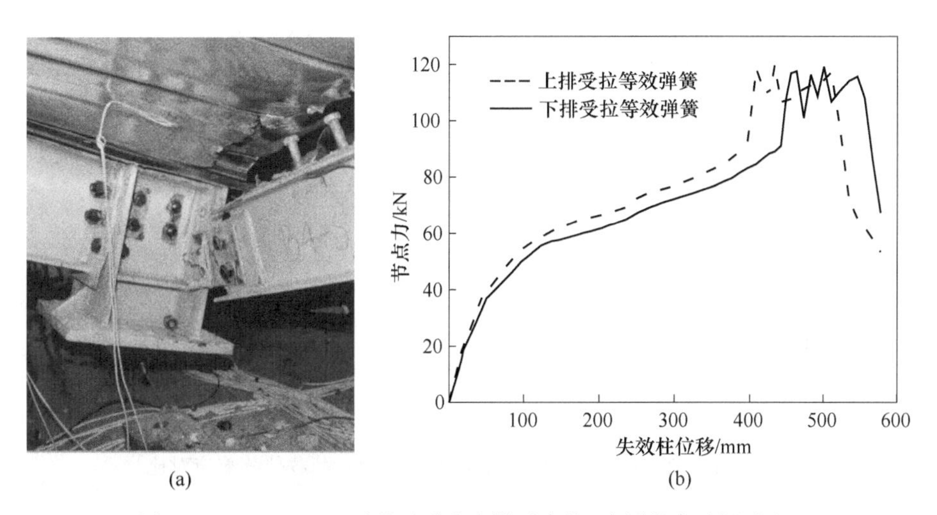

图 4-41　2×3-W-IC 试件试验和有限元中柱-次梁节点破坏对比

（a）试验中角钢撕裂；（b）有限元中中柱-次梁等效弹簧单元失效

表 4-6　2×3-W-IC 试件破坏模式对比

破坏区域	试验结果		有限元结果	
	破坏类型	失效柱位移/mm	破坏类型	失效柱位移/mm
中柱主梁节点	下排螺栓断裂	180	下排等效弹簧失效	236
	端板撕裂	258	中排等效弹簧失效	236
	六颗螺栓全部断裂	297	上排等效弹簧失效	307

续表 4-6

破坏区域	试验结果		有限元结果	
	破坏类型	失效柱位移/mm	破坏类型	失效柱位移/mm
边柱主梁节点	受压翼缘屈服	100	受压等效弹簧失效	100
	最上排螺栓断裂	370	上排等效弹簧失效	372
中柱次梁节点	角钢撕裂	550	下排等效弹簧失效	501
			上排等效弹簧失效	546
压型钢板	压型钢板撕裂 80mm	400	壳单元删除 200mm	465

4.2.4.4 2×3-S-PC 试件试验结果与有限元结果对比

如图 4-42 所示为 2×3-S-PC 试件试验和有限元分析荷载位移曲线的对比。

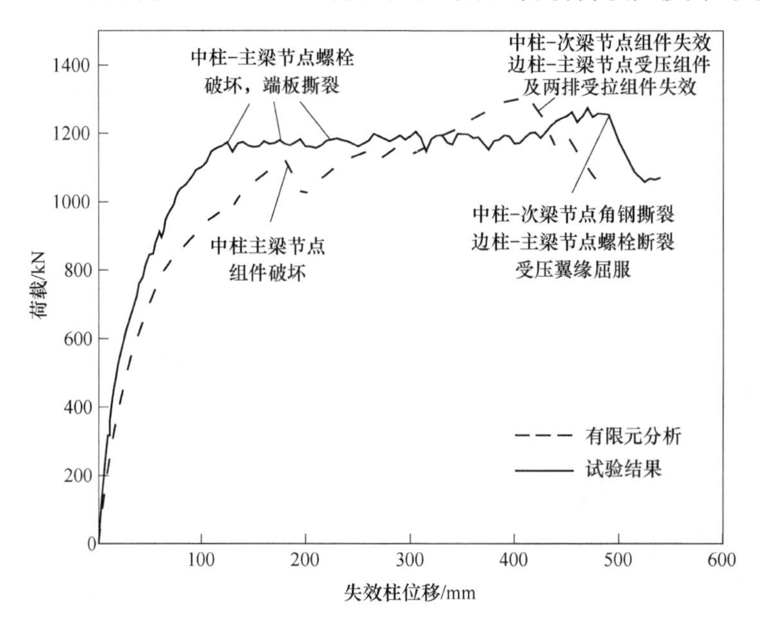

图 4-42 2×3-S-PC 试件试验和有限元分析荷载位移响应对比

在失效柱位移达到 164mm 时，试验结构一侧的中柱-主梁连接节点最下排两颗螺栓全部断裂；在失效柱位移到 273mm 时，中间排两颗螺栓断裂且主梁腹板焊缝两侧的端板撕裂，如图 4-43（a）所示。荷载随位移增长趋缓，到 250mm 时，最上排螺栓开始断裂，如图 4-43（b）所示。

在有限元模型中，最下排和中间排等效受拉弹簧在失效柱位移 181mm 时达到最大承载力并失效，最上排的受拉等效弹簧在失效柱位移达到 293mm 时失效，与试验结果接近，如图 4-43（c）所示。

在试验中，边柱-主梁节点在失效柱位移 100mm 时可观察到翼缘出现屈曲的现象，如图 4-44（a）所示。试验中负弯矩区端板节点最上排两颗螺栓分别在失

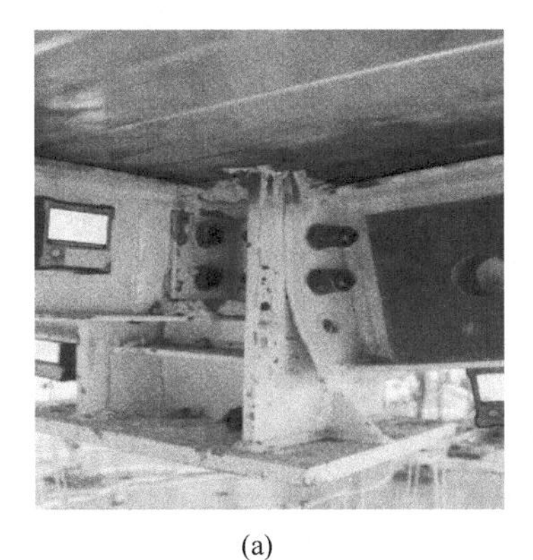

(a)

(b)

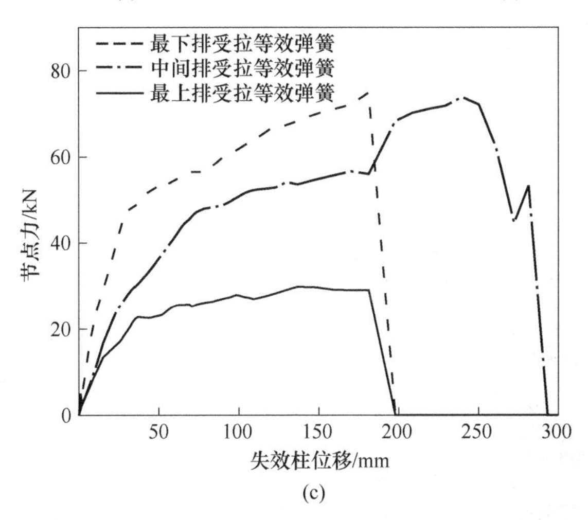

(c)

图 4-43 2×3-S-PC 试件试验和有限元中柱-主梁节点破坏对比

(a) 试验中第一颗螺栓断裂；(b) 试验中三排螺栓全部断裂；(c) 有限元中中柱-主梁节点组件模型破坏

效柱位移 367mm 和 383mm 时断裂。

在有限元模型中受压等效弹簧在失效柱位移 100mm 左右开始屈服，在 380mm 时受压承载能力开始下降。最上排等效受拉弹簧单元在 375mm 时失效，如图 4-44（b）所示，与试验结果相近。

试验中一侧中柱-次梁双角钢节点在失效柱位移达 423mm 时断裂，如图 4-45（a）所示。在有限元模型中最下排等效弹簧单元失效柱位移 403mm 时单元失效，最上排等效弹簧则在 449mm 时失效，均与试验结果接近，如图 4-45（b）所示。

与前三个试件类似，该试件也出现了压型钢板撕裂的现象。试验中在失效柱位移 400mm 时裂开约 90mm；在有限元中失效柱位移 460mm 时，100mm 压型钢板单元被删除，等同于全结构开裂了 200mm，与试验结果相符。表 4-7 列出了 2×3-S-PC 试件试验和有限元分析中主要破坏模式和破坏顺序。同前三个试件一样，改变楼板厚度和边界条件，有限元分析结果同样与试验结果接近。

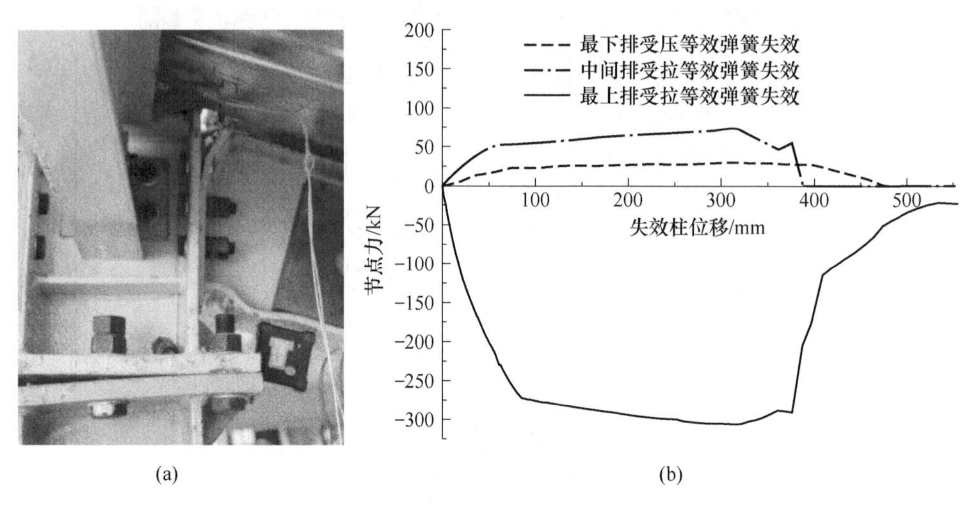

图 4-44 2×3-S-PC 试件试验和有限元分析中边柱-主梁节点破坏对比

（a）试验中最上排螺栓断裂；（b）最上排等效弹簧单元失效

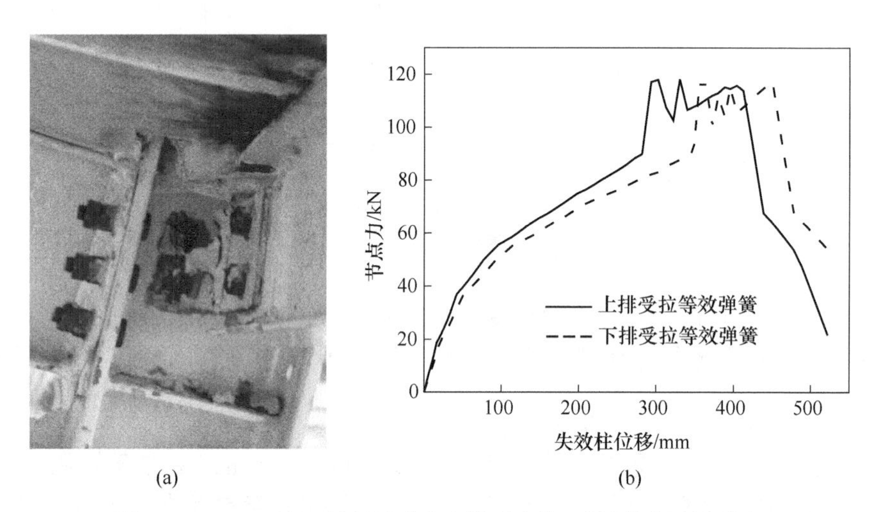

图 4-45 2×3-S-PC 试件试验和有限元中柱-次梁节点破坏对比

（a）试验中角钢撕裂；（b）有限元中中柱-次梁等效弹簧单元失效

表 4-7 2×3-S-PC 试件破坏模式对比

破坏区域	试验结果		有限元结果	
	破坏类型	失效柱位移/mm	破坏类型	失效柱位移/mm
中柱主梁节点	下排螺栓断裂	164	下排等效弹簧失效	181
	端板撕裂	200	中排等效弹簧失效	181
	六颗螺栓全部断裂	310	上排等效弹簧失效	293

续表 4-7

破坏区域	试验结果		有限元结果	
	破坏类型	失效柱位移/mm	破坏类型	失效柱位移/mm
边柱主梁节点	受压翼缘屈服	100	受压等效弹簧失效	100
	最上排螺栓断裂	383	下排等效弹簧失效	375
中柱次梁节点	角钢撕裂	474	下排等效弹簧失效	403
			上排等效弹簧失效	449
压型钢板	压型钢板撕裂 90mm	400	壳单元删除 200mm	460

4.3 参数分析

4.3.1 概述

本节将在 4.2 节验证后的有限元模型的基础上，开展大量的参数分析计算，进一步分析各个工程参数（楼板长短边比例、楼板和压型钢板厚度、抗剪键数量、节点力学性能和边界条件）对结构体系三维整体效应的影响，明确钢框架与组合楼板的相互作用。

4.3.2 楼板长宽比的影响

在三维整体楼板试验中，2×3-S-IC 试件和 2×2-S-IC 试件最大承载力相差较大，因此本节将以楼板长宽比为参数，研究不同楼板尺寸钢框架组合楼板结构的抗连续倒塌性能。参数分析时保持主梁方向的 2m 跨度不变，研究次梁方向跨度分别为 2m、3m、4m 的三种情况。图 4-46 所示为不同长宽比模型的荷载位移

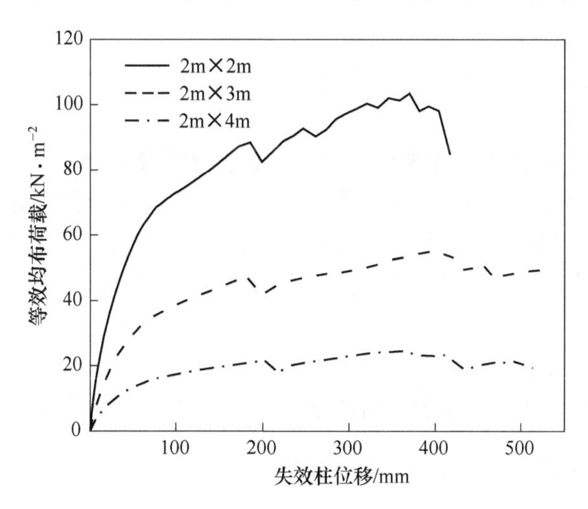

图 4-46 不同长宽比整体结构承载能力

曲线，由于三个模型楼板面积不同，因此本节取等效均布荷载（总荷载与面积的比值）进行比较。

从图 4-46 中可发现，随着楼板长宽比的增加，结构所能承担的荷载也随之增加。2m×4m 模型最大等效均布荷载 24.5kN/m^2，2m×3m 模型最大等效均布荷载 55kN/m^2，大约是 2m×4m 模型的 2.2 倍；2m×2m 模型最大等效均布荷载 103kN/m^2，大约是 2m×4m 模型的 4.2 倍。可以得出的结论是：当次梁跨度大于主梁跨度时，楼板长（次梁跨度）宽（主梁跨度）比越小，承载力越大。但 2m×2m 模型在失效柱位移为 370mm 时达到承载力，之后结构承载力快速下降，在失效柱位移 417mm 时荷载降到 84kN/m^2，约下降 18%。2m×3m 模型在失效柱位移 390mm 时达到最大荷载 55kN/m^2，到失效柱位移 500mm 时荷载仍有 55kN/m^2，承载力下降较为缓慢。2m×4m 模型在失效柱位移 300~500mm 的过程中，荷载从 23kN/m^2 下降到 21kN/m^2，下降十分缓慢，延性较好。

2m×2m、2m×3m 和 2m×4m 三个模型在中柱-主梁节点最下排受拉等效弹簧单元分别在 150mm、180mm 和 219mm 失效，边柱-主梁节点最上排受拉等效弹簧单元均在 410mm 左右失效，2m×2m、2m×3m 的中柱-次梁节点最下排受拉等效弹簧单元在失效柱位移 250mm、410mm 时失效，而 2m×4m 模型次梁节点的等效弹簧单元在失效柱位移 500mm 前未发生破坏。

4.3.3 楼板厚度的影响

楼板是钢框架组合楼板体系在中柱失效后重要的传力构件。本节将通过对比板厚分别为 50mm（T-1）、65mm（T-2）、80mm（T-3）三种情况来研究组合楼板厚度对整体结构抗连续倒塌性能的影响，如图 4-47 所示为不同板厚情况下整体结构的荷载位移曲线，可以看出在失效柱位移达到 120mm 之前，板厚对刚度影响较大。这主要有两方面的原因：一是中柱失效后，楼板越厚，楼板的抗弯刚度越大；二是楼板与钢梁形成组合梁，随着楼板厚度的增加，梁抗弯刚度也增加。

从图 4-47 中可发现，随着楼板厚度增加，结构所能承担的荷载也随之增加。T-1 模型小变形阶段峰值点竖向荷载 1039kN，T-2 模型峰值点竖向荷载 1112kN，比 T-1 模型增长 7%；T-3 模型峰值点竖向荷载 1221kN，比 T-1 模型增长了 18%。可以得出的结论是：随着楼板厚度的增加，结构在小变形阶段达到的峰值点荷载增大。

在结构达到极限破坏状态（500mm）前，最大承载力分别为 1266kN、1318kN、1402kN，可见增加板厚可以适当提高三维结构体系的承载能力。

4.3.4 压型钢板厚度的影响

压型钢板在组合楼板中起类似下部钢筋的作用，当板上作用均布荷载时，与

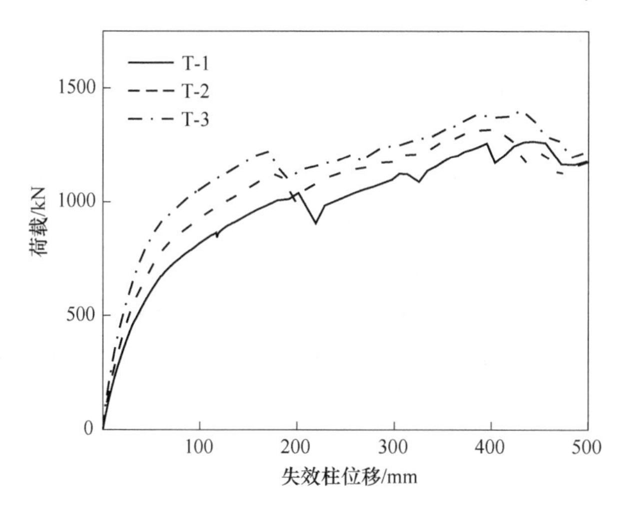

图 4-47 不同楼板厚度整体结构荷载位移曲线

混凝土楼板一起抵抗弯矩；而且组合楼板可与钢梁形成组合梁，在负弯矩区压型钢板可与钢筋梁上翼缘一起承担一定的拉力。当结构在荷载作用下发展到大变形阶段时，压型钢板可发挥悬链线效应，一定程度上减小整体结构在中柱失效后的最大位移。本节分析了三种压型钢板厚度 0.6mm（DT-1）、0.9mm（DT-2）和 1.2mm（DT-3）的情况以及无压型钢板（DT-0）的情况，其荷载位移关系如图 4-48 所示。

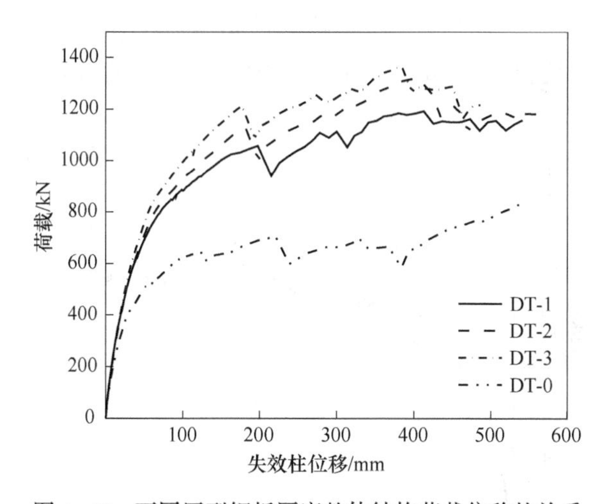

图 4-48 不同压型钢板厚度整体结构荷载位移的关系

由图 4-48 可知，在小变形阶段，结构的刚度随着压型钢板厚度的增加而提高。在小变形阶段的荷载峰值点，DT-1、DT-2、DT-3 三个模型分别达到 1057.7kN、1126kN 和 1212.6kN，而 DT-0 在小变形阶段的峰值点只达到 635kN。

可见有压型钢板的楼板要比无压型钢板的楼板承载力提高较多，且压型钢板越厚承载力越高。在大变形阶段，DT-1、DT-2、DT-3 三个模型最大承载力分别达到 1192.7kN、1317kN 和 1360kN，同样随着压型钢板厚度的增加而提高。

DT-0、DT-1、DT-2、DT-3 四个模型在中柱-主梁节点最下排受拉等效弹簧单元分别在 220mm、198mm、180mm 和 177.09mm 失效。边柱-主梁节点最上排受拉等效弹簧单元分别在 410mm、365mm、335mm 失效，DT-1、DT-2、DT-3 的中柱-次梁节点最下排受拉等效弹簧在失效柱位移 413mm、390mm、375mm 时失效，而 DT-0 模型次梁节点的等效弹簧在失效柱位移 500mm 前未发生破坏。因此可以得出的结论是：压型钢板越厚，主梁节点、次梁节点破坏得越早。

4.3.5 组合作用的影响

钢梁和组合楼板之间通过设置抗剪键紧密连接形成组合梁，实现共同工作受力。在正弯矩区，混凝土楼板可以承担压应力，节点在受弯时中性轴上移，可以承担更大的正弯矩。在负弯矩区，钢筋和压型钢板可以承担拉应力，同样可承担更大的负弯矩。因此由于组合作用的存在，节点的承载力和刚度都有了较大的提高。但是这种组合作用需要足够的抗剪键来保证组合楼板和钢梁的有效黏结，抗剪键受荷载作用而出现的滑移也可能影响组合作用的发挥。本节分析了三种不同抗剪键数量的模型 CA-1（主梁抗剪键间距 50mm，次梁抗剪键间距 100mm），CA-2（主梁抗剪键间距 100mm，次梁抗剪键间距 200mm）和 CA-3（主梁抗剪键间距 200mm，次梁抗剪键间距 400mm）的情况，其荷载位移关系如图 4-49 所示。

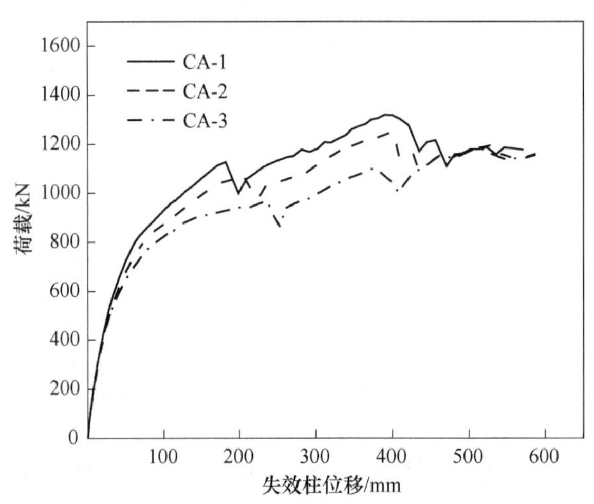

图 4-49 不同抗剪键数量模型整体结构荷载位移的关系

从图 4-49 中可以看出，在失效柱位移 150mm 以前，CA-1 模型的刚度最大，CA-3 模型的刚度最小，可以得出组合作用越强、结构的刚度越大的规律。CA-1、CA-2 和 CA-3 三个模型分别在失效柱位移 180mm、203mm 和 224mm 时中柱-主梁节点破坏而出现第一次荷载下降，可见组合作用越强、主梁节点破坏越早。CA-1、CA-2 和 CA-3 三个模型最大承载力分别为 1318kN、1245kN、1101kN，说明结构的组合作用越强、结构的最大承载能力越高。

4.3.6 节点力学性能的影响

当中柱由于偶然事件的发生而失效时，失效柱相连的梁跨度立刻增加两倍；当楼板上竖向荷载增加时，框架内的受弯机制逐渐由受弯机制向悬链线机制转变。节点是钢结构中较为薄弱的区域，节点的性能对悬链线机制的发展和形成有较大影响。本节在 2×3-S-IC 试件的基础上，通过改变主梁与中柱连接节点的部分材料性能和尺寸来改变节点的最大承载力和延性性能，分析节点最大承载力和延性对整体结构抗连续倒塌性能的影响。改变的材料性能和尺寸见表 4-8，其中 m 为螺栓孔中心到梁腹板与端板焊缝边缘的距离，t_f 为端板厚度，f_{cu} 为螺栓的抗拉强度，f_y 为端板的屈服强度。采用文献［159］的方法来计算节点的力学模型。

表 4-8 不同模型节点参数

编号	m/mm	t_f/mm	f_{cu}/MPa	f_y/MPa
CT-1	55	10	800	435
CT-2	40	12	800	435
CT-3	27	10	800	435
CT-4	27	8	500	387

中柱-主梁节点的三排等效弹簧单元中，最上排和最下排关于中轴对称，与梁翼缘的距离相同，因此力学模型相同。而中间排等效弹簧单元远离梁翼缘，力学模型与另外两排不同。两种弹簧单元的力学模型如图 4-50（a）和（b）所示，其中 C-4（2×3-S-IC）为标准试件，C-1 所能承担的最大荷载与 C-4 相差不多、但延性增加两倍多，C-2 同时提高节点的承载力和延性，C-3 具有较高的承载力、较差的延性。

采用以上四种节点力学模型的三维整体结构模型的荷载位移曲线如图 4-51 所示。在图 4-51 中可以看出，在失效柱位移 150mm 以前，由于 C-1 和 C-2 模型节点的刚度较大，反应在整体结构荷载位移曲线中同样是 C-1 和 C-2 的刚度要大于 C-3 和 C-4。由于 C-3 模型节点的延性最差，因此断裂最早，在失效柱位移 142mm 时荷载从 1163kN 下降到 870kN。而 C-4 模型在失效柱位移 181mm 时荷载从 1126kN 降到了 1106kN，在失效柱位移超过 200mm 以后，C-3 和 C-4 的

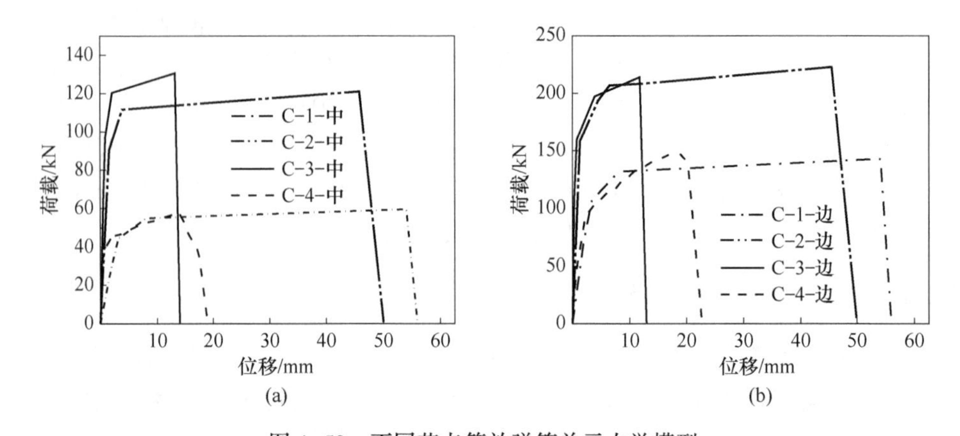

图 4-50 不同节点等效弹簧单元力学模型

（a）中间排等效弹簧单元力学模型；（b）上排和下排等效弹簧单元力学模型

荷载位移曲线较为接近，在 500mm 前的最大承载力分别为 1297kN 和 1317kN。这说明虽然节点最大承载力较高，但延性较差，节点断裂较早，结构的抗连续倒塌性能并未提高。

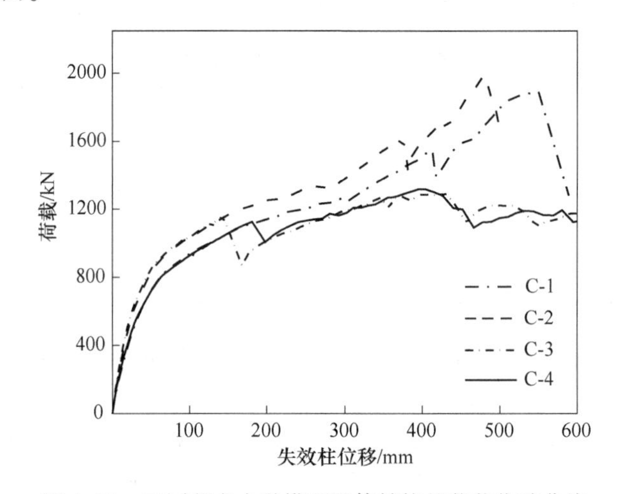

图 4-51 不同节点力学模型整体结构的荷载位移曲线

C-1 和 C-2 模型的节点延性较好，在失效柱位移 450mm 前均未发生破坏。在失效柱位移 500mm 前最大承载力分别为 1806kN 和 1988kN，为 C-4 模型最大承载力的 1.4 倍和 1.5 倍，说明改善节点的延性能明显提高节点的抗连续倒塌能力。

4.3.7 边界条件的影响

在结构的大变形阶段，梁的悬链线效应和楼板的薄膜效应是主要的受力机制，这两种机制的开展都需要边界提供足够的水平反力。本节研究的结构中水平约束反力的来源有两方面，一方面是柱子提供的水平反力，另一方面是梁端提供的约束反力。本节将通过改变柱子截面、柱脚水平约束、转动约束以及梁端约束，分析边界约束条件对结构抗连续倒塌承载力的影响；分析了梁端有弹簧约束和无约束两种情况，其中梁端弹簧单元采用4.2节中确定的刚度。表4-9列出了9种（BC-1~BC-9）不同边界约束情况下的模型。

表4-9 不同边界约束条件模型的参数

编号	柱截面/mm×mm×mm×mm	柱脚		梁端约束
		水平约束	转动约束	
BC-1	H100×100×6×8	有	有	弹簧约束
BC-2	H200×200×8×12	有	有	弹簧约束
BC-3	H200×200×8×12	有	有	无
BC-4	H200×200×8×12	无	有	弹簧约束
BC-5	H200×200×8×12	无	有	无
BC-6	H200×200×8×12	有	无	弹簧约束
BC-7	H200×200×8×12	有	无	无
BC-8	H200×200×8×12	无	无	弹簧约束
BC-9	H200×200×8×12	无	无	无

在图4-52（a）中，BC-2即为4.2节中2×3-S-IC有限元模型的结果，BC-1在BC-2的基础上减小了柱子截面，最大承载力从1318kN下降到了1285kN。BC-6模型取消了柱底的转动约束，保留了水平约束，最大承载力从1318kN下降到了1207kN，可见柱底转动约束对承载力有一定影响。BC-4取消了柱底的水平约束，保留了转动约束，该模型在小变形阶段就达到了最大承载力865kN，相比BC-2下降了453kN，约为34%；该模型由于取消了柱底水平约束，减小了悬链线效应发展时可提供的水平反力，在悬链线效应阶段的承载力并未超过小变形阶段的最大承载力。可见柱底水平约束对结构的抗连续倒塌承载力影响较大。BC-8同时取消了柱底的水平约束和转动约束，相对BC-4在小变形阶段的承载力也下降，但随着变形的增加，两个模型的承载力逐渐接近。

在图4-52（b）中，BC-3模型相对BC-2撤去了梁端水平约束，最大荷载为1286kN。BC-7模型取消了柱底的转动约束，保留了水平约束，最大承载力为1207kN，相对BC-3下降了6%，承载力在失效柱位移500mm时出现大幅下降。BC-5模型取消了柱底的水平约束，保留了转动约束，最大承载力825kN，相比BC-3模型下降了36%；而且该模型在失效柱位移200mm左右达到了最大承载力，悬链线效应并未开展，延性较差。BC-9模型既无柱底的水平约束，也无转

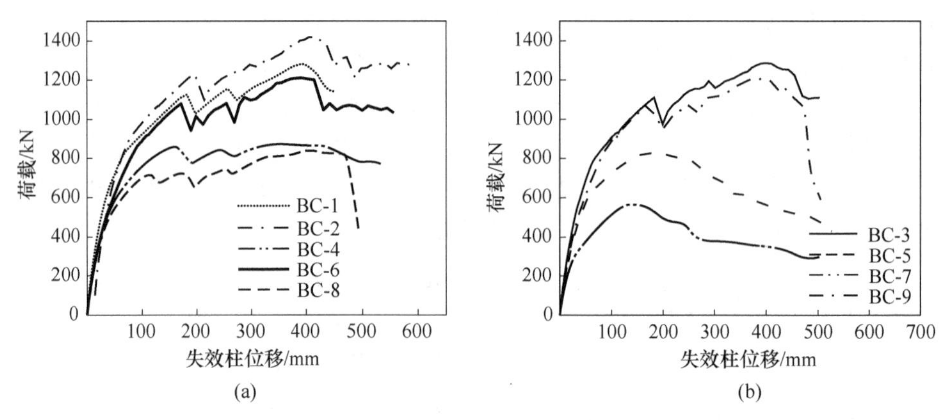

图 4-52 不同边界条件整体结构的荷载位移曲线

（a）梁端弹簧约束；（b）梁端无约束

动约束，最大承载力 565kN，在失效柱位移 200mm 左右达到了最大承载力，悬链线效应也未开展，延性较差。

4.4 非线性动力反应分析

4.4.1 概述

对结构抗连续倒塌性能的研究，目前采用静力方法的较多，再通过能量原理来考虑动力效应。静力弹性分析法、动力弹性分析法、静力非线性分析法和动力非线性反应分析法是比较常见的四种分析方法。静力弹性分析法，简单快捷，且对结果容易评价，非常适合于对简单结构的分析计算，却很难考虑材料的非线性和动力效应。动力弹性分析法，计入了动力效应，但没能考虑非线性，而连续倒塌分析往往要进入大变形阶段，这种方法不能准确地反映动力效应、惯性力和阻尼的影响。静力非线性分析法，只考虑了材料的非线性，没有考虑动力效应，只能通过乘以各类规范中规定的动力增大系数或通过能量原理来考虑动力效应。动力非线性反应分析法同时考虑了动力效应和材料非线性，结果较为准确，但方法和计算过程较为复杂，对设计人员水平要求较高。

对于动力增大系数的规范，常见的有美国的 GSA 和 DoD。GSA 规定用乘以动力增大系数 2 的方法来考虑动力效应，DoD 中则给出了变化的动力效应增大系数值 *DIF*。计算公式见式（4-5），其中 θ_{pra} 为塑形转角，θ_y 为屈服转角。

$$DIF = 1.08 + 0.76/(\theta_{pra}/\theta_y + 0.83) \tag{4-5}$$

文献［174］对腹板角钢节点和节点板连接节点进行中柱失效下连续倒塌动力试验，结果得到了动力增大系数 3，远远高于 GSA 和 DoD 中规定的 2。文献［175］得到的系数小于 2，也就是说 *DIF* 值受结构类型影响较大。基于验证后的有限元分析模型，对三维整体结构体系在动力荷载下的力学响应进行模拟分析。然后，将有限元动力荷载分析结果与能量原理所获得的伪静态结构响应进行对比，从而进一步验证能量原理动力效应的分析方法。

4.4.2 Izzuddin 基于能量原理计算动力效应方法介绍

4.4.2.1 方法介绍

Izzuddin 提出了在求得非线性静力反应 $P-u_s$ 曲线的基础上，利用外荷载所做功与内功相等的原理，得出动力反应 P_0-u_d 的关系曲线。如图 4-53 所示，根据阴影面积相等，可在任意给定 u_d 的情况下求出所对应 P_0。因此，使 u_d 从 0 开始由小到大增长，计算出每个点所对应的 P_0，就可求出所对应的 P_0-u_d 关系曲线。

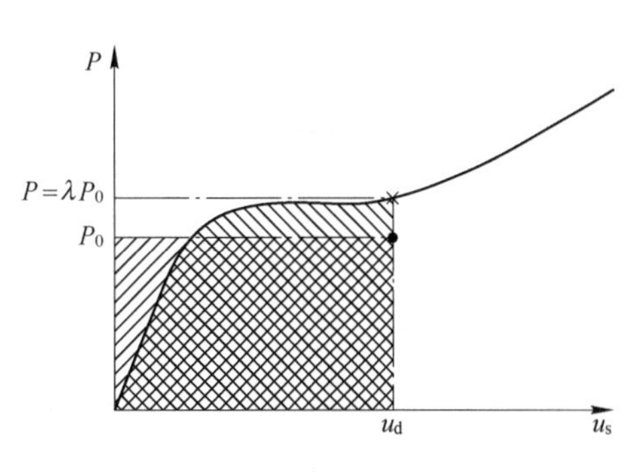

图 4-53 Izzuddin 能量法求动力反应[176]

4.4.2.2 实例计算

本节将以 2×3-S-IC 试件为例，采用 Izzuddin 的方法计算动力效应。表 4-10 为非线性静力反应数据。

表 4-10 非线性静力反应数据

编号 n	静力 P/kN	位移 u_s/mm	编号 n	静力 P/kN	位移 u_s/mm
1	0.00	0.00	16	571.15	32.91
2	33.03	0.95	17	595.42	35.52
3	91.62	2.98	18	617.81	38.22
4	143.91	5.12	19	641.37	40.90
5	191.71	7.33	20	662.94	43.62
6	236.81	9.57	21	684.99	46.34
7	278.34	11.82	22	706.67	49.05
8	318.17	14.06	23	727.68	51.78
9	351.65	16.26	24	745.77	54.58
10	386.70	18.56	25	764.45	57.36
11	420.43	20.88	26	782.57	60.19
12	453.62	23.21	27	799.59	63.05
13	485.69	25.57	28	813.11	65.99
14	516.37	27.96	29	825.68	68.97
15	544.54	30.41	30	835.90	72.01

续表 4-10

编号 n	静力 P/kN	位移 u_s/mm	编号 n	静力 P/kN	位移 u_s/mm
31	846.67	75.03	52	1029.19	138.64
32	857.54	78.08	53	1086.26	159.99
33	867.56	81.16	54	1126.36	182.03
34	877.63	84.25	55	1056.96	208.98
35	887.74	87.35	56	1106.20	230.77
36	898.02	90.46	57	1134.41	250.85
37	907.67	93.57	58	1151.78	271.08
38	916.80	96.64	59	1167.93	292.10
39	927.85	99.69	60	1207.50	311.54
40	937.51	102.77	61	1221.33	329.64
41	946.53	105.90	62	1259.82	347.38
42	955.80	108.99	63	1280.61	365.06
43	962.89	112.13	64	1304.82	381.51
44	967.64	115.53	65	1317.70	399.51
45	977.86	118.54	66	1276.34	421.15
46	984.89	121.67	67	1207.91	445.31
47	995.14	124.72	68	1109.56	470.81
48	1003.77	127.80	69	1160.82	491.41
49	1011.78	130.89	70	1178.47	512.65
50	1019.65	134.00	71	1157.44	535.57
51	1025.43	137.12	72	1182.28	557.87

此方法求的是动力作用与静力作用产生相同位移时的动力荷载，因此有 $u_s = u_d$。表 4-10 列出了若干组（$P_{s,n}$，$u_{s,n}$），根据外力功与内能相等的原理，可得 $P_{d,n}$的计算公式（4-5）。

$$P_{d,n} = \frac{1}{u_{d,n}}\int_0^{u_{d,n}} P\mathrm{d}u_s \tag{4-6}$$

为了简便，计算采用梯形积分法，计算过程如下：

$$n = 1,\ P_{d1} = 0$$

$$n = 2,\ \delta u_2 = \frac{P_2}{2} \times \delta u_{d,2} = \frac{33.03}{2} \times 0.95 = 15.63,\ u_2 = 15.63,\ P_{d2} = \frac{u_2}{u_{d2}} = 16.51$$

$$n = 3,\ \delta u_3 = \frac{P_3 + P_2}{2} \times \delta u_{d,3} = \frac{91.62 + 33.03}{2} \times (2.98 - 0.95) = 126.53,$$

$$u_3 = 15.63,\ P_{d3} = \frac{u_3}{u_{d3}} = 16.51$$

$$n = 4,\ \delta u_4 = \frac{P_4 + P_3}{2} \times \delta u_{d,4} = \frac{143.91 + 91.62}{2} \times (5.12 - 2.98) = 252.85,$$

$$u_4 = 142.46,\ P_{s3} = \frac{u_4}{u_{d4}} = 47.76$$

……

$$n = i,\ \delta u_i = \frac{P_i + P_{i-1}}{2} \times \delta u_{s,i},\ u_i = \sum_1^i \delta u_i,\ P_{si} = \frac{u_i}{u_{di}}$$

……

以此类推，可得到所有动力反应的数据，结果见表 4-11。

表 4-11 Izzuddin 基于能量方法动力反应数据

编号 n	δu_n/kN · mm	u_n/kN · mm	u_{di}/mm	P_{dn}/kN
1	0	0	0	0
2	15.63	15.63	0.95	16.51
3	126.53	142.16	2.98	47.76
4	252.85	395.01	5.12	77.09
5	370.49	765.5	7.33	104.41
6	478.69	1244.19	9.57	130.07
7	580.16	1824.34	11.82	154.37
8	668.45	2492.79	14.06	177.31
9	736.77	3229.56	16.26	198.63
10	848.18	4077.74	18.56	219.75
11	936.03	5013.77	20.88	240.17
12	1019.93	6033.69	23.21	259.96
13	1108.42	7142.12	25.57	279.32
14	1197.36	8339.47	27.96	298.27
15	1302.16	9641.63	30.41	317.01
16	1392.82	11034.45	32.91	335.28
17	1523.77	12558.22	35.52	353.52
18	1638.59	14196.81	38.22	371.4
19	1686.11	15882.92	40.9	388.31
20	1772.43	17655.35	43.62	404.75
21	1831.44	19486.78	46.34	420.53

续表 4-11

编号 n	δu_n/kN · mm	u_n/kN · mm	u_{di}/mm	P_{dn}/kN
22	1885.78	21372.56	49.05	435.75
23	1957.54	23330.1	51.78	450.58
24	2065.41	25395.51	54.58	465.28
25	2101.16	27496.67	57.36	479.34
26	2187.95	29684.62	60.19	493.16
27	2258.69	31943.31	63.05	506.65
28	2368.57	34311.88	65.99	519.99
29	2443.69	36755.57	68.97	532.94
30	2525.52	39281.09	72.01	545.52
31	2546.15	41827.24	75.03	557.45
32	2591.67	44418.91	78.08	568.92
33	2658.97	47077.88	81.16	580.08
34	2694.04	49771.91	84.25	590.8
35	2737.82	52509.73	87.35	601.16
36	2777.93	55287.66	90.46	611.19
37	2808.75	58096.41	93.57	620.89
38	2801.56	60897.98	96.64	630.15
39	2809.95	63707.93	99.69	639.08
40	2873.58	66581.51	102.77	647.88
41	2946.63	69528.14	105.9	656.57
42	2945.75	72473.89	108.99	664.94
43	3007.54	75481.43	112.13	673.17
44	3280.93	78762.36	115.53	681.77
45	2933.81	81696.17	118.54	689.17
46	3072.68	84768.86	121.67	696.69
47	3010.64	87779.49	124.72	703.84
48	3078.32	90857.81	127.8	710.97
49	3120.07	93977.88	130.89	717.99
50	3155.82	97133.7	134	724.89
51	3191.35	100325.05	137.12	731.66
52	1560.49	101885.53	138.64	734.9
53	22579.32	124464.85	159.99	777.98

续表 4-11

编号 n	δu_n/kN · mm	u_n/kN · mm	u_{di}/mm	P_{dn}/kN
54	24386.41	148851.27	182.03	817.74
55	29423.46	178274.73	208.98	853.07
56	23563.26	201837.98	230.77	874.64
57	22494.64	224332.63	250.85	894.3
58	23127.16	247459.79	271.08	912.87
59	24381.31	271841.1	292.1	930.65
60	23089.18	294930.28	311.54	946.69
61	21986.98	316917.26	329.64	961.39
62	22002.86	338920.12	347.38	975.65
63	22452.39	361372.51	365.06	989.91
64	21272.95	382645.46	381.51	1002.97
65	23605.27	406250.73	399.51	1016.86
66	28064.83	434315.56	421.15	1031.26
67	30002.19	464317.75	445.31	1042.69
68	29548.85	493866.6	470.81	1048.98
69	23386.01	517252.61	491.41	1052.59
70	24840.88	542093.49	512.65	1057.44
71	26774.2	568867.69	535.57	1062.17
72	26084.35	594952.03	557.87	1066.48

4.4.3 非线性动力反应分析

与线性静力反应分析法、非线性静力反应分析法相比，非线性动力反应分析法具有更高的精确度，本节使用 ABAQUS/Standard 模块对 2×3-S-IC 试件进行动力非线性反应分析，并与 Izzuddin 基于能量原理的方法进行对比。动力分析有限元模型是建立在静力分析模型基础之上，并根据动力分析的特性进行必要的改造。

4.4.3.1 材料属性

通常动力反应分析中需要特别考虑的参数主要有两个，一个是应变率，另一个是阻尼。根据以往此类试验的经验[161,177]，应变率较小，可以不考虑。当结构做自由振动时，振动的幅度逐渐减小，阻尼起了耗散能量的作用。本节采用使用较为广泛的瑞雷（Rayleigh）阻尼。瑞雷阻尼假设阻尼矩阵是刚度矩阵和质量矩阵的线性组合，如式（4-7）其中 w_1 和 w_2 是前两阶阵型所对应的频率，α 和 β

是反映质量比例的阻尼系数和反映刚度比例的阻尼系数，ξ_1、ξ_2 为前两阶模态所对应的阻尼比，带楼板的钢结构通常取 $\xi_1=\xi_2=0.04$，按式（4-8）计算。

$$C = \alpha M + \beta K \tag{4-7}$$

$$\alpha = \frac{2w_1w_2(\xi_1w_2 - \xi_2w_1)}{w_2^2 - w_1^2} \qquad \beta = \frac{2(\xi_2w_2 - \xi_1w_1)}{w_2^2 - w_1^2} \tag{4-8}$$

其他材料性能数据均与非线性静力反应分析所使用的数据相同。

4.4.3.2 加载方法

为了尽可能的模拟结构在荷载作用下中柱突然失效的过程，根据 ABAQUS 软件功能的特性，加载分两个过程完成。第一个过程是先给模型失效柱柱底加上竖向约束，然后采用力加载的方式在加载梁上施加规定的荷载，如图 4-54 所示。当计算完成后提取失效柱底反力。第二个过程需要取消失效柱底的竖向约束，之后由两个分析步完成。第一分析步为静力分析，先施加第一个过程相同的规定荷载，并将在第一个过程提取的柱底反力作用在失效柱底，在此分析步的过程中失效柱位移接近于 0。第二个分析步使用隐式动力分析法，在很小的时间内将失效柱底反力撤去（降为 0），此时结构发生振动，待分析完成后提取结果。DoD 中规定，失效时间一般取结构基本周期的 1/10，且不大于剩余结果基本周期的 1/5。文献［174］中提到若失效时间小于 0.1s，则由失效时间而产生的差异可以忽略，本节中研究的结构周期为 0.38s，失效时间取 0.01s。

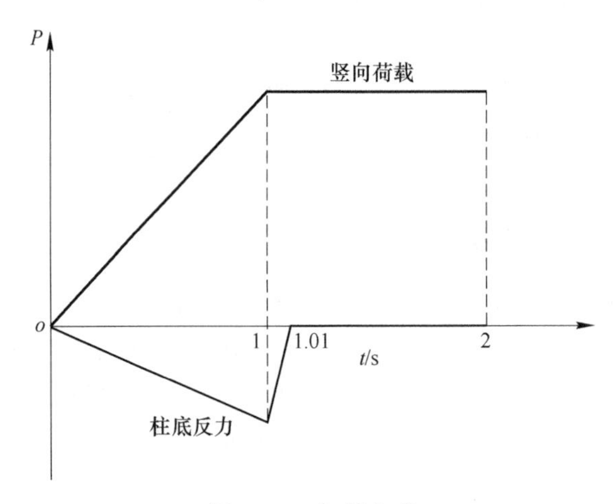

图 4-54 加载方式

4.4.3.3 有限元结果

图 4-55 给出了竖向荷载从 200~1100kN 八种工况下，结构突然拆除中柱后失效柱位移的动力响应。从图 4-55 中可以看出，失效柱位移在 1s 之前维持稳定不变，在 0.01s 内突然将柱底反力释放，结构因此失去支撑而发生振动，在阻尼的作用下逐渐趋向稳定。失效前柱底反力的大小、失效后最大位移以及 2s 时最

终位移数据见表 4-12。当竖向荷载为 200kN 时，失效柱最大位移为 12.73mm，经过一段时间的振动位移稳定在 9.31mm，与最大位移相差 37%左右。随着荷载的增加，失效柱所能达到的位移越来越大，增幅也越来越大。为了更好地观察位移时程曲线的规律，因此在竖向荷载 800kN 以后逐渐减小每级荷载的增长幅度。当竖向荷载达到 1060kN 时，此最大位移与最终位移相同非常接近，分别为 420.67mm 和 419.57mm。当竖向荷载达到 1100kN 时，最大位移已超过破坏准则中规定的 500mm，此时结构的中柱-主梁节点、边柱-主梁节点、中柱-次梁节点基本已经失效，结构很难再承担更大的承载力。

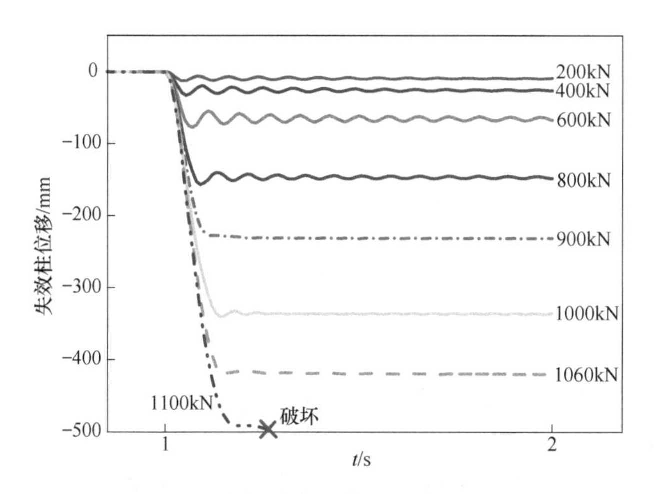

图 4-55 不同竖向荷载作用下位移时程曲线

表 4-12 有限元非线性动力反应数据

编号	竖向荷载/kN	释放前失效柱柱底反力/kN	失效柱最大位移/mm	失效柱最终位移/mm
1	200	68.62	12.73	9.31
2	400	202.62	33.55	26.93
3	600	261.82	77.65	67.67
4	800	266.14	157.06	148.29
5	900	302.66	231.93	231.71
6	1000	332.94	340.05	335.78
7	1060	355.46	420.67	419.57
8	1100	366.08	>500	>500

4.4.4 有限元方法与 Izzuddin 方法结果对比

本节将对非线性静力反应分析的结果、Izzuddin 基于能量原理的方法以及非线性动力反应分析的结果进行对比。如图 4-56 所示为采用这三种方法所得到的荷载位移关系曲线。从图 4-56 中可看出，非线性动力反应分析方法得到的结果略高于 Izzuddin 基于能量原理方法的结果，因为结构在振动的过程中难以避免产生一定的能量损耗。

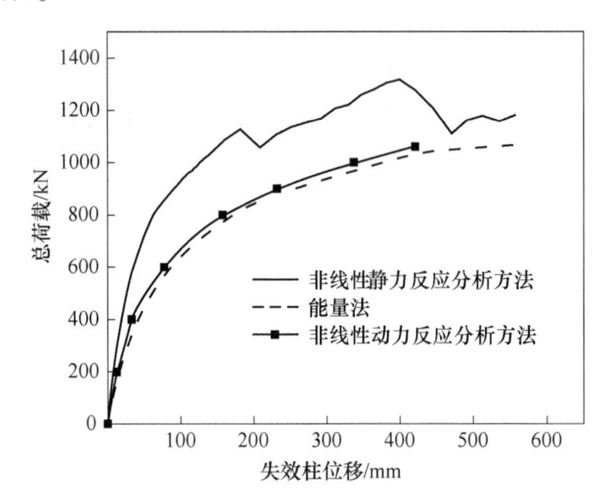

图 4-56 三种分析方向总荷载与失效柱位移曲线

在连续倒塌领域对动力增大系数通常有两种定义方式。一种是基于力的定义方式，见式（4-9），该公式反映在失效柱位移达到某相同值时，动力作用所需荷载与静力作用所需荷载的比值。在表 4-13 中，有两组 DIF_p，其中 DIF_{pE} 是基于 Izzuddin 能量法所得到的动力效应增大系数，DIF_{pD} 是基于有限元非线性动力反应法所得到的动力效应增大系数。从表 4-13 中可以看出，随着失效柱位移的增加，两组 DIF_p 增加或减小的趋势是相同的。DIF_{pE} 和 DIF_p 在大变形阶段相比小变形节点更为接近，这是因为小变形阶段能量损耗占总能量的比重更大。

DIF_{pE} 在 1.1~1.8 之间，当失效柱位移大于 150mm 时，这一值在 1.1~1.5 范围内。而 DIF_p 小于普遍小于 1.5，因此建议本节结构类型取 1.5，这比 GSA 所规定的 2 要小。

$$DIF_p = P_{st}/P_{dy} \tag{4-9}$$

表 4-13 Izzuddin 法和有限元动力反应分析 DIF_p 对比

编号	失效柱位移/mm	竖向荷载/kN			DIF_{pD}	DIF_{pE}
		静力反应	能量法	动力反应		
1	12.73	290.01	164.36	200	1.46	1.76
2	33.55	575.56	339.27	400	1.44	1.70
3	77.65	850.54	561.92	600	1.42	1.51

续表 4-13

编号	失效柱位移/mm	竖向荷载/kN			DIF_{pD}	DIF_{pE}
		静力反应	能量法	动力反应		
4	157.06	1084.26	777.93	800	1.39	1.36
5	231.93	1106.2	874.64	900	1.23	1.26
6	340.05	1241.58	965.47	1000	1.24	1.29
7	420.67	1245.36	980.72	1060	1.17	1.27

另一种基于位移的定义方法，见式（4-10），DIF_u 反映的是相同荷载作用时，动力荷载与静力荷载产生最大位移的比值。在表 4-14 中，有两组 DIF_p，其中 DIF_{uE}是基于 Izzuddin 能量法所得到的动力效应增大系数，DIF_{uD}是基于有限元非线性动力反应法所得到的动力效应增大系数。从表 4-14 中可知，DIF_{uE}略大于 DIF_{uD}，两者均在 1.6~3.0 的范围内，因此本节建议 3 为基于位移的动力效应增大系数值。

$$DIF_u = u_{dy}/u_{st} \tag{4-10}$$

表 4-14 Izzuddin 法和有限元动力反应分析 DIF_u 对比

编号	竖向荷载/kN	失效柱位移/mm			DIF_{uD}	DIF_{uE}
		静力反应	能量法	动力反应		
1	200	7.78	16.62	12.73	1.64	2.14
2	400	19.65	43.62	33.55	1.71	2.22
3	600	35.72	87.35	77.65	2.17	2.45
4	800	63.05	172.22	157.06	2.49	2.73
5	900	93.57	255.85	231.93	2.48	2.73
6	1000	125.89	381.51	340.05	2.70	3.00
7	1060	216.74	535.57	420.67	1.94	2.47

4.5 结论与展望

4.5.1 结论

采用通用有限元软件 ABAQUS 建立了空间钢框架组合楼板子结构有限元模型，进行了拆除中柱后的非线性静力反应分析和参数化分析，分别采用能量法和直接非线性动力反应分析方法得到了结构在中柱失效后的动力响应，并给出了动力效应增大系数的建议值。本章主要结论概括如下：

（1）采用EC3中的组件法将节点域分为几组等效弹簧，用试验的方法获得等效弹簧的力学模型，并通过分析结果与试验结果的对比证明了这种方法的有效性。

（2）有限元模型验证有效，可用于参数化分析。

（3）当结构主梁跨度一定时，楼板长宽比越小承载力越大；增加楼板厚度和压型钢板厚度都可以提高整体结构在中柱失效后的承载能力，但会提前中柱-主梁节点的破坏；增强节点的延性对结构的抗连续倒塌性能有较大提高，而在不提高节点延性的前提下，增加节点最大抗拉弯承载力对提高结构抗连续倒塌性能作用不大；柱脚水平约束对悬链线效应的开展有较大影响，当撤去柱脚水平约束时，结构的抗连续倒塌承载力大幅下降。当梁端和柱脚均不提供水平力时，结构的悬链线效应无法开展，结构最大承载力较低，延性也较差。

（4）将直接非线性动力有限元分析法得到的荷载位移响应与Izzuddin简化方法的结果进行对比，发现两种方法的结果较为接近。

（5）有限元动力分析法与Izzuddin能量法求得的基于力的*DIF*值都比GSA中提出的2要小，因此建议本节所分析结构类型取1.5。两种方法求得的基于位移的*DIF*值均小于3，因此建议本节所分析结构类型基于位移的*DIF*值取3。

4.5.2 展望

采用拆除构件法对三维钢框架组合楼板子结构的连续倒塌破坏机理进行非线性有限元分析，探究柱楼板长宽比、楼板厚度、压型钢板厚度、抗剪栓钉数量、节点力学性能和动力效应对结构连续倒塌破坏的影响，得出一些具有参考价值的结论。但由于作者自身水平有限，本次研究主要针对中柱失效下的工况，节点类型较为单一，建议后续研究工作主要从以下几个方面开展：

（1）主要针对中柱失效这一种工况下展开的，而实际情况还有边柱、角柱等其他位置柱子失效的工况，这些工况下结构的三维整体抗连续倒塌性能还需要进一步的研究。

（2）柱子与主梁节点采用端板节点连接，柱子与次梁、主梁与次梁采用双腹板角钢节点连接。而实际工程中节点形式非常广泛，有近似刚性节点的焊接节点、带双腹板角钢的上下顶底角钢节点，有偏向铰接的节点板连接节点，还有抗震结构中使用的狗骨式连接，节点抗拉和抗弯的强度以及延性都不同，需要进一步研究。

（3）探究了钢框架组合楼板结构连续倒塌后的破坏机理，破坏顺序以及各个参数对受力机制的影响，但未给出具体的相关抗连续倒塌措施，下一步应该进行抗连续倒塌措施的研究与分析。

参考文献

[1] McGuire W. Prevention of progressive collapse [C] //Proceeding of the Regional Conference on Tall Buildings. Bangkok: Asian Institute of Technology, 1974.

[2] 胡晓斌，钱稼茹．结构连续倒塌分析与设计方法综述［J］．建筑结构，2006（增刊1）：5.

[3] 梁益，陆新征，缪志伟，等，结构的连续倒塌：规范介绍和比较［C］//第六届全国工程结构安全防护学术会议论文集．洛阳：2007：195-200.

[4] 马人乐，陈俊岭，何敏娟．建筑结构二次防御能力分析方法［J］．同济大学学报（自然科学版），2006，34（5）：569-573.

[5] 于山，苏幼坡，马东辉，等．钢筋混凝土建筑抗倒塌设计［J］．地震工程与工程振动，2005，25（2）：67-68.

[6] Robert Smilowitz. Analytical tools for progressive collapse analysis [C] //Proceedings of National Workshop on Prevention of Progressive Collapse, Multihazard Mitigation Council of the National Institute of Building Sciences, Rosemont, IL, USA, July 10-11, 2002.

[7] GB 50068—2018. 建筑结构可靠性设计统一标准［S］．北京：中国建筑工业出版社，2018.

[8] Pearson C, Delatte N. Lessons from the progressive collapse of the Ronan Point Apartment Tower [C]. Forensic Engineering Congress, 2003: 190-200.

[9] Corley W G, Sozen M A, Thornton C H. The Oklahoma City Bombing: Analysis of blast damage to the Murrah Building [J]. Journal of Performance of Constructed Facilities, 1998, 12 (3): 113-119.

[10] Bažant Z P, Le J L, Greening F R, et al. What did and did not cause collapse of World Trade Center Twin Towers in New York? [J]. Journal of Engineering Mechanics, 2008, 134 (10): 892 -906.

[11] Pearson C, Delatte N. Ronan Point Apartment Tower Collapse and its effect on building codes [J]. Journal of Performance of Constructed Facilities, 2005, 19 (2): 172-177.

[12] Ward J, Pilat S. Terror, trauma, memory: Reflections on the Oklahoma City Bombing—An introduction [J]. Social Science Quarterly, 2016, 97 (1): 1-8.

[13] NIST. Final report on the collapse of the world trade center towers [R]. Gaithersburg: National Institute of Standards and Technology, 2005.

[14] McGuire W. Prevention of progressive collapse [C] //Proeeeding of the Regional Conferenee on Tall Buildings, Asian Institute of Teehnology, Bangok, Thailand, 1974.

[15] Burnett E F P. The avoidance of progressive collapse: Regulatory approaches to the problem [J]. Washington D. C: National Bureau of Standards, 1975, 10 (7): 113-125.

[16] Leyendecker E V, Ellingwood B. Design methods for reducing the risk of progressive collapse in buildings [J]. 1977, 35 (8): 314-323.

[17] Ellingwood B, Leyendecker E V. Approaches for design against progressivee collapse [J]. Journal of the Structural Division, 1978, 104 (11): 413-423.

[18] Gross J L, Mcguire W. Progressive collapse resistant design [J]. Journal of Structural Engi-

neering, 1983, 109 (1): 1-15.

[19] Mitchell D, Cook W D. Preventing progressive collapse of slab structures [J]. Journal of Structural Engineering, 1984, 110 (7): 1513-1532.

[20] Luccioni B M, Ambrosini R D, Danesi R F. Analysis of building collapse under blast loads [J]. Engineering Structures, 2004, 26 (1): 63-71.

[21] Abruzzo J, Matta A, Panariello G. Study of mitigation strategies for progressive collapse of a reinforced concrete commercial building [J]. Journal of Performance of Constructed Facilities, 2006, 20 (4): 384-390.

[22] Starossek U. Progressive collapse of structures: Nomenclature and procedures [J]. Structural Engineering International, 2006, 16 (2): 113-117.

[23] Mohamed O A. Strategies for mitigation of progressive collapse of corner panels in reinforced concrete buildings [C]. 2nd International Conference Safety and Security Engineering, MALTA, 2007, 94: 161-169.

[24] Sasani M, Sagiroglu S. Progressive collapse resistance of Hotel San Diego [J]. Journal of Structural Engineering, 2008, 134 (3): 478-488.

[25] Sasani M. Response of a reinforced concrete infilled-frame structure to removal of two adjacent columns [J]. Engineering Structures, 2008, 30 (9): 2478-2491.

[26] Alashker Y, El-Tawil S, Sadek F. Progressive collapse resistance of steel-concrete composite floors [J]. Journal of Structural Engineering, 2010, 136 (10): 1187-1196.

[27] Alashker Y, El-Tawil S. A design-oriented model for the collapse resistance of composite floors subjected to column loss [J]. Journal of Constructional Steel Research, 2011, 67 (1): 84-92.

[28] Dinu F, Dubina D, Petran I, et al. Numerical simulation of 3D assembly models under large deformation conditions [C]. Eurosteel 2014, Naples, Italy, 2014.

[29] Dat P X, Hai T K, Yu J. A simplified approach to assess progressive collapse resistance of reinforced concrete framed structures [J]. Engineering Structures, 2015, 101: 45-57.

[30] Dinu F, Marginean I, Dan D, et al. Experimental testing and numerical analysis of 3D steel frame system under column loss [J]. Engineering Structures, 2016, 113: 59-70.

[31] Fu Q N, Yang B, Tan K H. Experimental tests on 3d composite floor systems after removal of an internal column [C]. Eighth International Conference on Steel and Aluminium Structures, Hong Kong, China, 2016.

[32] Amiri S , Saffari H , Mashhadi J . Assessment of dynamic increase factor for progressive collapse analysis of RC structures [J]. Engineering Failure Analysis, 2017, 84: 300-310.

[33] Azim I , Yang J , Bhatta S , et al. Factors influencing the progressive collapse resistance of RC frame structures [J]. Journal of Building Engineering, 2019, 27: 100986.

[34] Zhou Y , Chen T , Pei Y , et al. Static load test on progressive collapse resistance of fully assembled precast concrete frame structure [J]. Engineering Structures, 2019, 200: 109719.

[35] Wang J , Uy B , Li D , et al. Progressive collapse analysis of stainless steel composite frames with beam-to-column endplate connections [J]. Steel and Composite Structures, 2020, 36

(4): 427-446.

[36] Kl A , Zc A , Yi L B , et al. Uncertainty analysis on progressive collapse of RC frame structures under dynamic column removal scenarios. [J]. Journal of Building Engineering, 2021, 46: 103811.

[37] Dcfa B , Hrs B , Fp C , et al. Efficient numerical model for progressive collapse analysis of prestressed concrete frame structures [J]. Engineering Failure Analysis, 2021, 129: 105683.

[38] Mucedero G , Brunesi E , Parisi F . Progressive collapse resistance of framed buildings with partially encased composite beams [J]. Journal of Building Engineering, 2021 (2): 102228.

[39] 朱幼麟．大板结构连续倒塌问题的探讨 [J]．建筑技术，1988 (2): 51-53.

[40] 朱明程，刘西拉．多层砖混建筑的连续倒塌分析 [J]．四川建筑科学研究，1994 (2): 2-5.

[41] 陈俊岭，马人乐，何敏娟．防止建筑物连续倒塌的措施 [J]．特种结构，2005，22 (4): 13-15.

[42] 胡晓斌，钱稼茹．结构连续倒塌分析与设计方法综述 [C]．首届全国建筑结构技术交流会论文集，2006.

[43] 梁益，陆新征，缪志伟，等．结构的连续倒塌：规范介绍和比较 [C]．全国工程结构安全防护学术会议，2007.

[44] 易伟建，何庆锋，肖岩．钢筋混凝土框架结构抗倒塌性能的试验研究 [J]．建筑结构学报，2007，28 (5): 104-109.

[45] 梁益，陆新征，李易，等．3 层 RC 框架的抗连续倒塌设计 [J]．解放军理工大学学报 (自然科学版)，2007，8 (6): 659-664.

[46] 师燕超，李忠献，郝洪．爆炸荷载作用下钢筋混凝土框架结构的连续倒塌分析 [J]．解放军理工大学学报 (自然科学版)，2007，8 (6): 652-658.

[47] 胡晓斌，钱稼茹．结构连续倒塌分析改变路径法研究 [J]．四川建筑科学研究，2008，34 (4): 8-13.

[48] 胡晓斌，钱稼茹．单层平面钢框架连续倒塌动力效应分析 [J]．工程力学，2008，25 (6): 38-43.

[49] 钱稼茹，胡晓斌．多层钢框架连续倒塌动力效应分析 [J]．地震工程与工程振动，2008，28 (2): 8-14.

[50] 傅学怡，黄俊海．结构抗连续倒塌设计分析方法探讨 [J]．建筑结构学报，2009 (增刊 1): 195-199.

[51] 赵新源，林峰，顾祥林，等．局部爆炸作用下混凝土框架结构抗连续倒塌设计 [J]．结构工程师，2009，25 (6): 12-18.

[52] 阎石，王积慧，王丹，等．爆炸荷载作用下框架结构的连续倒塌机理分析 [J]．工程力学，2009 (增刊 1): 119-123.

[53] 梁益，陆新征，李易，等．楼板对结构抗连续倒塌能力的影响 [J]．四川建筑科学研究，2010，36 (2): 5-10.

[54] 吕大刚，崔双双，李雁军，等．基于备用荷载路径 Pushover 方法的结构连续倒塌鲁棒性分析 [J]．建筑结构学报，2010 (增刊 2): 112-118.

[55] 陈俊岭，彭文兵，黄鑫．二层钢框架—组合楼板体系抗倒塌试验研究［J］．同济大学学报（自然科学版），2012，40（9）：1300-1305.

[56] 张建兴，施刚．多层钢框架连续倒塌性能的有限元分析［J］．钢结构，2014，29（11）：20-27.

[57] 张大山，董毓利，吴亚平．混凝土单向板的受拉薄膜效应计算［J］．吉林大学学报（工学版），2013，43（5）：1253-1257.

[58] 高山，郭兰慧，吴兆旗，等．关键柱失效后组合框架抗倒塌试验研究及理论分析［J］．建筑结构学报，2013，34（4）：43-48.

[59] 李凤武．钢筋混凝土框架柱突然失效试验研究［D］．长沙：湖南大学，2014.

[60] 王少杰，刘福胜，徐赵东．RC 空间框架结构竖向倒塌全过程试验研究与理论分析［J］．工程力学，2015，32（5）：162-167.

[61] 初明进，周育泷，陆新征，等．钢筋混凝土单向梁板子结构抗连续倒塌试验研究［J］．土木工程学报，2016，49（2）：31-40.

[62] 马亚东．钢框架子结构抗连续倒塌性能试验研究［D］．哈尔滨：哈尔滨工业大学，2016.

[63] 钟炜辉，孟宝，郝际平．钢框架栓焊连接梁柱子结构抗倒塌性能分析［J］．华中科技大学学报（自然科学版），2017，45（2）：101-109.

[64] 钱凯，罗达，贺盛，等．钢筋混凝土框架结构底部相邻两柱失效的抗连续倒塌性能研究［J］．建筑结构学报，2018，39（1）：8.

[65] 韩庆华，邓丹丹，徐颖，等．网架结构连续倒塌破坏模式及倒塌极限位移研究［J］．空间结构，2018，24（1）：9.

[66] 肖宇哲，李易，陆新征，等．混凝土梁柱子结构连续倒塌动力效应的试验研究［J］．工程力学，2019，36（5）：9.

[67] 安毅，李易，陆新征，等．干式连接装配式混凝土框架抗连续倒塌静力试验研究［J］．建筑结构学报，2020，41（7）：8.

[68] 玄伟，王来，柳长江，等．中柱失效工况下方钢管混凝土柱-组合梁框架抗连续倒塌性能理论与试验研究［J］．振动与冲击，2020，39（3）：12.

[69] 张望喜，吴昊，张瑾熠，等．装配整体式混凝土框架子结构防连续倒塌空间受力性能试验研究［J］．土木工程学报，2020，53（5）：16.

[70] 张永兵，刘泰奎，李治．钢筋混凝土框架梁柱子结构抗连续倒塌动力分析［J］．科学技术与工程，2021，21（22）：8.

[71] British Standards Institution. Structural use of concrete：Part 1：Code of practice for design and construction. BS8110-1. 1997.

[72] Eurocode1 - actions on structures，Part 1 - 7：General actions - accidental actions. EN1991 - 1-7. 2005.

[73] National Research Council of Canada. National building code of Canada.

[74] GSA. Progressive collapse analysis and design guidelines for new federal office buildings and major modernization projects［S］. USA：US General Services Administration（GSA），2003.

[75] DoD. Design of structures to resist progressive collapse. Unified facilities criteria（UFC）4-023-

03 [S]. USA: US Department of Defense (DoD), 2009.
[76] Japanese Society of Steel Construction Council on Tall Buildings and Urban Habitat. Guidelines for Collapse Control Design, part Ⅱ, Research [S]. 2005.
[77] Japanese Society of Steel Construction Council on Tall Buildings and Urban Habitat. Guidelines for Collapse Control Design, part Ⅰ, Design [S]. 2005.
[78] GB 50010—2010, 混凝土结构设计规范 [S]. 北京: 中国建筑工业出版社, 2010: 16-17.
[79] JGJ 3—2010, 高层建筑混凝土结构技术规程 [S]. 北京: 中国建筑工业出版社, 2010: 28-30.
[80] GB 50011—2010. 建筑抗震设计规范 [S]. 北京: 中国建筑工业出版社, 2010.
[81] 张建兴, 施刚, 王元清, 等. 钢框架抗连续倒塌研究综述 [C] //钢结构工程研究(九)——中国钢结构协会结构稳定与疲劳分会第13届 (ISSF—2012) 学术交流会暨教学研讨会论文集. 2012.
[82] 凤俊敏. 多层钢框架结构竖向连续倒塌的分析研究 [D]. 南京: 东南大学, 2009.
[83] Yousuf M, Uy B, Tao Z, et al. Impact behaviour of pre-compressed hollow and concrete filled mild and stainless steel columns [J]. Journal of Constructional Steel Research, 2014, 96: 54-68.
[84] Zeinoddini M, Parke G, Harding J E. Axially pre-loaded steel tubes subjected to lateral impacts: an experimental study [J]. International Journal of Impact Engineering, 2002, 27 (6): 669-690.
[85] Han L H, Hou C C, Zhao X L, et al. Behaviour of high-strength concrete filled steel tubes under transverse impact loading [J]. Journal of Constructional Steel Research, 2014, 92: 25-39.
[86] 刘斌. 侧向冲击两端固定钢管混凝土柱动力响应的实验研究与仿真分析 [D]. 太原: 太原理工大学, 2008.
[87] 韩林海. 钢管混凝土结构: 理论与实践 [M]. 北京: 科学出版社, 2007.
[88] Symonds P S. Survey of methods of analysis for plastic deformation of structures under dynamic loading [J]. Ciência E Tecnologia De Alimentos, 1967, 31 (4): 967-972.
[89] Contents T O. ACI 318-05 Building code requirements for structural concrete [J]. Concrete Construction, 2005, (9): 16-17.
[90] CEB. Concrete structures under impact and impulsive loading [R]. Bulletin d' Information, 1988 (187): 113-140.
[91] 中国计划出版社. CECS28: 2012 钢管混凝土结构技术规程 [M]. 北京: 中国计划出版社, 2012.
[92] 林旭川, 陆新征, 叶列平. 钢-混凝土混合框架结构多尺度分析及其建模方法 [J]. 计算力学学报, 2010 (3): 469-475, 495.
[93] 石永久, 王萌, 王元清. 基于多尺度模型的钢框架抗震性能分析 [J]. 工程力学, 2011 (12): 20-26.
[94] Al-Thairy H, Wang Y C. A numerical study of the behaviour and failure modes of axially compressed steel columns subjected to transverse impact [J]. International Journal of Impact Engi-

neering, 2011, 38（8/9）: 732-744.

[95] 钟善桐．高层钢管混凝土结构［M］．哈尔滨：黑龙江科学技术出版社，1999.

[96] Marchand K A, Stevens D J, Crowder B, et al. Design of buildings to resist progressive collapse. Unified Facilities Criteria（UFC）. 2005.

[97] Chen L, Xiao Y, El-Tawil S. Impact tests of model RC columns by an equivalent truck frame [J]. Journal of Structural Engineering, 2016, 142（5）: 4016002.

[98] 谢甫哲，舒赣平，凤俊敏．基于抽柱法的钢框架连续倒塌分析［J］．东南大学学报（自然科学版），2010（1）：154-159.

[99] 方开泰．正交与均匀试验设计［M］．北京：科学出版社，2001.

[100] Fu Q N, Yang B, Tan K H. Experimental tests on 3d composite floor systems after removal of an internal column [C]. Eighth International Conference on Steel and Aluminium Structures, Hong Kong, China, 2016.

[101] Dat P X, Hai T K, Yu J. A simplified approach to assess progressive collapse resistance of reinforced concrete framed structures [J]. Engineering Structures, 2015, 101: 45-57.

[102] 李国强，张娜思．组合楼板受火薄膜效应试验研究［J］．土木工程学报，2010（3）：24-31.

[103] 张大山．常温及火灾下钢筋混凝土板的受拉薄膜效应计算模型［D］．哈尔滨：哈尔滨工业大学，2013.

[104] Stylianidis P M, Nethercot D A, Izzuddin B A, et al. Robustness assessment of frame structures using simplified beam and grillage models [J]. Engineering Structures, 2016, 115: 78-95.

[105] Li H, El-Tawil S. Three-dimensional effects and collapse resistance mechanisms in steel frame buildings [J]. Journal of Structural Engineering, 2014, 140（8）: A4014017.

[106] Keyvani L, Sasani M, Mirzaei Y. Compressive membrane action in progressive collapse resistance of RC flat plates [J]. Engineering Structures, 2014, 59（2）: 554-564.

[107] 高山．组合梁平面钢框架抗连续倒塌性能研究［D］．哈尔滨：哈尔滨工业大学，2014.

[108] Sasani M, Kropelnicki J. Progressive collapse analysis of an RC structure [J]. Structural Design of Tall & Special Buildings, 2008, 17（4）: 757-771.

[109] Su Y, Tian Y, Song X. Progressive collapse resistance of axially-restrained frame beams [J]. Aci Structural Journal, 2009, 106（5）: 600-607.

[110] Christiansen K P, Frederiksen V T. Experimental investigation of rectangular concrete slabs with horizontal restraints [J]. Materials and Structures, 1983, 16（3）: 179-192.

[111] Wang Y C. Tensile membrane action and the fire resistance of steel framed buildings [C] // Proceedings of the 5th International Symposium on Fire Safety Science. Melbourne, Australia: International Association for Fire Safety Science, March 1997.

[112] Yang B, Tan K H. Numerical analyses of steel beam-column joints subjected to catenary action [J]. Journal of Constructional Steel Research, 2012, 70（70）: 1-11.

[113] Yang B, Tan K H. Experimental tests of different types of bolted steel beam-column joints under a central-column-removal scenario [J]. Engineering Structures, 2013, 54: 112-130.

[114] Yang B, Tan K H, Xiong G, et al. Experimental study about composite frames under an internal column-removal scenario [J]. Journal of Constructional Steel Research, 2016, 121: 341-351.

[115] Dat P X, Kang H T. Experimental study of beam-slab substructures subjected to a penultimate-internal column loss [J]. Engineering Structures, 2013, 55: 2-15.

[116] 易伟建, 何庆锋, 肖岩. 钢筋混凝土框架结构抗倒塌性能的试验研究 [J]. 建筑结构学报, 2007, 28 (5): 104-109.

[117] Liu C. Investigation of bolted joint behaviour in dynamic progressive collapse analysis of steel frames [D]. Singapore: Nanyang Technological University, 2014.

[118] Bailey C G, White D S, Moore D B. The tensile membrane action of unrestrained composite slabs simulated under fire conditions [J]. Engineering Structures, 2000, 22 (12): 1583-1595.

[119] Bailey C G, Toh W S. Small-scale concrete slab tests at ambient and elevated temperatures [J]. Engineering Structures, 2007, 29 (10): 2775-2791.

[120] Cashell K A, Elghazouli A Y, Izzuddin B A. Failure assessment of lightly reinforced floor slabs. I: Experimental investigation [J]. Journal of Structural engineering, 2011, 137 (9): 977-988.

[121] 李国强, 张娜思. 组合楼板受火薄膜效应试验研究 [J]. 土木工程学报, 2010 (3): 24-31.

[122] 范圣刚, 李泽宁, 魏红召, 等. 火灾下压型钢板混凝土组合楼板薄膜效应试验研究 [J]. 防灾减灾工程学报, 2015, 35 (1): 44-50.

[123] 张大山. 常温及火灾下钢筋混凝土板的受拉薄膜效应计算模型 [D]. 哈尔滨: 哈尔滨工业大学, 2013.

[124] Foster S J, Bailey C G, Burgess I W, et al. Experimental behaviour of concrete floor slabs at large displacements [J]. Engineering Structures, 2004, 26 (9): 1231-1247.

[125] Bailey C G, Toh W S. Behaviour of concrete floor slabs at ambient and elevated temperatures [J]. Fire Safety Journal, 2007, 42 (6/7): 425-436.

[126] Li G Q, Guo S X, Zhou H S. Modeling of membrane action in floor slabs subjected to fire [J]. Engineering Structures, 2007, 29 (6): 880-887.

[127] 张娜思, 李国强. 火灾下组合楼板薄膜效应分析的改进方法 [J]. 土木工程学报, 2009 (3): 29-35.

[128] Nguyen T T, Tan K H. Ultimate load of composite floors in fire with flexible supporting edge beams [J]. Journal of Constructional Steel Research, 2015, 109: 47-60.

[129] Dat P X, Hai T K. Membrane actions of RC slabs in mitigating progressive collapse of building structures [J]. Engineering Structures, 2013, 55 (4): 107-115.

[130] 叶列平. 混凝土结构 (下册) [M]. 北京: 中国建筑工业出版社, 2013.

[131] 东南大学, 天津大学, 同济大学. 混凝土结构设计原理 [M]. 5 版. 北京: 中国建筑工业出版社, 2012.

[132] GB 50017—2017. 钢结构设计规范 [S]. 北京: 中国计划出版社, 2017.

[133] EN, Standard E. Eurocode 3: Design ofsteel structures —Part 1-8: Design of joints [S]. UK,

British Standards Institution, 2005.

[134] Li T Q, Nethercot D A, Choo B S. Behaviour of flush end-plate composite connections with unbalanced moment and variable shear/moment ratios—Ⅱ. Prediction of moment capacity [J]. Journal of Constructional Steel Research, 1996, 38 (2): 165-198.

[135] 石文龙．平端板连接半刚性梁柱组合节点的试验与理论研究 [D]. 上海: 同济大学, 2006.

[136] Yang B. The behaviour of steel and composite structures under a middle-column-removal scenario [D]. Singapore: Nanyang Technological University, 2013.

[137] Yang B, Tan K H. Robustness of bolted-angle connections against progressive collapse: Mechanical modelling of bolted-angle connections under tension [J]. Engineering Structures, 2013, 57 (4): 153-168.

[138] 王帅．钢框架子结构抗连续倒塌性能试验研究 [D]. 哈尔滨: 哈尔滨工业大学, 2015.

[139] 马亚东．钢框架子结构抗连续倒塌性能试验研究 [D]. 哈尔滨: 哈尔滨工业大学, 2016.

[140] EN, Standard E. Eurocode 4: Design of composite steel and concrete structures —Part 1-1: General rules and rules for buildings [S]. UK: British Standards Institution, 2004.

[141] 赵鸿铁，张素梅．组合结构设计原理 [M]. 北京: 高等教育出版社, 2005.

[142] 沈祖炎，陈扬冀，陈以一．钢结构基本原理 [M]. 2 版．北京: 中国建筑工业出版社, 2005.

[143] Piluso V, Faella C, Rizzano G. Ultimate behavior of bolted T-stubs. Ⅰ: Theoretical model [J]. Journal of Structural Engineering, 2001, 127 (6): 686-693.

[144] Piluso V, Faella C, Rizzano G. Ultimate behavior of bolted T-stubs. Ⅱ: Model validation [J]. Journal of Structural Engineering, 2001, 127 (6): 694-704.

[145] Taib Mariati. The performance of steel framed structures with fin-plate connections in fire [D]. UK: University of Sheffield, 2012.

[146] Alashker Y, El-Tawil S. A design-oriented model for the collapse resistance of composite floors subjected to column loss [J]. Journal of Constructional Steel Research, 2011, 67 (1): 84-92.

[147] Unified Facilities Criteria. Design of buildings to resist progressive collapse [S]. Department of Defense, 2013.

[148] Izzuddin B A, Vlassis A G, Elghazouli A Y, et al. Progressive collapse of multi-storey buildings due to sudden column loss-Part Ⅰ: Simplified assessment framework [J]. Steel Construction, 2008, 30 (5): 1308-1318.

[149] Alashker Y, El-Tawil S, Sadek F. Progressive collapse resistance of steel-concrete composite floors [J]. Journal of Structural Engineering, 2010, 136 (10): 1187-1196.

[150] Fu Q N, Yang B, Hu Y, et al. Dynamic analyses of bolted-angle steel joints against progressive collapse based on component-based model [J]. Journal of Constructional Steel Research, 2016, 117: 161-174.

[151] 刘剑．钢框架组合楼板结构在中柱失效下抗连续倒塌三维整体效应研究 [D]. 重庆:

重庆大学, 2017.

[152] European committee for standardization. Eurocode 3: design of steel structures—Part 1-8: design of joints, BS EN 1993-1-8: 2005. UK: British Standards Institution, 2005.

[153] European committee for standardization. Eurocode 4: design of composite steel and concrete structures—Part 1-1: general rules and rules for buildings, BS EN 1994-1-1: 2004. British Standards Institution, UK, 2004.

[154] Fu Q N, Yang B, Tan K H. Experimental tests on 3d composite floor systems after removal of an internal column [C]. Eighth International Conference on Steel and Aluminium Structures, Hong Kong, China, 2016.

[155] Jiang Q F, Fu Q N, Yang B, and et al. Component tests on the robustness of through-deck shear connectors and bolted beam - to - column connections [C]. Eighth International Conference on Steel and Aluminium Structures, Hong Kong, China, 2016.

[156] 陈颖智, 童乐为, 陈以一. 组件法用于钢结构节点性能分析的研究进展 [J]. 建筑科学与工程学报, 2012, 29 (3): 81-89.

[157] 石永久, 奥晓磊, 王元清, 等. 钢框架梁柱栓焊连接组合节点抗弯承载力分析 [J]. 辽宁工程技术大学学报 (自然科学版), 2010, 29 (1): 67-70.

[158] Piluso V, Faella C, Rizzano G. Ultimate behavior of bolted T-stubs. I: Theoretical model [J]. Journal of structural engineering, 2001, 127 (6): 686-693.

[159] Lemonis M E, Gantes C J. Mechanical modeling of the nonlinear response of beam-to-column joints [J]. Journal of Constructional Steel Research, 2009, 65 (4): 879-890.

[160] Fu Q, Yang B, Hu Y, et al. Dynamic analyses of bolted-angle steel joints against progressive collapse based on component-based model [J]. Journal of Constructional Steel Research, 2016, 117: 161-174.

[161] Fu Q N, Tan K H, Zhou X H, et al. Numerical simulations on three-dimensional composite structural systems against progressive collapse [J]. Journal of Constructional Steel Research, 2017, 135: 125-136.

[162] CEN, Eurocode 3-Design of steel structures—Part 1. 1: General rules and rules for buildings, ENV 1993-1-1, 1998.

[163] Abaqus/CAE (2011), Analysis User's Manual Version 6. 11, Dassault Systèmes Simulia Corp.

[164] Lubliner , Olive J , Oller S , et al. A plastic-damage model for concrete [J]. International Journal of Solids and Structures, 1989, 25: 299-329.

[165] Lee J, Fenves G L Plastic-damage model for cyclic loading of concrete structures [J]. International Journal of Enigeering Mechanics, 1998, 124 (8): 892-900.

[166] Kattner M, Crisinel M. Finite element modelling of semi - rigid composite joints [J]. Computers & Structures, 2000, 78 (1): 341-353.

[167] 王伟, 严鹏, 李玲. 用于钢框架连续性倒塌分析的梁柱栓焊节点模型研究 [J]. 工程力学, 2014 (12): 119-125.

[168] Bao Y, Kunnath S, El-Tawil S. Development of reduced structural models for assessment of

progressive collapse [C] //Structures Congress 2009: Don't Mess with Structural Engineers: Expanding Our Role. 2009: 1-7.

[169] El-Tawil S, Khandelwal K, Kunnath S, et al. Macro models for progressive collapse analysis of steel moment frame buildings [M] //Structural Engineering Research Frontiers. 2007: 1-12.

[170] Francisco T, Liu J. Application of experimental results to computational evaluation of structural integrity of steel gravity framing systems with composite slabs [J]. Journal of Structural Engineering, 2015, 142 (3): 04015152.

[171] 成钟寿. 闭口型压型钢板-混凝土组合楼板的承载性能研究 [D]. 北京: 清华大学, 2011.

[172] 李纬华. 压型钢板-混凝土组合楼板有限元分析 [D]. 兰州: 兰州理工大学, 2004.

[173] 刘威. 钢管混凝土局部受压时的工作机理研究 [D]. 福州: 福州大学, 2005.

[174] Chang Liu, Kang Hai Tan. Dynamic behavior of steel connection subjected to sudden column removal scearrio, Ⅱ: Finite element simulation [C]. Proceeding of 10th International Conference on Advances in Steel Concrete Composite and Hybrid Structures, Singapore, 2012.

[175] 胡聪伶. 钢框架连续倒塌动力效应及约束钢梁悬链线效应研究 [D]. 长沙: 湖南大学, 2010.

[176] Izzuddin B A, Vlassis A G, Elghazouli A Y, et al. Progressive Collapse of Multi-storey Buildings due to Sudden Column Loss-Part Ⅰ: Simplified Assessment Framework [J]. Engineering Structures, 2008, 30 (5): 1308-1318.

[177] Liu C, Tan K H, Fung T C. Investigations of nonlinear dynamic performance of top-and-seat with web angle connections subjected to sudden column removal [J]. Engineering Structures, 2015, 99: 449-461.